致敬草业大先生，
赓续草人精神

——任继周"伏羲"草业科学奖励基金设立仪式
暨任继周学术思想研讨会纪实

苏　静　董世魁　主编

中国林业出版社
China Forestry Publishing House

图书在版编目（CIP）数据

致敬草业大先生，赓续草人精神：任继周"伏羲"草业科学奖励基金设立仪式暨任继周学术思想研讨会纪实/苏静，董世魁主编. —北京：中国林业出版社，2024.3

（北京林业大学学术思想文库）

ISBN 978-7-5219-2634-7

Ⅰ.①致…　Ⅱ.①苏…　②董…　Ⅲ.①草原学－文集
Ⅳ.①S812-53

中国国家版本馆 CIP 数据核字 (2024) 第 047569 号

策划编辑：杜　娟

责任编辑：杜　娟　李　鹏

出版发行：中国林业出版社
　　　　　(100009，北京市西城区刘海胡同7号，电话83223120)

电子邮箱：cfphzbs@163.com

网　　址：www.forestry.gov.cn/lycb.html

印　　刷：北京富诚彩色印刷有限公司

版　　次：2024年3月第1版

印　　次：2024年3月第1次印刷

开　　本：710mm×1000mm　1/16

印　　张：18

字　　数：340千字

定　　价：98.00元

出版说明

北京林业大学自1952年建校以来，已走过70年的辉煌历程。七十年栉风沐雨，砥砺奋进，学校始终与国家同呼吸、共命运，瞄准国家重大战略需求，全力支撑服务"国之大者"，始终牢记和践行为党育人、为国育才的初心使命，勇担"替河山装成锦绣、把国土绘成丹青"重任，描绘出一幅兴学报国、艰苦创业的绚丽画卷，为我国生态文明建设和林草事业高质量发展作出了卓越贡献。

先辈开启学脉，后辈初心不改。建校70年以来，北京林业大学先后为我国林草事业培养了20余万名优秀人才，其中包括以16名院士为杰出代表的大师级人物。他们具有坚定的理想信念，强烈的爱国情怀，理论功底深厚，专业知识扎实，善于发现科学问题并引领科学发展，勇于承担国家重大工程、重大科学任务，在我国林草事业发展的关键时间节点都发挥了重要作用，为实现我国林草科技重大创新、引领生态文明建设贡献了毕生心血。

为了全面、系统地总结以院士为代表的大师级人物的学术思想，把他们的科学思想、育人理念和创新技术记录下来、传承下去，为我国林草事业积累精神财富，为全面推动林草事业高质量发展提供有益借鉴，北京林业大学党委研究决定，在校庆70周年到来之际，成立《北京林业大学学术思想文库》编委会，组织编写体现我校学术思想内涵和特色的系列丛书，更好地传承大师的根和脉。

以习近平同志为核心的党中央以前所未有的力度抓生态文明建设，大力推进生态文明理论创新、实践创新、制度创新，创立了习近平生态文明思想，美丽中国建设迈出重大步伐，我国生态环境保护发生历史性、转折性、全局性变化。星光不负赶路人，江河眷顾奋楫者。站在新的历史方位上，以文库的形式出版学术思想著作，具有重大的理论现实意义和实践历史意义。大师即成就、大师即经验、大师即精神、大师即文化，大师是我校事业发展的宝贵财富，他们的成长历程反映了我校扎根中国大地办大学的发展轨迹，文库记载了他们从科研到管理、从思想到精神、从潜心治学到立德树人的生动案例。文库力求做到真实、客观、全面、生动地反映大师们的学术成就、科技成果、思想品格和育人理念，彰显大师学术思想精髓，有助于一代代林草人薪火相传。文库的出版对于培养林草人才、助推林草事业、铸造林草行业新的辉煌成就，将发挥"成就展示、铸魂育人、文化传承、学脉赓续"的良好效果。

文库是校史编撰重要组成部分，同时也是一个开放的学术平台，它将随着理论和实践的发展而不断丰富完善，增添新思想、新成员。它的出版必将大力弘扬"植绿报国"的北林精神，吸引更多的后辈热爱林草事业、投身林草事业、奉献林草事业，为建设扎根中国大地的世界一流林业大学接续奋斗，在实现第二个百年奋斗目标的伟大征程中作出更大贡献！

《北京林业大学学术思想文库》编委会

2022年9月

前　言

　　2023年3月25—26日，北京林业大学草业与草原学院名誉院长、中国工程院院士、兰州大学教授任继周先生个人捐资50万元、北京林业大学配套100万元设立"伏羲"草业科学奖励基金，北京林业大学特举办了"伏羲"草业科学奖励基金设立仪式暨任继周学术思想研讨会，邀请了相关领域的领导专家、任继周先生母校及工作单位的代表、任继周先生的学生代表和北京林业大学草业与草原学院的师生进行了座谈交流，深刻领悟了任继周先生"为天地立心，为生民立命；与牛羊同居，与鹿豕同游"的"草人精神"，全面学习了任继周先生"扎根于心的崇高理想、练功于底的扎实学识、不露于表的仁爱之心、外化于行的道德情操"的大先生精神。为了让社会各界充分认知任继周先生为人、为事、为学、为师的全貌，全面了解任继周先生创业、敬业、守业、拓业的科学家精神和教育家精神，特将这次研讨会的材料整理成书，以飨读者！本书共包括三部分："伏羲"草业科学奖励基金设立仪式暨任继周学术思想研讨会参会领导及专家的发言稿、北京林业大学草业与草原学院教师对任继周先生的致敬、北京林业大学草业与草原学院学生的感悟。

　　为了让读者对任继周先生有更加全面而立体的认识，特此对任继周先生的事迹做一概要介绍。

　　任继周，1924年11月出生，山东平原人，中国工程院院士，草地农业科学家，中国草业科学的奠基人之一、现代草业科学的开拓者，现为北京林业大学草业与草原学院名誉院长。曾先后任国家自然科学基金委员会学科评审组第一至第三届成员，全国科学技术协会第六届委员，农业部科学技术委员会第一至第四届委员，国际人与生物圈委员会中国委员会委员，国际草原学术会议连续委员会成员，*Journal of Arid Environments* 编委，《草原与草坪》《草业科学》《草业学报》主编、名誉主编。主要学术领域为草业科学、草地农业生态系统、中国农业系统发展史、中国农业伦理学。

任继周是我国草业科学发展的主要奠基者。他创立了草原综合顺序分类法，成功地应用于我国主要的牧业省（自治区），现已发展成为我国公认的两大草原分类体系之一；他在我国率先开展了高山草原定位研究，建立了一整套草原改良利用的理论体系和技术措施，研制出了我国第一代草原划破机——燕尾犁；他建立中国第一个高山草原试验站——甘肃天祝高山草原站；他研究提出了评定草原生产能力的新指标——畜产品单位(Animal Product Unit，APU)，结束了各国各地不同畜产品无法比较的历史；他研究提出了草原季节畜牧业理论，已为我国牧区广泛采用，大幅度提高了生产水平；他研究提出了系统耦合和系统相悖的理论，开我国草业学术界系统科学理论与草业科学理论相结合的先河；他提出草地农业中不同亚系统间的系统相悖是我国草地退化的根本原因，而不同亚系统间的系统耦合和草地农业系统外延与种植业、林业等系统的耦合是遏制草地退化，提高草地生产能力，实现可持续发展的根本途径，这一理论在甘肃河西走廊山地州荒漠系统中成功地得以应用；他在我国最早开展了草坪运动场、高尔夫球场的建植与管理研究，建立了一整套建植、管理的理论与技术，已为生产实践普遍采用。他作为中国现代草业科学的开拓者，为我国草业科学及相关产业的发展作出突出贡献，推动草业科学更好服务于国家生态文明建设和绿色发展，保障食物安全和生态安全。

任继周是我国草业教育事业的重要引领者。他先后创办并主编了《国外畜牧学——草原与牧草》《草业科学》《草业学报》，后两种已被国家确定为中文核心期刊，并被国际农业与生物科学中心数据库（CABI）作为其文摘基本刊物；他创建了我国高等农业院校草业科学专业的"草原学""草原调查与规划""草原生态化学""草地农业生态学"等4门课程，并先后主编出版了同名统编教材，包括主编我国第一本《草原学》教材；他主持制订我国第一个全国草原本科专业统一教学计划，自20世纪50年代中期便开始培养草原科学研究生，成为我国第一位草原学博士生导师；他创建我国农业院校第一个草原系，创办我国唯一的草原生态研究所——甘肃省草原生态研究所；他在兰州大学开设"农业系统发展史"与"农业伦理学"课程，创全国同类学科之先河，填补了中国农业伦理学的空白；他共主编出版大学统编教材4本，工具书4部，专著20余部，在国内外发表研究论文200余篇，主持完成的科研项目获国家科技进步三等奖2项，省部级科技进步一等奖2项、二等奖3项，全国优秀科技图书奖二等奖1项。他自1950年留校任教至今已有73年，在此期间始终关心关注草业学子的成长成才，为国家培养了大批草业科学领域的优秀人才。

任继周先生秉承"从社会取一瓢水，就应该还一桶水"的理念，不但用自己一生丰硕的学术成果、深邃的专业洞见与高远的战略谋划服务社会，更用自己"无我"的精神追求捐资助学、回报社会。20世纪80年代初，由任继周先生发起、西北畜牧兽医学院

（甘肃农业大学的前身）的校友募集12万元，在甘肃农业大学设立以其恩师盛彤笙命名的科学基金。同时，在任继周先生倡导下，先后由克劳沃集团和蒙草集团每年捐资5万元，在南京农业大学设立以其恩师王栋命名的草业科学奖学金。自2010年以来，任继周先生倾其毕生积蓄、先后累计捐资600多万元，成立2个教育基金（设在山东省教育厅的"山东省任继愈优秀中小学生奖助基金"、设在兰州大学的"任继周科学基金"）和4个草业科学奖学金（甘肃农业大学"任继周草业科学奖学金"、任继周"伏羲"草业科学奖励基金、南京农业大学"盛彤笙草业科学奖学金"和兰州大学"朱昌平草业科学奖学金"）。

作为北京林业大学草业与草原学院名誉院长，任继周先生为北京林业大学草业与草原学院的建设发展作出了突出贡献。2018年11月，北京林业大学积极响应国家"山水林田湖草沙"系统治理总体战略方针成立草业与草原学院，在草业与草原学院筹建阶段，他曾为学院名称专门致信沈国舫院士和安黎哲校长，将学院定名为"草业与草原学院"。学院成立之初，他又受邀担任草业与草原学院名誉院长，亲笔题写院名和院训；学院成立之后，他倾力支持学院发展，亲自推动学院与兰州大学草地农业科技学院的共建，2019年9月来校作北林讲堂首场报告《立德树人 贺青年英俊进入林草科学队伍》，2021年出席"北京林业大学草学学科发展规划暨草坪科学与工程专业建设研讨会"，为学院和学科发展出谋划策、导航定向，有力助推了学院高质量发展。

为了致敬任继周先生为中国草业科学事业作出的巨大贡献，为了感谢任继周先生对北京林业大学草业与草原学院、草学学科以及北京林业大学相关事业的倾心付出，为了祝愿年届百岁的任继周先生身体健康、福寿延绵，北京林业大学党委决定将"伏羲"草业科学奖励基金设立仪式暨任继周学术思想研讨会的文章整理成书，作为敬献任继周先生的百岁贺礼！

本书编辑过程中北京林业大学党委高度重视，感谢学校党委书记王洪元及校长安黎哲的关心与指导，感谢各位参会领导、专家学者、北京林业大学草业与草原学院全体师生的大力支持与帮助。本书出版过程中国林业出版社杜娟编辑团队付出了大量心血，深以为谢。由于客观原因与时间所限，本书难免有不足之处，敬请见谅海涵。

本书编委会
2023年10月16日

目　录

第三篇　业界新生代，传承草学魂

第一篇

行业先行者，
致敬领军人

任继周院士致辞

各位来宾，王书记和安校长：

谢谢你们对"伏羲"草业科学奖励基金的支持！

这个基金数量很小，仅仅表示我个人的微意，北京林业大学给予很强烈的资助，我非常感谢！因为草业科学是农业科学的一个重大分支，能够在国家林业和草原局领导的北京林业大学举办是一个重大的事情。在中国来说，林业跟草业一向是分开的，现在把林业跟草业放在一个大学，这是一个很好的结合。在别的国家，林业跟草业管理系统是不分的，科学是分开的，我们国家过去林业管理跟草业管理是分开的，这次合在一起对林草系统的整个建设是有帮助的，在大学里体现林草系统在中国是首次，我希望以后林业与草业在学院里能够起到带头表率作用。

我听说今天下午还要举行关于我这些学术问题的讨论会，我实在是不敢当，我成就很有限，没有做多少事。

非常感谢，谢谢大家！

任继周

甘肃农业大学教授胡自治在任继周"大师精神"座谈会上的致辞

胡自治

尊敬的会议主席、各位领导和各位嘉宾：

今天，北京林业大学草业与草原学院举办"伏羲"草业科学奖励基金设立仪式暨任继周学术思想研讨会，这是中国草业界的一件盛事，我作为任继周院士现存最老的学生，对本次会议的召开表示最衷心的祝贺！

1956年我大学三年级时，任继周先生给我们班开草原学课，1959年他收我读他的草原学研究生，1962年我研究生毕业，他以导师、系主任身份并代表学校，要我留校任教，此后我一直跟随任先生学习和工作，2003年他到兰州大学工作，但我仍是以他为首的学术集体的一个成员。若从1956年我聆听他的讲课开始算起，我受任先生的言传身教已有67年的历史。

任继周先生是我国草业科学和教育的主要奠基人，他的贡献是全方位的。我在《中国草业教育史》一书中对任继周先生的评价，除了是草业科学和教育的奠基人外，还称任继周先生是草业科学思想家。今天，根据会议的主题，我想就任先生是我国杰出的草业科学思想家的问题谈谈我的认识。

先进的科学思想是先进的科学实践产生的前提，任继周先生在其70多年的草业科学和教育工作中，提出了多项创新和划时代的草业科学思想，对促进和提高我国草业科学和教育的发展和水平，起到了十分重要的作用。现举例简述如下。

一、提倡草原路线调查与定位研究相结合

1950年任继周先生到甘肃农业大学的前身西北畜牧兽医学院后，就积极地对甘肃、青海、宁夏、内蒙古等地的草原进行了路线调查研究，在大量路线调查的科学积累基础

上，他提出了需要定位研究的想法，1955年他在甘肃天祝高山草原搭帐篷开始进行定位研究，1956年建立了甘肃农业大学天祝高山草原试验站，开展了多项定位研究工作，从而获得了高山草原群落的动态，创立了划破草皮改良草原的实践和理论，创建了高山草原划区轮牧的整套理论技术和方法等成果，后一研究1959年获得了周恩来总理签署的奖状。

二、提出了草原综合顺序分类法

20世纪50年代中期，任继周先生提出，要科学地认识纷呈繁杂的草原，必须通过科学的草原分类的方法。他学习了美国草原的植物群落学分类法、苏联草地的"植物地形学分类法"和英国草地的土地-植物学分类法等，同时又对草原发生与发展中矛盾运动的规律做了研究。20世纪60年代初，在草原发生与发展的理论指导下，提出了草原综合顺序分类法。通过任先生及其学术集体数十年不断地改进完善，这一分类法已经成为具有国际领先水平和具有我国完全知识产权的草原分类方法。这一分类法的创新点和特点是：①它具有坚实的分类理论基础；②分类指标信息量大，对生产有较大的指导意义；③第一级分类单位——类以水热指标分类，实现了分类数量化，可以用计算机检索分类；④第一级分类单位——类的分类检索图在国际上称为Ren-Hu's chart（任-胡氏检索图），可以直观显示各个类别的地带性和发生学关系，并可利用某地的 > 0℃年积温和年降水量直接在检索图上检索分类；⑤它是唯一可以将全世界互相远离的天然草原和人工草地进行统一分类的方法。

更为可喜的是，10余年来包括兰州大学和甘肃农业大学等的一些单位，又利用检索图的类型发生学关系，对北半球草原类型预测制图，气候变化与草原类型演替预测等方面进行了研究，获得了超越综合顺序分类法本身科学范畴的科学新成果，体现了草原综合顺序分类法理论的新的功能和科学生命力。

三、创立了评定草原生产能力的新指标——畜产品单位

草原生产能力的评定是草原畜牧业生产和管理的重要工作之一。全世界传统的评定草原生产能力的方法是牧草产量指标法和载畜量指标法，但这两种方法均不能准确说明草原最终真正给人类生产了多少可以直接利用的畜产品，特别是载畜量指标，因为家畜具有生产资料和畜产品两种属性，它混淆了草原养活了多少家畜和生产了多少畜产品两种概念，容易产生统计假象。

为避免混淆和统计假象，任继周先生1978年创立了评定草原生产能力的新指标——畜产品单位。这一评定草原生产能力的新概念和新尺度，具有下列重要科学意义：①它确定了草原畜牧业生产流程中，牧草产量、载畜量和畜产品单位量分别代表草原的基

础、中间和最终生产力；②它将家畜的生产资料和畜产品在属性上区分开来，从而排除了载畜量指标在草原畜牧业生产中造成的混淆和假象；③畜产品单位是一个可换算的标准单位，从而结束了不同地区、不同时期和生产不同畜产品的草原生产能力不能比较的历史。

这一评定草原生产能力的新方法提出后，在国内得到生产管理、科研和教学部门的普遍接受，畜产品单位被列入农业部编辑的《中国畜牧名词术语标准》；在国外被国际权威著作《世界资源·1987》一书引用。

四、提出了草原季节畜牧业的理论

1976年任继周先生受中国农业科学研究院委派，考察新疆北疆地区草原畜牧业后，提出了草原季节畜牧业的理论。这一理论的生产实践基础是，我国北方的草原畜牧业生产，夏秋牧草利用不完，浪费很大；冬春牧草严重不足，每年因"春乏"而使家畜死亡和体重的损失约占畜群生长量的30%。为解决这一历史遗留问题，任继周先生提出了草原季节畜牧业理论和具体措施：①冬春保持最低数量的生产畜群，减轻草原压力，结合补饲，使草畜基本平衡；②夏秋充分利用牧草和杂种幼畜的生长优势，快速育肥；③冬春来临前，按计划，羊在当年、牛在18个月出栏收获畜产品。草原季节畜牧业有效地缩短了生产周期，减少了冬春损失，加强了畜群周转，使幼畜的增重尽可能转化为畜产品，提高了生产效率和效益。

草原季节畜牧业的理论和措施一经提出，即在全国得到赞同和应用，大幅度提高了北方草原畜牧业的生产效益，最高的实例是提高了11倍。中央农业电影制片厂专门拍摄了同名电影，并译为英语片，介绍到国外。

五、创立了草地农业生态系统的理论体系

20世纪80年代初，任继周先生提出了草地农业生态系统理论，它是在草地的基础上，遵循生态学原理，融合自然景观、种植业、畜牧业、草畜产品加工业与流通等多部门生产环节，从而形成的既可促进经济繁荣又可导向可持续发展的一种农业生产体系，是我国传统的精耕细作农业与西方有畜农业以及草原生态景观产业的有机结合，是物质生产和生态环境效益双赢的现代农业生态系统。

草地农业生态系统理论包括了下列的一些核心和前缘部分：草原生产流程的分析；4个生产层的结构和功能；3个系统界面论；发生因子群，系统耦合与系统相悖论；草地健康评价等。

草地农业生态系统理论已经成为推动和指导当代我国草业各领域发展的最重要的理论之一。

下面，我们以草地农业生态系统理论作为草业教育的教学科学指导思想所起到的重要作用来说明这个论断。

我国草业科学专业的教学科学指导思想历经了苏联的"草地经营是饲料生产的一个部门"理论、英国"土-草-畜三位一体"理论和"草地农业生态系统"理论三个发展阶段。

2004年，任先生在《草业科学框架纲要》一文中指出：草地农业生态系统的生物因子群、非生物因子群和社会因子群及其关系是设立基础课的依据；草丛/地境、草地/动物、草畜系统/人类活动3个界面的功能特异性和必要性是设立专业基础课的依据；前植物生产、植物生产、动物生产和后生物生产4个生产层的生产需要是设立专业课的依据；在4个生产层的基础上，进一步将相关的基础课和专业基础课加以重组，就可以形成不同的二级学科或专业。

遵循草地农业生态系统理论的指导，为草业教育开辟了新的天地。草业科学专业扩大了专业面，增设了专业方向，增加了专业课的门类和内容；培养的人才能够适应牧区、农区、林区、城市草业各子系统的要求。

2003年，任先生已是79岁的高龄老人，他又开创了新的农业伦理学的研究，并取得重大成绩，出版了数本专著和教材，教育部批准农业伦理学为大学的通识课。这里不再展开叙述。

谢谢大家！

南志标院士在"伏羲"草业科学奖励基金设立仪式上的书面致辞

南志标

尊敬的任继周先生，尊敬的唐芳林司长，尊敬的安黎哲校长及北京林业大学各位校领导，尊敬的全国相关高校草业学院院长，尊敬的董世魁院长，同事们、同学们：

今天，来自全国草业学界的代表们和北京林业大学草业与草原学院的师生们共聚一堂，隆重举行"任继周'伏羲'草业科学奖励基金设立仪式暨任继周学术思想研讨会"。我对基金的设立及研讨会的召开致以热烈的祝贺！由于健康原因，不能亲临会场，特作此发言，请世魁院长代为宣读，也请大家原谅！

"伏羲"草业科学奖励基金由任继周先生和北京林业大学共同出资设立，主要奖励从事草业科学的品学兼优的学生以及科研、教学业绩突出的教师。这将对推动我国草业科学的发展、人才的培养，以及北京林业大学草业科学学科的建设发挥重要作用。

第一，我感谢任继周先生的无私奉献。任先生是我国草业科学的开拓者和奠基人，在他的学术思想引领下和全国草业学界同人的共同努力下，我国草业科学取得了飞速的进展。在草原学、饲草学、草坪学、草地保护学和草业系统管理等各分支学科，均取得了突出成就，学术名家或佼佼者不乏其人。但就研究内容的开拓性、研究视野的开阔性、研究成果的创新性和研究体系的系统性、完整性而言，则当属任继周先生，迄今为止，尚无人企及。

作为任继周先生的学生，多年来我追随其左右，努力学习，但由于生性愚钝，难得其沧海之一粟。首先，给我印象最深的是任先生所具有的高尚的爱国情操、浓重的产业情怀和无私的奉献精神。他视草业科学为生命，把发展草业、培养人才作为责无旁贷的重任。正是这种高尚的情操，使他心无旁骛、甘于寂寞，不计功利、潜心研究，把冷板凳坐热。其次，我们要学习任继周先生勇于开拓的精神。他曾经教育我说"学术不能从众"，要勇于创新。走别人走过的路，永远不会有新的发现。草业科学的发展目前亟须这种大无畏的开拓勇气。最后，我们要学习他勤奋求实的精神，深入实际，从实际中发现问题，解决问题，推动科学的进展。任先生的学术成就博大精深，令我高山仰止，远非上述几句可以概括，这里只是抛砖引玉，与大家分享。

第二，感谢北京林业大学对草业科学的支持。北京林业大学是我国林业科研教学的主要力量之一，为我国林业科学和林业产业作出了突出的贡献，2018年又不失时机地设立了草业与草原学院，开创了林业院校全面涉草的先河，是一个创举。短短5年间，北京林业大学的师生们在学校的支持下，团结一致，取得了飞速的进展，但由于学院初创，仍面临诸多的困难和挑战。我希望北京林业大学对草业与草原学院给予更多的支持，在队伍建设、基础设施、研究空间和研究生培养等方面均给予倾斜，使之更加发展壮大。我也希望北京林业大学草业与草原学院的师生们团结一致，坚持四个"面向"，发挥林业科学和草业科学各自的优势，推动两大学科交叉融合，在林草融合方面开展更多的研究，形成自己独特的优势与特色。

同时，我也恳请国家林业和草原局、农业农村部等给予草业科学以更多的支持，推动其发挥更大的作用。

各位老师、各位同学，如果说王栋先生撰写、1955年出版的《草原管理学》是我国现代草原科学的标志，那么，任继周先生1995年主编出版的《草地农业生态学》和1998年主编出版的《草业科学研究方法》则是我国现代草业科学的标志。草业科学还是一门相对年轻、相对弱小的学科，仍有许多未知等待我们探索，仍有许多困难等待我们去战胜。选择了草业科学，就意味着选择了孤独和寂寞，选择了吃苦和奉献，也就选择了开拓和创新，选择了成就与前进。我们一定要发扬任继周先生等学术前辈的学术思想，高举草地农业的大旗，薪火相传，推动草业科学的发展，推动草地农业的发展。我相信，在我们这一代人的不懈努力下，草业科学一定能够不断发展，成为具有强大生命力的学科！

各位老师、各位同学，我们已经进入了建设中国式社会主义现代化的新时代。这个现代化首先是人与自然和谐共生的现代化，这为草业科学提出了更多更高的要求。国家的食物安全、生态安全、全球变化、碳达峰、碳中和、乡村振兴、人民健康、人类命运共同体等重大战略问题，均需要草业科学的参与，均需要草业科学的贡献。

作为任继周先生的晚辈和学生，我们在他的学术思想指引和熏陶下，一定能够不负使命，勇毅前行，为国家作出更大的贡献，为创建世界一流、具有中国特色的草业科学学科作出自己的贡献！让我们共同努力！

谢谢大家！

学习任继周精神，推动草原草业高质量发展

——国家林业和草原局副局长唐芳林在"伏羲"草业科学奖励基金设立仪式上的致辞

唐芳林

尊敬的任继周院士，各位草学界的同人、专家学者，亲爱的老师、同学们：

大家上午好！

今天，在全国上下深入学习贯彻党的二十大精神和2023年全国两会精神之际，我们在这里隆重举行任继周院士捐资北京林业大学设立"伏羲"草业科学奖励基金的仪式，并召开任继周思想研讨会，我谨代表国家林业和草原局草原管理司对"伏羲"草业科学奖励基金的设立表示热烈祝贺！向中国工程院院士、草业与草原学院名誉院长、德高望重百岁高龄的任继周先生致以崇高敬意！对北京林业大学及草业与草原学院，为组织这次活动付出的辛苦努力表示衷心感谢！

任继周院士是草地农业科学家，我国草原学界的泰斗，中国现代草业科学的开拓者和奠基人。任院士牢记"国之大者"，胸怀祖国，心系人民，在草原事业中展尽胸中抱负，穷极毕生心血，鞠躬尽瘁，无怨无悔，为我国草业科学及相关产业的发展作出了系统性、创造性成就，为我国草业振兴作出了卓越不凡的贡献。

任先生重视理论研究与实践应用，潜心教学科研73年间，大力推动了草学学科的成长与发展，培养了一大批高素质的草原科技人才。言传身教，为人师表，他是中华优秀传统文化的忠诚继承者和发展者，是关心草原莘莘学子成长成才的教育家。任先生在兰州大学等四次捐资设立奖学金，这次又倾其所有，在北京林业大学设立"伏羲"草业科学奖励基金，这是任先生以"无我"的无私奉献精神为草业科学作出的又一次善举，更

是一笔宝贵的精神财富。

北京林业大学是林草重点大学，2018年11月成立草业与草原学院，顺应国家"山水林田湖草沙"系统治理总体战略，开启了草业学科建设新征程。学院主动服务和融入国家草原生态保护修复重大战略，参与新时代草原可持续发展战略研究，助力推动《国务院办公厅关于加强草原保护修复的若干意见》出台，在草原"分区分类分级"监管总体方案、草原调查监测与体系构建等方面起到了重要的技术支撑作用，在草原保护修复、林草融合、草坪业健康发展、现代草业高质量发展等方面取得了丰硕成果，为我国生态文明和美丽中国建设贡献了北林力量。

草原是人类文化早期的发源地。我拜读过任先生的《中国农业系统发展史》，书中写道：人类文明的第一缕曙光，来源于史前时期的原始草地农业，这是农业系统的本初形态。农业发源于采集和狩猎，在羲娲时代，迎来了草地游牧畜牧业；在神农时期，孕育萌发了耕地农业。经过数千年草原文化和农耕文化的交融演进，在华夏大地形成了灿烂的中华文化。作为华夏民族人文先始的伏羲，代表了中华文化的始祖。在草原大国设立以"伏羲"命名的草业科学奖励基金，寓意十分深远。任院士期颐之年，倾毕生积蓄在北京林业大学设立"伏羲"草业科学奖励基金，是以拳拳之心激励北林草苑青年奋发图强，是将他的精神化作薪火由你们赓续。一粒种子可以改良一片草原，也可以改变一个世界，草苑学子就是撒播于全国各地的绿色种子，不久的将来，你们定会破土萌芽、茁壮成长为地球的底色！借此机会，我谈几点希望，与各位草业届同人，尤其是与青年朋友们共勉。

一是要坚定树立爱国奉献、科学报国的思想。德才兼备，以德为先。青年人才要以任院士为榜样，继承和发扬老一辈学者科技报国的优秀品质，坚定敢为人先的创新自信，坚守科研诚信、科技伦理、学术规范，担当作为、求实创新、潜心研究，在实现草原高质量发展的实践中建功立业，做疾风劲草，当烈火真金，在以中国式现代化全面推进中华民族伟大复兴进程中贡献青春和智慧。

二是要脚踏实地，深入实践，结合实际需求凝练科学问题，把论文写在实实在在的草原上。要开放创新，豁达包容，支持青年人才参加国际学术会议，鼓励青年学术带头人发起和牵头组织学术会议，提升草原青年人才的国际活跃度和影响力。要加强国际科技合作和科学传播交流，讲好新时代中国草原故事、中外草原合作故事。

三是要对标国家林草发展战略，对标行业发展方向与需求，以振兴草原发展为己任，瞄准草原生态修复主攻方向，致力于解决草业领域的核心关键技术，共同维护好国家生态安全，共同保障好国家食品安全大局。

习近平总书记指出，林草兴，则生态兴。草原工作任重道远，草原人肩上的担子很重。希望全国广大的草原青年学者和优秀学子能够善用"伏羲"草业科学奖励基金，不负任院士期望，不负时代重托，在发展草原事业中实现人生价值。

让我们一道深入践行习近平生态文明思想，扎根林草事业，学习任继周先生甘于吃苦、勇于担当、乐于奉献的初心使命，传递踔厉奋发、勇毅前行的精神。让我们坚守为党育人、为国育才的使命，不负任继周先生厚望，培养一批具有科学精神、家国情怀和国际视野的林草时代新人。让我们凝聚力量、贡献智慧，在生态文明建设的新征程中，为建设美丽中国、林草科技强国谱写出新的历史华章！

国家林业和草原局科学技术司司长郝育军
在任继周学术思想研讨会上的致辞

郝育军

尊敬的任继周院士、张志强副校长，各位专家、同学们：

在任继周院士捐资北京林业大学设立"伏羲"草业科学奖励基金仪式刚刚举办之际，北京林业大学草业与草原学院又在此举办任继周学术思想研讨会，很有意义。任继周院士为我国草业发展呕心沥血、鞠躬尽瘁，一辈子教书育人、谦谨至善，是一代大师，后人楷模，我谨代表国

家林业和草原局科学技术司以及以我个人的名义向任继周院士致以崇高的敬意！对这次研讨会的顺利举办表示热烈的祝贺！

任继周院士作为我国草业科学的奠基人之一，不仅在草业教学科研诸多领域作出了开拓性贡献，更是始终引领着草业科学发展的方向。历经数十年教学科研的探索与实践，任继周院士将草地农业科学发展升华到哲学思考领域，开辟了农业哲学研究的先河。任继周院士"道法自然，日新又新"的治学思想和科学精神，主张遵循自然规律、强调不竭创新，用语十分精练，内涵十分深刻，已经成为草业科学乃至整个生态学领域的重要指引。

今天探讨任继周学术思想，借此机会我也谈几点个人认识。任继周院士是草业大师，也是我国重要的战略科学家。我觉得他身上有几种值得我们认真学习、传承弘扬的大师精神。一是爱党爱国的家国情怀。我到任先生家里去，他和我讲过一段话，令我终生难忘。他说，我们的国歌里提到的，用我们的血肉，筑成我们新的长城。身边认识的人以及无数的人为国家和人民献出了血肉之躯，他有幸能够活下来，一定要为党和国家继续作贡献，不负那些牺牲的人们。任先生这种爱党爱国的家国情怀是他大师精神最核心的内容。二是求真求实的宝贵品格。任先生一生追求真理、坚守原则，求真务实，不骛虚名，在科学的道路上孜孜不倦，苦于钻研，永不止步。三是严谨严格的优良作风。任先生治学严谨，对自己要求严格，我觉得一代大师之所以能成为大师，是因为他身上还具有非常宝贵的自律精神。四是树人育人的高尚品德。任先生对后辈的成长发展十分

关爱，教书培育了一大批优秀人才，桃李遍布草业学界，直到今天，仍然对后人总是倾其所有，给予热忱支持。五是谦逊谦和的为人美德。任先生功名卓著，但他始终保持着谦虚、谨慎、热情、真诚的良好品格，与先生交往如沐春风，油然间令人仰之行之。

任先生的学术思想，我个人认为，有四个方面值得我们特别是我自己学习的。一是尊重自然。即道法自然、日新又新的思想。二是为民服务。任先生认为学术是为人民服务的，始终要以人民为中心。三是不断创新。在学术研究方面，任先生没有给自己设置框架，虽然已至高龄，但他还在不停地学习新知识，思想还是非常活跃，观点还是走在前沿。四是交叉贯通。通过刚刚的视频短片我们也可以看到任先生将自然科学和哲学伦理都贯通起来了。交叉贯通研究学问已经成为必然。

以上是我对任先生大师精神和学术思想的个人认识。

北京林业大学草业与草原学院虽然成立时间不长，但发展很快。我参加了学院的成立仪式，几年间也多次到学院来，见证了学院的发展与进步。在北京林业大学校领导关心支持下，学院的党委行政班子，特别是苏静书记、董世魁院长总是保持着一种顽强拼劲，带领全院在教学科研及管理等方面都取得了丰硕成果。学院聚焦国家重大科研需求，在草原生态系统结构和功能、草原资源监测和管理、草原生态保护和修复、牧草资源评价和利用、草原科技政策和宏观战略、草坪科学和管理等方向培育了具有国际水平的研究团队，获批了一系列重要平台，承担了一系列重大科技项目及课题，为推动草业科学发展、支撑林草事业建设作出了积极贡献，得到了国家林业和草原局的高度肯定。这充分展现了草业与草原学院的大局意识和良好的精神面貌，也充分展现了草业与草原学院最好地传承了任先生的大师精神和学术思想。

在推进学院发展当中，核心要育好人才。育好人才关键在培养精神，一个人才如果没有精神，则成不了大才。培养精神，首先就要学习任先生爱党爱国的家国情怀，传承他的大师精神，将我们的个人命运紧密融入党和国家的伟大事业当中，融入中华民族伟大复兴进程当中，努力作出我们自己的贡献。希望北京林业大学草业与草原学院立足于学院内涵式发展新阶段，传承和弘扬任继周院士的大师精神和学术思想，围绕国家战略大局，立足科技资源优势，不断大胆开拓创新，全面提高科技创新能力和办学水平，持续创造更多佳绩，为我国草业和草原事业发展作出更大贡献。

在座的各位学子，无论你学的专业是什么，也无论你将来是作立于山顶的一棵大树，还是作沉于山谷的一株小草，我希望大家都能够心怀理想，胸怀祖国，忠于党和人民，献身于林业草原事业，为建设生态文明和美丽中国发光发热，为绘就祖国锦绣山河绽放自己的那一份绿色。

祝愿北京林业大学草业与草原学院取得新的成绩，祝愿本次学术思想研讨会圆满成功！

北京林业大学校长安黎哲在"伏羲"草业科学奖励基金设立仪式上的致辞

安黎哲

尊敬的任院士、南院士、唐司长，各位领导、专家学者和亲爱的老师同学们：

阳春三月，春意盎然。今天，在这春暖花开的季节，我们相聚北京林业大学，通过线上与线下方式隆重举行"任继周院士捐资北京林业大学设立'伏羲'草业科学奖励基金"仪式。首先我代表北京林业大学对唐

司长现场莅临、南志标院士等各位同人现场参加设立仪式致以最热烈的欢迎。

百年大计，教育为本。近百岁高龄的中国工程院院士、我校草业与草原学院名誉院长任继周先生，举此捐资助学善举，以仁爱之心鼓励草业创新和科学研究，彰显了先生情怀与担当，我深受感动。在此，我代表学校向任继周院士及家人的慷慨捐助致以衷心的感谢和崇高的敬意。

任继周先生是我国草业科学的奠基人之一、是现代草业科学的开拓者，他建立了中国第一个高山草原试验站，创建了我国农业院校第一个草原系，创立了草原综合顺序分类法，构建了草业科学的多维学科体系，获教育部教学成果特等奖，将草业科学发展提升至国家食物安全和生态安全的战略地位。任院士还是桃李满天下的草学教育家，自1950年留校任教至今73年，任院士为国家培养了大批草业科学教学和科研的领军人才，为党和国家作出了卓越的贡献。长期以来，任继周院士十分关注我校的草业和草原的学科建设发展，特别是在草业与草原学院成立前夕，多次对学院学科发展建设提出了意见和建议。学院成立以后，又受邀担任草业与草原学院名誉院长，亲笔题写院名和院训，还亲自推动了学院与兰州大学草地农业科学院的共建，寄托了他对北京林业大学草业与草原学院的无限期许。另外，从我个人来讲，任先生也是我的老师。我在兰州大学任职

期间，任先生在学术上给予了我很多的指导，在生活上也给予了我无微不至的关心，今天也借此机会向我的恩师致敬。

任先生的捐资善举充分体现了先生对我国草业振兴的关心，体现了对草业科技人才培养的关心，这种眼光和境界令人钦佩，值得弘扬学习。学校会倍加珍惜先生的深情厚谊和这笔宝贵的捐赠，认真落实捐资基金项目，充分发挥捐赠资金在推动学校草学一流学科建设中的重大作用。学校一定会激励广大青年学者和优秀学子，不负先生的厚望，潜心钻研，踔厉奋发，立志立学，立草立业。

最后，再次感谢任先生的善举，感谢南院士、唐司长的光临。祝任先生和各位嘉宾工作顺利，身体健康。

谢谢大家。

北京林业大学党委副书记、纪委书记王涛在"伏羲"草业科学奖励基金设立仪式上的致辞

王　涛

尊敬的任继周院士、各位领导、兄弟院校代表、各位专家、企业家朋友们和校友们：

大家上午好！

感谢大家莅临！刚刚我们一起共同见证了任继周"伏羲"草业科学奖励基金的设立仪式。2022年11月，在北京林业大学成立70周年暨草业与草原学院成立四周年之际，为推进草学事业高质量发展，我校草业与草原学院名誉院长任继周院士个人捐资50万元、北京林业大学配比100万，设立"伏羲"草业科学奖励基金，让草学人非常感动。

因为"新冠"肺炎原因，基金设立仪式在今年举办，在此，我谨代表北京林业大学，向任继周先生，以及支持草学事业的先生家人，表示诚挚感谢和崇高敬意！

作为新中国草业科学开创者，任先生坚守"改变国人膳食结构、让国人更加强壮"的初心，立志科研报国，立足草学、旁及人文、升华哲学、创新伦理，"为天地立心，为生民立命"，胸怀天下、心系群众；任先生建立草地农业系统思想，开创多层次、多系统、多维度的草学科研体系，引领草学的办学思想与育人理念；任先生培养的大量老、中、青学生，正在担当我国草学科技领域的领军任务。任先生还从人和人、人和社会、社会系统和自然系统关系的角度，开创了农业伦理学，历史性地推出《中国农业伦理学导论》等多部著作。今天，北京林业大学开设了"中国农业伦理学与生态文明"通识课程，由他的学生，董世魁教授传承和发扬任继周先生的学术思想。

事实上，任继周院士和我校的渊源可以追溯到2000年前后。当时，北京林业大学以优厚的条件、真诚地向任院士颁发了聘书，邀请任先生北上扶持北京林业大学草学事业，先生考虑再三，最终还是选择镇守祖国的大西北，让我们非常崇敬！但任先生始终关注和

帮助着北京林业大学的草学发展，2018年，我校草业与草原学院成立，任院士正式受聘作为学院的名誉院长，亲笔书写"立志立学，立草立业"院训，心系广大师生，对学院发展寄予深切厚望。他先后8次亲临学校或线上寄语师生，指导草学学科发展和草学人才培养方向。2019年9月7日，任继周受邀作北林讲堂首场报告《立德树人贺青年英俊进入林草科学队伍》；2021年4月，在学院承办的"首届草坪健康发展论坛"上致辞，任继周发出了"没有草坪就没有时代感"的强音，呼吁加强草坪科学研究和人才培养；2021年5月，任继周出席"北京林业大学草学学科发展规划暨草坪科学与工程专业建设研讨会"，为草学学科的发展问诊把脉；2021年12月，任继周在学院举办的首届青年学术论坛上致辞，指出"草是绿色星球的底色，草是绿色社会的底色"，鼓励年轻人学草、爱草、懂草，充分认识"山水林田湖草沙"生命共同体系统治理的科学含义，用自己所学致力于国家生态文明建设战略；2022年5月，任继周亲自为董世魁院长主编的《退化草原生态修复主要技术模式》一书作序，实时关注我国退化草原生态修复工作；2022年9月，在学院新开设的"中国农业伦理学与生态文明"课上，任继周院士和2022级新生视频见面并作课程导学，引导新生认识草业科学专业在国家生态文明和美丽中国建设中肩负的使命。

任继周院士捐资设立"伏羲"草业科学奖励基金这一盛举，通过资助志学草业、勤学上进的优秀学子，奖励学术突出、创新发展的青年英才和立德树人、为人师表的优秀教师，既体现了任继周院士对草学发展的大力支持，同时也将为我校草学学科发展注入巨大的精神动力。为了推进草学一流学科建设，学校专门出台了《北京林业大学关于加快草学学科建设的指导意见》，并成立了草学一流培育学科建设工作组，从高层次人才队伍引育、国家和省部级平台建设、高水平科研和教学成果产出等方面，全方位支持草学一级学科和草原学、草坪学、牧草学、草地保护学、草业经营学等5个二级学科建设。对标国家生态文明建设、种业自立自强等重大战略，学校主动承担了国家林草种质资源总库建设的任务，为破解草种"卡脖子"问题谋划布局，贡献北京林业大学草学智慧。相信在任继周先生的引领和大师精神鼓舞下，在学校的大力支持下，我校草学学科必将取得跨越式发展！

年前，我陪安校长拜见任先生，先生也谈起2000年与北京林业大学擦肩，而今，又紧密联系在一起的事情，感叹、唏嘘人生与缘分。那天，看到任先生简朴的家具，朴素的生活，但为草学事业，却将个人积蓄倾囊相出、捐资助学，先生"从社会取一瓢水，就应该还一桶水"的崇高境界和情怀，是我们学习的榜样！他奖掖后学、甘为人梯、回馈社会的人格魅力更是我们宝贵的精神财富，为学校全体师生树立了新时代大先生榜样！同时，必将激励全体师生心怀感恩、励志成才，学习任继周先生胸怀天下、勇于担当的大先生精神，踔厉奋发、勇毅前行，办好草学科技与教育！向任先生交一份合格的答卷！

谢谢大家！

北京林业大学副校长张志强在"伏羲"草业科学奖励基金设立仪式上的致辞

张志强

尊敬的任先生，尊敬的领导、各位专家老师、各位同学：

大家下午好！

经过半年多的精心组织和积极筹备，今天上午"伏羲"草业科学奖励基金正式设立，下午任继周院士学术思想研讨论会也正式拉开了帷幕。首先，我要代表学校对各位嘉宾的到来表示热烈

的欢迎！向国家林业和草原局科学技术司和草原司、各兄弟院校、各位专家长期以来对北京林业大学，特别是草业与草原学院的关心和支持表达诚挚的谢意，向任继周院士及家人表示崇高的敬意！

刚才观看了任先生视频，又听了董世魁院长代读的他专门为本次研讨会发来的书面致辞，再次让我们感受和领略了先生的风采。任继周院士作为我国草业科学的奠基人之一，现代草业科学的开拓者，见证并大大推动了草学学科的成长与发展，为我国草业教育和科技发展作出了彪炳史册的卓越贡献。任先生的突出成就与贡献在于：创立了草原综合顺序分类法，并成功地应用于我国和全球的草地分类，是国际上第一个适用于全世界的草地分类系统；创建了评定草原生产能力的新指标——畜产品单位(Animal Product Unit，APU)，被国际权威组织用以统一评定世界草原生产能力；率先开展高山草原定位研究，创建了中国第一个高山草原试验站——甘肃天祝高山草原站；创造了划破草皮、改良草原的理论与实践，研制出我国第一代草原划破机——燕尾犁，成为我国大规模改良草原的常规方法之一；提出了草原季节畜牧业理论，已在我国牧区广泛采用，大幅度提高了草原生产水平；构建了草业发生的三类基础因子群（生物因子群、非生物因子群、社会生物因子群）和前植物生产层、植物生产层、动物生产层及后生物生产层4个

层次，草丛–地境界面、草地–动物界面、草畜生产–经营管理界面3个界面的草业科学基本框架；提出了系统耦合和系统相悖的理论，强调草地农业中不同亚系统间的系统相悖是我国草地退化的根本原因，草地农业系统与种植业、林业等系统的耦合是遏制草地退化、实现可持续发展的根本途径；在我国最早开展了草坪运动场、高尔夫球场的建植与管理研究，建立了一整套建植、管理的理论与技术，已为生产实践普遍采用；创办并主编了《国外畜牧学：草原与牧草》《草业科学》《草业学报》3种刊物，后两种已发展为中文核心期刊并被CABI作为文摘基本刊物；主持制订我国第一个全国草原本科专业统一教学计划，并担任《草原学》《草原调查与规划》《草原生态化学》《草地农业生态学》等4门统编教材首任主编；率先开设"农业伦理学"课程，并出版专著《中国农业伦理学导论》和教材《中国农业伦理学概论》，填补了中国农业伦理学研究和教学的空白；创办了我国农业高等院校第一个草原系并担任系主任；创建了我国农业高等院校第一个草业学院并担任名誉院长；创办了我国唯一的草原生态研究所——甘肃省草原生态研究所，并担任首任所长，推动甘肃省草原生态研究所并入兰州大学，成立兰州大学草地农业科技学院，成为教育部直属高校中的首家草业学院。

任继周院士作为我校草业与草原学院的名誉院长，长期心系广大师生，亲笔书写了"立志立学，立草立业"的院训，对学院的发展寄予了深切的厚望，先后八次亲临学校或线上寄语广大师生，指导草学学科的发展和草学人才的培养。在任继周先生学术思想和大先生精神的带领下，草业与草原学院全体师生踔厉奋发、力争一流，对标国家生态文明建设、美丽中国建设和山水林田湖草沙系统治理等重大国家战略需求，取得了一系列成绩，草学也成为我校雁阵式学科体系中大力发展的五个重点学科之一。

草业与草原学院现有草地资源与生态研究中心、草坪研究所、中国草原研究中心、智慧草原发展研究中心、草原战略研究中心、草学教学实验中心等6个科研教学平台，是国家林业和草原局草坪国家创新联盟理事长单位、国家草产业科技创新联盟理事长单位，拥有国家林业草原运动场和护坡草坪工程技术研究中心、内蒙古林草过渡区草原国家长期科研基地2个省部级平台，其中，"国家林业草原运动场与护坡草坪工程技术研究中心"为全国高校中首个草坪学领域的省部级工程技术研究中心；"内蒙古林草过渡区草原国家长期科研基地"为全国唯一的林草过渡区的草原国家长期科研基地。

学院获批了国家林业和草原局科技领军人才3人，科技领军团队2个，引进国家级人才2人，这些成绩的取得不仅离不开国家林业和草原局科学技术司等上级部门的共同支持和帮助，也离不开草业与草原学院全体师生在传承任继周先生学术思想和治学精神中紧密团结，是大家共同奋斗结出的累累硕果。

各位嘉宾，本次研讨会邀请了部分专家学者就草地农业、农业伦理学等方面作精彩的学术报告，这些学术报告既是对任先生学术思想的传承与发展，又为新时代任先生学术的发展提供了新的研究领域。我相信这不仅是一场广大师生全面了解、深入学习任继周先生治学思想的学术盛宴，更是一场见证学术传承和精神传承的思想盛宴。最后祝愿本次研讨会圆满成功，谢谢大家！

国家林业和草原局草原管理司副司长刘加文 在任继周"大师精神"座谈会上的致辞

刘加文

各位领导、各位来宾：

今天，我们欢聚一堂，隆重举行任继周"伏羲"草业科学奖励基金设立仪式暨任继周学术思想研讨会，作为任先生的学生代表，请允许我对任继周先生表示最崇高的敬意，对"伏羲"草业科学奖励基金的设立和任继周学术思想研讨会的召开表示最热烈的祝贺。

任先生是伟大的草业科学家、生态学家，同时也是杰出的战略家、教育家和社会活动家。他是共和国"最美奋斗者"和全国优秀共产党员。作为他的学生，我感到无比的光荣和自豪。下面，我就任继周学术思想谈几点感想。

第一，任先生是我国草原科学教育的开拓者。在恩师王栋先生的影响下，任先生怀抱"为天地立心，为生民立命；与牛羊同居，与鹿豕同游"的信念，从年轻时就满腔热情、矢志不渝地投身我国草原事业。他创建了我国高等教育第一个草原系，主持编写了《草原调查与规划》《草原培育学》《草原保护学》《牧草栽培学》等草原专业核心教材，这为新中国特别是改革开放后高等草业教育的迅速发展奠定了重要基础。他建立了我国第一个高山草原试验站，在全国率先开展了草地改良的研究；最先开展中国草坪学教育，推动草坪研究与开发（填补了国内空白）。他创办了我国首个草原生态研究所。任先生奠定的草原科学教育及科研体系，取得了丰硕的成果，为我国草原事业培养了一批又一批人才，可谓桃李满天下。早年任先生曾有诗曰："无声足迹留空谷，犹盼佳酿出深潭。"寄托着对草原事业未来的期盼。今天，我国草原保护建设事业不断发展，草原科技教育不断进步，草原行业人才辈出，任先生又有诗曰："渐多足音响空谷，出现陈酿溢深潭；如今新人入行阵，代有人才游沧溟。"

第二，任先生创立了草地综合顺序分类系统。根据我国地形、地貌、气候等较为复杂、草原种类和利用状况多样的实际情况，任先生遵循我国古代"道法自然"的哲学思想，根据草原的自然特征与经济特性，以气候、土地、植被为关键要素，创立了草地综合顺序分类系统，科学总结和深刻揭示了草原生态系统的内在规律。这一分类系统化繁为简，具象清新，具有广泛的普适性和周延性（可以说是草原科学的门捷列夫化学元素周期表），对全球任一草地，都能在这一分类系统中找到它的位置，同时，对尚未知的草原类型具有预判性，克服了其他分类系统的局限性，尤其是特别适合当今数字草原的应用，也能作为世界语言进行国际交流。可以说，草地综合顺序分类系统的创立，为人类客观认识草原、保护和利用草原提供了全新的思维模式，有重大的理论意义和实践意义。

第三，任先生构建了草地农业系统的生产层学说。如何统筹生产发展与生态保护的关系，如何协调种草与种粮的矛盾，如何实现农牧业与草业的双赢，是任先生始终关注的问题。在长期思考和研究的基础上，任先生根据草地农业生态系统的产业特性和产品属性，将复杂的草地农业生态系统归纳为四个生产层，即前植物生产层、植物生产层、动物生产层、后生物生产层。他认为，这四个生产层以能量流、营养流、物质流、效益流紧密连接，形成完整的生态农业系统。各生产层通过双向或多向联系，可产生系统耦合，能爆发巨大的能量，能帮助生态系统达到最大功率，实现生态效益、经济效益、社会效益的放大作用。因此，他强调，在我国农业发展中，既要重视"籽实农业"，还应重视"营养体农业"，要积极保护和开发利用草地资源，大力实施引草入田、草田轮作。草地农业系统的生产层学说，将草地纳入整个农业生态系统，是从草原到草业再到生态农业科学理论的重大进步，是对传统的草原生产和农业生态系统概念的创新和发展。

第四，任先生开创了中国农业伦理学。"把农业发展纳入可辨识的农业伦理学，要用农业伦理学考察合理不合理，对不对。"任先生曾说，他查遍了全国所有农业院校，竟没有一所学校开设农业伦理学课程，而农业伦理学正是我们农业和农业工作者立身处世的道德基础。他举例说，一些人把"农业现代化"简化为"农业工业化"，导致大量农药、化肥、激素、抗生素等化学物质的利用，出现了始料未及的问题。作为科学家的使命担当，在耄耋之年，任先生主编了《中国农业伦理学导论》和《中国农业伦理学史料汇编》等，从"时、地、度、法"四个维度，用哲学思想回应学科的方向问题，这既是中国农业伦理学研究的开山之作和纲领性著作，也填补了国内"农业伦理学"研究与教学的空白。

第五，任先生善于用科学理论解决现实问题。任先生从来不是一个只会做学问的人，他时刻关注现实生产、社会发展的实际需要。他勇于担当，经常有针对性地向决策层提出自己的观点和建议。我先后作为农业部和国家林业和草原局的草原行政工作者，有幸见证或参与推动了任先生为草原和草地农业发展建言献策的一些事件。例如，20世纪90年代末期，他上书中央领导开发利用南方草地，加强石漠化治理，发展畜牧业，保护生态。意见得到高度重视，促成了南方天然草原改良示范项目和南方石漠化治理项目的实施。2013年7月，任继周联合8位院士，向有关部门提交了"关于我国从耕地农业向粮草兼顾结构转型的建议"，推动国家出台了"粮改饲"工程，促进了草牧业特别是奶业的发展。这样的例子还有很多。长期以来，每当国家即将出台草原重大政策法规、制定项目建设规划时，都会征求任先生的意见，任先生总是有求必应，以高度的责任感，认真负责地提出自己的观点及建议。数十年来，任先生的足迹踏遍了祖国的草地、农田、牧场、高原、平坝，处处都有他开展科学研究、指导草原生产实践的身影。他的学术成就不仅仅是写在了等身的著作里，更是写在了辽阔的草原、写在了生机勃勃的生态农业大地。

"宁为草根护山原，不羡琼花恋庙堂"，这是任先生的诗句，也是其数十年来钟情于我国草原大地的生动写照。任先生曾当选CCTV2011年度三农人物，颁奖词写道：能坚守一个"兴趣"数十年的人，是值得所有人佩服的，如果这个"兴趣"是崇高而伟大的，那将更加值得所有人去敬佩了！

"涵养动中静，虚怀有若无"是任先生的座右铭。今天我们研讨任先生的学术思想，不仅要学习、继承和发扬光大其学术思想，还要学习他兢兢业业、求真务实、艰苦奋斗的作风；要学习他谦虚谨慎、虚怀若谷、宽以待人的高尚情操；还要学习他能耐寂寞、不怕坐"冷板凳"，为草原事业默默奉献的精神品质。

"从社会取一瓢水，就应该还一桶水。"任先生十分关心我国草原事业后备人才的培养，用心育人从未止步，多年来已先后捐赠数百万元，设立草业优秀本科生奖、草业青年科技奖、草业科技成就奖等多个奖项。今天，任继周"伏羲"奖励基金在北京林业大学正式设立，这对新时代推动草业学科建设、支持鼓励青年人才的培养具有重要意义。

"从来草原人，皆向草原老。"希望广大草业工作者特别是青年学子们，不辜负任先生的厚望，始终坚守崇高而伟大的"兴趣"，努力学习、刻苦钻研、攻坚克难，为我国草原和草业发展作出应有贡献。

最后，衷心祝愿任先生身体健康！祝本次活动取得圆满成功！

全国畜牧总站原副站长贠旭江在任继周
"大师精神"座谈会上的致辞

贠旭江

尊敬的任院士、任海教授，尊敬的南志标院士、安黎哲校长，尊敬的现场及线上参会的各位领导、各位老师、各位同人：

大家好！

首先，我对北京林业大学设立任继周"伏羲"草业科学奖励基金表示热烈祝贺！任先生是我们国家现代草业科学主要奠基人，是中

国农业伦理学创始人，也是我国传统农业结构改革的积极推动者。在他身上体现了许多大师级的优异品格和崇高精神，需要我们不断虚心学习、继承传承和发扬光大。

一、虚心学习

第一，先生志向高远，立志科学报国，一生致力于改善国民营养伟大事业。从20世纪40年代开始，为了实现自己志向，先生报考了当时国立中央大学畜牧专业，研习通过增加肉蛋奶生产来改善国民营养的科学途径，师从我国牧草学第一人王栋教授研习牧草学和草原管理学理论，后又追随我国兽医学奠基人之一盛彤笙教授来到西北畜牧兽医学院任教，其间进行了西北重点地区草原调查，深入开展草原学研究，为我国草原生态保护和草原畜牧业发展打下了理论基础。

第二，先生刻苦钻研，毕生追求科技创新与进步。在甘肃农业大学任教期间，建立了我国第一个高山草原定位实验站，创建了草原专业，后来升级为草原系，是我国高等院校第一个草原系，从此壮大了我国草原专业技术人才培养和队伍发展。同时，先后主编了《草原学》《草原调查与规划》《草原生态化学》《草地农业生态学》等高等教育统编教材，创建了相应大学课程，为我国草原学高等教育发展奠定了科学基础。

改革开放以后，先生婉然拒绝了美国某些著名高等学府的高薪聘请，留在国内开始创建中国第一个草原生态研究所，也就是现在的甘肃草原生态研究所，并带领这个团队开始草原生态学的系统研究，取得了丰硕成果。在与钱学森大师交流过程中，受到"草业"概念和系统工程论的启发，创建了草业科学学科，实现了从草原资源环境研究向产业发展研究的飞跃，实现了从教学及实验研究向草业这一现代农业重要生产力的研究转变。几十年来，先生带领团队取得的系列创新成果，如草原综合顺序分类法、畜产品单位、草原季节畜牧业理论、草业科学基本框架、草地农业理论等，已经为学术界和政府部门普遍接受，并在南方草地、黄土高原及西北牧区建设应用中取得显著成效。

第三，先生惜时如命，与光阴赛跑。先生当选中国工程院院士后，70多岁高龄仍然孜孜不倦，夜以继日地工作，从来没有功成名就的思想。2022年98岁时候，仍然每天要工作五六个小时。这期间先生除了要完成讲学等工作任务以外，还要做大量调研、咨询、科研和写作工作。先后完成了《草地农业生态系统通论》《农业系统发展史》《农业伦理学》的研究、著作和课程的开设，填补了中国农业伦理学的空白。3月25日下午去看他时对我说，现在他每天还要工作一定时间，做得太少，还要借些时间为社会多做一些事情。取之社会一杯，当以一桶相报，如果人人都这样做，社会才会更快进步。作为学生和晚辈，再次听到百岁老人说这些话，我非常感动。

第四，先生生活俭朴、清雅平淡。先生几十年如一日，始终保持艰苦朴素的优良品格，始终保持简单平凡的物质生活。许多人都去过他在北京的家，简单的居室、简单的板床，书房也是一部分客厅隔出来的。就是在这样简单平凡的生活环境中，先生创造出了不平凡的学术成就。他把毕生学问献给了事业、献给了社会、献给了国家，也把毕生积蓄献给了草原教育事业，建立了四个奖学/奖励基金，用以激励草业学子奋发有为，为国为民作出应有贡献。先生这种不受环境所影响、不受世俗所动、不被利益所诱的高尚品格，值得我辈及后来者尊重和敬仰！

二、继承传承

继承传承任先生的优秀品格、"大师精神"，是学生弟子们的时代使命，更是对草业科学事业的担当。

一要传承先生的献身精神。为科学献身、为社会献身、为祖国献身、为人类文明进步献身。

二要传承先生的科学精神。一切从实际出发，探索尊重客观规律。不盲目、不盲从、不浮躁、不夸张。非常谦虚谨慎、勤奋学习、刻苦钻研，而且善于独立思考，保持思维活跃。

三要传承先生的创新精神。不迷信神仙上帝，不迷信教条戒律。敢想敢干，勇于探索，勇于创造，永不满足、永不停滞。

四要传承先生坚韧不拔的精神。不怕艰难险阻，不怕荆棘坎坷，坚韧不拔，敢于披荆斩棘、敢于乘风破浪，攀登科学高峰。

五要传承先生惜时如金的精神。先生珍惜分秒，勤于学习，勤于思考，善于积累，善于利用一切可以利用的时间，终身学习，终身工作。

三、发扬光大

展望未来，强国建设、民族复兴蓝图已经绘就，新时代新征程已经开启。在中国式现代化道路上，在乡村牧区振兴过程中，在草原生态文明建设中，在黄河流域生态保护与高质量发展等国家战略实施中，草业科学大有可为。我辈及后来学子一定要把先生的这些优异品格、"大师精神"发扬光大，不断推动草业科学深入发展，为实现我国农业现代化和草原生态文明作出应有贡献。

最后，祝愿任先生福寿安康，祝大家工作顺利！

北京林业大学教授卢欣石在任继周"大师精神"座谈会上的致辞

卢欣石

大家好，非常荣幸能够作为任继周先生的弟子和门徒，参加任继周学术思想纪念活动。1965年，我由兰州一中考入甘肃农业大学畜牧系草原专业，成为草原专业69届的一名学生。当时，任继周先生已经是我国知名的草原学专家，我们一进校门就已经对任继周教授充满了崇拜和尊敬。任继周先生的学术教育和思想格局，是我大学学习最重要的收获。1994年，我从美国加利福尼亚大学戴维斯分校（UC Davis）研学回国，我的研究内容得到了任先生的充分肯定和鼓励，继而深造博士学位，使自己在进入中年之后又在任先生门下接受了二次培养。

在追随任先生的学习过程中，我有几点深刻的体会。第一，任先生是我最崇拜的先生。因为在我入学的时候，任先生刚刚从越南讲学回来，已经名高天下，我们是带着无限崇敬的心情去追随一个偶像导师；在大学学习阶段，任先生的教育理念和治学思想给我们树立了风范和榜样；在读博阶段，任先生深邃的学术思想和格局，开阔了我的眼界，升华了我的思维。第二，任先生如同我的父辈。这是因为任先生不仅是先生，而且具有和我父亲相近的经历，从而使我产生先天的亲近感。当年进入草业专业以后，我得知任继周先生的中学是在南开中学，他的大学刚开始在西南联大，后来转到了原中央大学，和我父亲的经历几乎一样。我父亲也是南开中学毕业，然后到了西南联大，最后因为抗日战争从西南联大转到西北大学。所以，我从感情上觉得，任继周先生就跟我的父辈一样，更是一日为师，终身为父。第三，任继周先生是我的贵人。贵在什么地方呢？在20世纪60年代中期的时候，要对大学生进行政治审查。因为父亲和爷爷的阶级出身问题，在我的档案政审一栏中，盖了一个章，这就叫此生不宜录取，但是我最后却被任继周先生录取了，当年我17岁。我们班上还有好几个同学有类似我的情况。同学们每当谈论到这个问题的时候，都觉得任先生当初能顶着极大的压力，不唯成分论，招收一批有所谓家庭政治问题的学生，给了这批学生学习深造的机会。如此开明的政治态度，如此豁达的立场作风，如此宽厚的学者胸襟，他于我不仅是先生，不仅是父辈，而且是贵人，改变了我的一生。第四，我觉得任先生就是我们的家人。任先生有三个儿子，包括任海，20世纪60年代我刚入校的时候，他们经常和我们在校园里面踢足球。所以，我们经常和他的晚辈在一起生活，一起活动。今天见到任海，我也非常高兴。所以，任先生在我的心中，一直是先生，是父辈，是贵人，是家人。

其他有关任继周先生的学术思想，我今天下午也准备了一个报告。这几年来，在筹办草原草业博物馆的过程当中，我也查阅了很多的文献。在准备文字的过程当中，我对任继周先生的学术思想和教育体系有了更进一步的认识，使我自己得到了更大的收获和提高。有关感受下午分享，谢谢。

北京林业大学草业与草原学院院长董世魁
在"伏羲"草业科学奖励基金设立仪式上的致辞

董世魁

尊敬的任继周院士、南志标院士、任海先生、唐芳林司长、安黎哲校长、王涛书记、孙信丽书记,兄弟院校和职能部门领导,各位线上线下的专家学者、校友、老师、同学们:

大家上午好!

我谨代表北京林业大学草业与草原学院向任继周院士及家人致以衷心的感谢和崇高的敬意,向各位线上线下参加今天"伏羲"草业科学奖励基金设立仪式的领导、嘉宾表示感谢,并致以最热烈的欢迎!

一年之计在于春,春风化雨润桃李。春天是充满希望和活力的季节,也是充满挑战的季节,更是我们草业人准备春耕播种的季节。在草木发芽、万物复苏的阳春三月,由任继周院士捐资发起的"伏羲"草业科学奖励基金正式设立。这是北京林业大学和草业与草原学院的盛事和喜事!去年11月恰逢北林七十周年校庆之际,任先生提出在北林设立"伏羲"草业科学奖励基金,以激励草业青年师生刻苦钻研、锐意进取、开拓创新,我们在北京林业大学举办了"青青寸草,悠悠我心——任继周院士学术成就展",激励师生传承任继周的草人精神。今天在基金设立之际,我们连续两天在线上线下相聚北林,从任继周"大师精神"座谈会、任继周学术思想研讨会、"藏粮于草的大食物观——任继周学术思想传承与发展"为主题的第二届草业与草原青年学术论坛三个板块,共同致敬任先生。在此,我向德高望重的任继周院士道一声感谢:"谢谢您,任先生!"向任先生的家人任海先生、各位领导及各位同人对基金成立给予的大力支持,表示衷心的感谢!

一生之计在于勤,勤耕不辍立德行。任继周院士始终扎根中国大地,以发展草业为己任。作为我国现代草业科学开拓者和奠基人之一，他以"惜我三竿复三竿"的"最美奋斗者"精神，为我国草业科学科技、教育、产业发展作出了系统性、开创性贡献。任先生是中华传统文化的伟承者和奖掖后人的教育家，他以草地畜牧业的鼻祖"伏羲"之名设立奖励基金，足见其对草业事业的热爱和对草业鼻祖的尊崇。"道法自然，日新又新"凝聚着先生的治学思想和科学精神，这种遵循自然规律、不断创新发展的探索精神，激励着一代又一代草业学人，踔厉奋发，勇毅前行。高山仰止，景行行止，任先生以长者之风、智者之识、仁者之心，铺就为人、为学、为师之道，值得我们终身学习。厚植沃土，学养深厚，任先生毕生立草为业，躬身草业教育，百岁高龄仍心系学校和学院发展，呕心沥血、鞠躬尽瘁，是我辈楷模，再一次向任先生致敬！

一日之计在于晨，晨新百载育新人。"伏羲"草业科学奖励基金的设立，极大鼓舞了我院青年教师和优秀学子，激励了教师致力于教学科研创新，激发了学生刻苦学习、奋发向上、投身草业事业的自信。苟日新，日日新，又日新。学院师生将深怀感恩之心，志学草业，深耕专业领域，勇攀草业科学高峰，以只争朝夕、不负韶华的奋斗姿态，瞄准草原生态修复主攻方向，加强草原基础研究和原始创新，攻克草业领域"卡脖子"和受制于人的核心关键技术，贡献北京林业大学草学智慧。今天，在春种的季节里，让我们埋下基金的种子，我校这些林草融合的草业种子将会撒播在全国乃至全球各地，破土萌芽、苗壮成长、立草为业、薪火相传。未来在秋收的季节里，草业之果结满神州大地，草业种子散布世界各洲！

春若不耕，秋无所望；寅若不起，日无所办；少若不勤，老无所归。在北京林业大学"一校两区"新格局建设的关键时期，在学院内涵式发展新阶段，草业与草原学院全体师生将深入践行"山水林田湖草沙是生命共同体"的系统思想，始终在任继周院士的"大师精神"指引下，面向国家战略需求和世界科学前沿，坚守为党育人、为国育才的初心使命，弘扬大先生的治学精神，培养具有科学精神、哲学素养、充满家国情怀与国际视野的领军人才。努力践行大先生倡导的"草人"精神，躬耕中国草业科技教育沃土，以大先生"从社会取一瓢水，就应该还一桶水"的崇高境界为引领，努力回馈社会，为中国草业事业发展贡献北京林业大学力量，用每个人"所思、所想、所做"的实际行动致敬任先生、感恩任先生。

基金方立，工作任重而道远。希望任先生及家人、各位领导、各有关部门、校友和社会各界人士，继续关心和支持"伏羲"草业科学奖励基金的成长。正如基金章程对筹款范围和方式的界定，该基金随时接受国内外各行各业的个人捐款，企事业单位赞助和其他各种方式的资助。希望任先生捐资50万元、北京林业大学配套100万元设立的"伏羲"草业科学奖励作为种子基金，能吸引更多的企事业单位和社会各界人士捐资基金，设立更多领域的奖励项目如科研创新专项等，弘扬大师风范，践行公益精神，助推草业科技教育事业高质量发展。今天我们有幸收到了第一位基金捐资者——一牧科技有限公司5万元的捐款，在此向一牧公司董事长马志愤先生表示诚挚的感谢！借此机会，我也向今天参会的每一位嘉宾承诺：我们将严格遵照章程，认真用好每一笔捐赠资金，抓住生态文明建设新机遇，以更大的努力加强草学一流学科建设，推进学校"双一流"的建设和发展，担当起林草融合高质量发展的时代使命，从而回馈任先生以及社会各界对学校的关怀与厚爱！

春播希望传承师风，山河远阔催生劲草。相信种子，守望岁月，静待花开。最后，请允许我再次对"伏羲"草业科学奖励基金种子基金的捐赠者——任继周院士及家人、北京林业大学、任院士的学生一牧科技公司董事长马志愤先生再一次表示深深的谢意！祝任先生身体健康，福寿延绵，祝大家工作顺利，身体健康，万事顺遂！

谢谢！

南京农业大学草业学院院长郭振飞
在任继周"大师精神"座谈会上的发言

郭振飞

尊敬的任先生、唐司长、安校长、王书记、孙书记，尊敬的任海先生，各位领导同人，朋友们：

大家早上好！

很荣幸有机会在"任继周'伏羲'草业科学奖励基金设立仪式暨任继周学术思想研讨会"这样一个隆重场合，代表任先生的母校发言。

南京农业大学的前身可溯源至1902年三江师范学堂农学博物科和1914年私立金陵大学农科，是近现代中国高等农业教育的拓荒者。120年来，培养了30多万名校友，他们的足迹遍布环宇，成果斐然、声誉卓著。任先生就是这众多优秀校友中的杰出楷模，是南农人的骄傲。

任先生年轻时在原中央大学学习畜牧学，立志改善中国人的营养水平。大学毕业后，在王栋先生和盛彤笙先生的指导下，进修牧草学和草原学。学有所成后，带着王栋先生"为天地立心，为生民立命；与牛羊同居，与鹿豕同游"的教诲，来到西北大地。数十年来，任先生跑遍了我国每一块草原，探索着草地、草原、草业科学发展规律，思索着它们与人文科学、社会科学的联系与交融，用全部的心血践行青年时立下的誓言与对老师的承诺。先生是重信守诺、矢志一心、服务国家、献身人民的杰出楷模。

我们都知道，任先生是新中国草业科学开创者、草原上的"草业泰斗"，是开拓创新、敢为人先、教书育人、桃李满园的杰出楷模。可以说，包括我在内的一大批后辈草业人，都得到过先生的提携、指点和启发。在这里，我还要向任先生表示特别的感谢与敬意。任先生长期支持母校草业科学专业的建设和发展，11年前，他以敏锐的时代眼光和强烈的责任意识，向南京农业大学提出成立草业学院的建议。学院成立后，他亲自担任名誉院长，指导学院做规划、搞建设、引人才、教学生，正是在任先生持续的关注与支持下，南京农业大学草业学院才确立了正确的方向，不断发展。

任先生是不忘初心、牢记使命、淡泊名利、无私奉献的杰出楷模。任先生不仅捐款在兰州大学和北京林业大学设立奖学金，还将在南京农业大学兼职所得全部捐给学校，设立"盛彤笙草业科学奖学金"，这一点特别令人感动，以盛彤笙先生的名字命名，更显示出他尊师重道、淡泊名利的高尚风格。

"诚朴勤仁"是南京农业大学的校训，任先生用他杰出的成就与高尚无私的精神品格把这个四字校训深深写进了祖国大地和每一位草业人的心田，成为我们后辈草业人为人做事的楷模。

简短的话语和简单的文字，不足以表达对先生的景仰与感谢，在此我代表南京农业大学草业学院的全体老师和同学们，向先生承诺，我们一定会担当使命、踔厉奋发，为我国草业事业作出更多的贡献。

今年，是任先生的百寿之年，我代表南京农业大学祝福任先生美意延年，福寿安康。

谢谢大家！

高擎旗帜，砥砺奋进，为实现中国式现代化贡献草业力量

——甘肃农业大学草业学院院长白小明
在任继周"大师精神"座谈会上的发言

白小明

尊敬的任先生、安校长、各位领导、各位同人：

大家上午好！

今天，北京林业大学举办任先生"伏羲"草业科学奖励基金设立仪式暨任继周学术思想研讨会，首先，向任先生再次捐资设立基金致以崇高敬意和热烈祝贺。刚才我们观看了任先生的学术成就视频，令我们心生敬

仰。任先生1950年来到甘肃农业大学工作，率先在西北地区开展草业科学教学和研究工作，创立了我校草业科学学科，建立了我国第一个草原系、草业学院，提出了草业科学的诸多重要理论，将全部心血奉献给了我国的草业科研和教育事业，不仅奠定了我国现代草业科学发展的根基，更为一代又一代草业人留下了宝贵的精神财富。

作为任先生曾经工作过单位的代表，下面，我从五个方面谈谈我心中任先生的"大师精神"。

一、立志高远、胸怀天下的家国情怀

在任先生的记忆里，美丽的家乡山东在抗战伊始就被侵略者占领。少年时颠沛流离大半个中国，亲眼目睹动荡时局给国人带来的艰难岁月，让他立下志向，誓要科学救国。任先生年轻时体弱多病，身边青少年大多如此。他认为"与西方相比，我们的食物还是以填饱肚子为主，摄入的动物性食品太少。"中学时，任先生就立志"改变国人的膳食结构"，让国人能吃上肉、喝上奶，变得更加强壮。1943年，任先生考入原中央大

学，并选择畜牧兽医专业。毕业后，应甘肃农业大学前身——国立兽医学院院长盛彤笙先生的邀请，受聘来到甘肃兰州，自此开启了以草科学救国救民的事业。任先生深厚的家国情怀和远大的报国志向值得我们致敬学习。

二、心无旁骛、艰苦创业的学术精神

任先生师从我国著名畜牧学家、草原学家、农业教育家王栋先生。王栋对任先生给予厚望，来兰州前亲笔赠联："为天地立心，为生民立命；与牛羊同居，与鹿豕同游。"任先生不负老师所托，毕业后几经周折来到了兰州的国立兽医学院，开启一生的草原研究事业。

当时，身处西北的很多人都想着"孔雀东南飞"，面对条件、环境的简陋和恶劣，任先生却坚守初心、从未放弃，不管有多少"橄榄枝"吸引也不动摇。

草原在哪里，他就去哪里！任先生在日记中写道："甘肃横跨长江流域到黄河流域，再到内陆河流域的荒漠地区，从湿润到干旱，从低海拔到高海拔，草地类型非常丰富，我可不能放过这块宝地。"

为了更深入、更系统地开展草原调查研究，任先生在没有经费、没有设备、没有人员编制等困难重重的情况下，毅然决定要建设草原定位观测试验站。1955年，他把两顶帐篷扎在了海拔3000米的祁连山下的马营沟，建立了我国第一个高山草原定位研究站，开始爬冰卧雪、与熊狼为伴，在苦寒的条件下坚持科学研究，将一篇篇论文写在高天厚土间。几十年来，他带领几代教学科研人员，不断探索，勇于创新，坚持学研产结合，在青藏高原、黄土高原开展了大量的研究工作，创立了居世界领先水平的草原综合顺序分类法、高山草原划区轮牧、评定草原生产能力的新指标——畜产品单位指标体系、草原季节畜牧业理论、草地农业生态系统与草业四个生产层理论等许多重要草业科学理论和划时代的草业科学思想，引领和推动我国草业科学事业从无到有、从弱到强、从西北到全国乃至全球。

如今，天祝高山草原试验站仍然在甘肃农业大学草业人才培养中发挥着基石作用，一届又一届优秀的草业学子在这里汲取养分，草原站已不仅是教学实习的基地，更是任先生学术精神的传承摇篮，也是一代代草业学子的精神家园。

三、深耕讲台、诲人不倦的育人品格

任先生师在潜心草业科学研究的同时，也十分重视草业教育和人才培养。他1959年招收研究生，1964年主持在甘肃农业大学设立了草原本科专业，1984年建立了我国第一个草原学博士学位授权点，成为我国草业科学学科第一位博士生导师。1977年，他受农业部委托，牵头制订了全国第一个草原专业本科教学计划。1983年，又主持制订了全国第一个草原科学硕士研究生培养方案。1988年主持建立了我国第一个草业科学国家级重点学科。这些在我国草业教育史上都具有里程碑式的意义。

执教70多年来，任先生将深厚的科研成果和扎实的一线调查融入专业教学中，主编出版了《草原学》等系列教材和著作20余部，形成了独具中国特色的草业科学教育体系与人才培养体系。近年来，任先生更是拿出节俭下来的300多万元积蓄，倾囊相出、捐资助学，在4所大学设立草业科学奖学/奖励基金。这种崇高情怀必将激励一代代中国草业学子砥砺前行，成长成才。

四、学高为师、提携后人的大家风范

任先生是我国现代草业科学的奠基人、草学界的资深院士，他指导的学生中，许多已成为我国草业科学领域的著名学术带头人和学术骨干。但他始终平易近人、十分谦虚，不论年龄大小、职位高低，只要向先生请教，他都热情接待，交谈中也从不会感到压力。从他身上我们真切体会到学高为师、提携后辈学人的大家风范。

五、终身学习、奋斗不止的精神

任先生一生学比山成、著作等身，对草业科学的起步、发展到壮大，对推动我国从"耕地农业"向"粮草兼顾"的现代化转型，为我国草业科学和相关衍生产业的发展作出了原创性、系统性的巨大贡献。期颐之年的他，依然如一株青草，葆有纯净、坚毅和旺盛的生命力，每天仍潜心钻研，孜孜以求地工作和学习，并与时俱进开设了"草人说话"微信公众号。任先生永不褪色的学习与奋斗精神，必将激励与鼓舞一代又一代的草业人奋勇前进。

唯其艰难，才更显勇毅。唯其笃行，才弥足珍贵。任先生一直说自己对社会的贡献还不够，殊不知，作为新中国成立70周年"最美奋斗者"和建党百年"全国优秀共产党员"的荣誉获得者，任先生的"大师精神"值得我们一生去学习和践行。我们将以先生为榜样，高擎旗帜、砥砺奋进，在迈步中国式现代化建设的新征程中，接力书写我国草业科学研究和人才培养的新篇章。

谢谢大家！

兰州大学草地农业科技学院副院长范成勇
在任继周"大师精神"座谈会上的发言

范成勇

尊敬的各位领导、专家同行、同学们：

大家上午好！

今天非常荣幸参加任继周"伏羲"草业科学奖励基金设立仪式暨任继周学术思想研讨会，我代表兰州大学草地农业科技学院全体师生对任继周"伏羲"草业科学奖励基金在北京林业大学的设立表示由衷的敬佩！对本次大会的成功举办表示热烈的祝贺！

北京林业大学是教育部直属、教育部与国家林业和草原局共建的全国重点大学，其中，草学、生态学、农林经济管理等多个学科，特别是草业与草原学院，和我们兰州大学草地农业科技学院保持着紧密联系，有着广泛的学术交流，具有深厚的兄弟般的友谊。

大家知道，任继周先生于1981年创办了我国首个草原生态研究所——甘肃省草原生态研究所，2002年整体并入兰州大学成立草地农业科技学院。在任先生、南院士的引领下和各位同人的关心帮助下，兰州大学草地农业科技学院各项事业获得长足发展、取得了丰硕成果。任先生将自己比作"草人"，一是俯下身子，做一名平凡的草原科学工作者；二是站在国民营养的高度，以发展草业为己任。

先生常讲"四个担忧"：一忧粮食安全再走老路，二忧草业科研作风漂浮，三忧理论误导不走正路，四忧自然、人文不能兼备。

正是在国家最需要"草人"的时候，先生义不容辞地从先师王栋、盛彤笙手中接过草业科学的接力棒，不知疲倦，砥砺前行。他的"草人"生涯，可谓传奇而曲折，从"风雨求学路"到"荒凉大西北"；从"简陋研究室"到"高原实验站"；从甘肃到贵州；从大漠到山地，留下过一串又一串探寻的脚步，写下过"草人挟囊走长谷，带泥足迹殁丛芜"的豪迈诗句，这是先生工作的写照，也是他一生的工作常态。

作为我国现代草业科学奠基人之一，70多年来，先生带领团队为我国草业教育和科技发展立下了汗马功劳。先生为草业科学呕心沥血，作出了卓越贡献，荣获何梁何利科技进步奖、国家教学成果特等奖、国务院友成扶贫科研成果奖、全国优秀农业科学工作者、新中国成立60周年"三农"模范人物、新中国成立70周年全国最美奋斗者、中国共产党成立100周年全国优秀共产党员、感动甘肃人物、甘肃省科技功臣奖等荣誉称号。

在南院士的倡议下，2014年在兰州大学设立了任继周草业科学奖励基金，先生多次捐款，2022年又将他所获甘肃省科技功臣的奖金在兰州大学设立朱昌平草业科学奖励基金。今天先生又出资在北京林业大学设立任继周"伏羲"草业科学奖励基金。同时，先生还在山东省、南京农业大学和甘肃农业大学等地捐款设立任继愈优秀中小学生助学基金、盛彤笙草业科学奖学金和任继周草业科学奖学金等。先生的高尚情怀、博大胸怀，不仅仅是兰州大学草地农业科技学院的骄傲，更是全国涉农、涉草院校的骄傲，是教育界、科技界的骄傲，是无数后来者学习的榜样和标杆。

借此机会，学习先生思想、传承先生精神，有三点心得与大家分享：

其一，先生胸怀坦荡，追求精益求精，时刻心怀天下，感念反哺社会。先生的学生时代，可谓颠沛流离，中学阶段五易其校，大都不过半载。到了大学又两换地址，更兼中途休学，一波三折。战争年代的残酷现实，让先生深切地感受到家国安宁的意义。先生发愤用功，一心想要报效国家。自1950年执教以来，先生始终未脱离草业的教学科研工作，尽心尽责培育新人，桃李满天下。先生90岁时，仍为研究生讲授农业伦理学等课程，积极参加相关学术活动，笔耕不辍，并组织编写出版《农业伦理学史料汇编》《中国农业伦理学》，开创了中国农业哲学研究的先河。99岁还建立了自己的微信公众号"草人说话"，每天可以工作5小时，将自己的所思所想毫无保留奉献给更多的后来者，奉献给祖国的草地农业科学。先生惜时如金，不知疲倦地为中国草业科研工作而奔走、而操劳。

其二，先生少年立志，立鸿鹄之志，并为之奋斗终身，无怨无悔。先生早年就读于原中央大学畜牧专业，立志要改变中国人的营养结构，让积贫积弱的国人有个强健的体魄。自此以后，七十多年如一日，奋战在以甘肃为中心的广大山地、草原，进行科学调查，开展科学研究，再艰苦的岁月，再难熬的日子都不在话下，战胜一切困难，开展科学研究，并开创性地缔造了中国草业科学的国际国内战略地位，形成了一系列科学研究体系和教育教学体系。

其三，先生只讲奉献，不求索取。先生著述等身，在他的成长过程中，特别是功成名就之时，国内外高校和科研机构高薪聘请的比比皆是，先生都一一谢绝。先生践行"涵养动中静，虚怀有若无"的座右铭，认准了目标便迎难而上，有一种咬定青山不放松的劲头，有一种十年坐得冷板凳的执着，只一门心思埋头于心仪的事业，毕生的信念就是要对得起草原，要对得起生活在广袤草原上贫穷而善良的人们，要对得起知人善任的前辈，要对得起养育自己的陇原大地。

先生常说："从社会取一瓢水，就应该还一桶水""我早已'非我'，所有的东西都是社会的。"拳拳之心，高山仰止。这种情怀，是我们取之不尽、学之不尽的源泉。

再次向先生表示崇高的敬意，祝福先生福寿安康！

祝大会圆满成功，祝北京林业大学草业与草原学院再创辉煌，祝大家幸福健康！

谢谢大家！

中国农业大学草业科学与技术学院副院长张万军
在任继周"大师精神"座谈会上的发言

张万军

尊敬的任院士、任海教授、唐司长，在座的各位领导，各位老师、同学，在线的各位草业界同人：

大家上午好！

我非常荣幸能参加北京林业大学"伏羲"草业科学奖励基金设立仪式暨任继周学术思想研讨会。受我们张英俊院长委托，我代表中国农业大学草业科学与技术学

院师生对"伏羲"草业科学奖励基金的设立表示衷心的祝贺！对任先生及家人的无私奉献表示崇高的敬意！任先生扎根草业，潜心研究，建立了草学研究系统的理论和研究方法，为我国草业发展作出了卓越的贡献。刚才我们观看了任先生的学术成就短片，各位老师也作了深入细致的分享，我就不再展开。任先生的爱国奉献，科技报国，求是创新的精神一直是我们草业人的学习对象，虽然我开始没有研究草原生态，但一直向先生学习，了解草业，了解行业。非常感谢北京林业大学草业与草原学院组织基金设立仪式和先生"大师精神"座谈会，感谢你们的付出。先生支持成立的奖励基金作为"种子"，必将吸引企业界和社会更多的支持，凝聚草业同行的力量，鼓舞更多的学子投身草业，为国家生态文明和草业发展贡献力量。任先生是草业界的大师和标杆，我们学院的成立也请先生写了致辞，很多事情也征求先生的意见。中国农业大学和北京林业大学都地处北京，两个学校的草业学院在很多事情上互相交流。奖励基金的设立，更有利于我们学习先生"立志立学，立草立业"的草业精神。祝大会圆满成功，祝各位草业同行健康快乐！祝任先生福寿延绵！谢谢！

西北农林科技大学草业与草原学院党委书记苏蓉
在任继周"大师精神"座谈会上的发言

苏 蓉

尊敬的任继周院士，尊敬的各位领导、各位同人：

早上好！

很荣幸代表西北农林科技大学草业与草原学院参加任继周"伏羲"草业科学奖励基金设立仪式暨任继周学术思想研讨会。

首先，我对奖励基金的设立表示祝贺，对任继周先生关爱莘莘学子的崇高精神致以最高的敬意。

西北农林科技大学草业与草原学院的办学历史可追溯到1942年，当年我国著名农业教育家、草原科学奠基人王栋先生于国家危亡之际冒险乘船40多天回国，率先在我校开展牧草学的教学和研究工作。1946年12月，王栋先生离开国立西北农学院（现西北农林科技大学）先后在原中央大学、南京农学院开展教学和研究，其间培养出了以任先生为代表的一批优秀的草业科学人才。1950年，任先生学成之后应我国现代兽医学奠基人盛彤笙院士的邀请到国立兽医学院任教。盛彤笙院士1938年于我国民族危难之际毅然回国后曾短暂在西北农学院工作。

和王栋、盛彤笙院士一样，任先生继承和发扬了我国老一辈科学家的赤诚为国、爱国奉献的科学家精神，开创了我国现代草业科学，提出了草地农业生态系统的理论体系和食物安全的战略构想，创建我国高等农业院校第一个草原系。任先生90岁高龄仍笔耕不辍，主编出版了《中国农业伦理学导论》等多部纲领性著作，为推动我国草学教育和科技的发展作出了卓越贡献。西北农林科技大学在本科生培养方案中明确强调要注重大学生农业伦理意识的培养，我们学院在2019年率先开设了农业伦理学课程，并选用了任先生的著作作为教材，我觉得这也是我们对任先生"大师精神"最好的传承和弘扬。

今天我们在此欢聚一堂，共同讨论继承和弘扬任继周的"大师精神"。作为在国内较早开展草学教育与科学研究的农林高校，未来我们将和各兄弟院校一样，继续把任继周的"大师精神"融入立德树人的根本任务中，为党育人、为国育才，不断提升对草学的专业认同感，不断提高对草业科学和生态文明建设的理论认识，自觉增强知农爱农、强农兴农的使命担当，争创草业科学专业建设的新局面，促进我国草产业和生态环境的和谐发展。

我的发言到此结束，谢谢大家！

内蒙古农业大学草原与资源环境学院院长付和平
在任继周"大师精神"座谈会上的发言

付和平

尊敬的任海先生、尊敬的唐司长，北京林业大学的各位领导，来自全国各地的各位同人：

大家上午好！

首先我代表内蒙古农业大学草原与资源环境学院，对任继周"伏羲"草业科学奖励基金的设立，表示热烈祝贺！对北京林业大学草业与草原学院的邀请，表示诚挚的感谢！

回顾草业科学奖励基金，到目前为止，国内应该有5项。2003年5月，设立"草业科学王栋奖学金"，这是第一项；2017年11月，设立"璞玉草业科学奖学金"；2021年4月，任继周院士捐资以盛彤笙先生的名字设立"盛彤笙草业科学奖学金"，这三个都在南京农业大学草业学院。2020年11月，在兰州大学设立"任继周草业科学奖励基金"。今天设立的任继周"伏羲"草业科学奖励基金是草业科学领域的第五个奖励基金。在国内就对草业科学这一个学科、专业设立的奖励基金，应该是最多的了。

任继周先生早年师从南京农学院（南京农业大学前身）著名畜牧学家王栋先生，专攻牧草学。自1950年起支边到甘肃省工作，一直从事草业科学的教学与科研工作，是我国现代草业科学的奠基人之一。同一时代还有王栋先生的弟子许令妊先生1953年支边来到内蒙古畜牧兽医学院工作（内蒙古农业大学前身），并且于1958年在内蒙古亲自创办了全国第一个草原专业，培养了一大批专业人才。

任先生为我国草业科学事业的发展作出了重大贡献，特别是创立了草原综合顺序分类法，成功地应用于我国主要的牧业省（自治区），现已发展成为我国公认的两大草原分类体系之一。提出了草地农业系统理论，包括前植物生产层（自然保护区、水土保持、草坪绿地、风景旅游等），植物生产层（牧草及草产品）、动物生产层（动物及其产品）及外生物生产层（加工、流通等）等4个层次。这一理论体现了人与自然协调发展、对自然资源可持续利用的思想，是对传统的草原生产和农业生态系统概念的更新和发展。这些理论的提出和创立，解决了一系列制约草原畜牧业高质量发展的理论和实践生产问题以及草牧业发展的"卡脖子"问题，也为建设世界一流的草学学科，打造具有国际影响力的草学高级人才培养基地，引领学科发展作出了卓有成效的贡献。

任继周"伏羲"草业科学奖励基金的设立，作为一种激励机制，在立德树人、强农兴农的人才培养过程中必将发挥非常重要的导向作用，必将激励一代代草学人继续勤奋钻研，不断创新发展，为促进草业科学专业建设、草学学科进步作出新的更大的贡献，必将激励一代代莘莘学子在学习生活中继续努力，把自己历练成为健康发展、积极创新、勇于实践的草业科学优秀人才。

任继周"伏羲"草业科学奖励基金的设立，不仅是对草业科学学人、学子的鼓励，也彰显了任继周院士热爱草业科学事业的崇高风格和志在千里的抱负，让我们更加肃然起敬！

谢谢大家！

新疆农业大学草业学院院长张博在任继周"大师精神"座谈会上的发言

张　博

敬爱的任继周院士，尊敬的南志标院士、唐芳林司长、任海先生，以及草业同人们：

大家好！

今天我很荣幸地参加任继周"伏羲"草业科学奖励基金设立仪式和任继周学术思想研讨会。我代表新疆农业大学草业学院全体师生对任继周"伏羲"草业科学奖励基金的设立表示衷心地祝贺！并向任继周先生及家人的这次捐赠表示崇高的敬意！

任继周院士扎根在西北大地上，致力于草业科学研究，将满腔热情献给祖国的草原和草业事业，奠定并引领我国现代草业科学高等教育事业，培养出一代代草业优秀人才。任继周院士不仅将丰富的学识传授给学生，更将他那草原人"忠诚、执着、朴实"的高尚品格传给了后辈。他的大师精神传遍了祖国广袤的"草地"，也传遍了天山南北。任院士关心草业科学高等教育，情系草业未来，他曾经说过：做学问必须"教学相长"，把成果运用于培养人才、服务经济社会发展，否则就成了"书柜子""纸篓子"。这次我从新疆赶来北京，参加任继周"伏羲"草业科学奖励基金设立仪式就是要代表广大边疆的草业科学高等教育工作者和广大学子表达我们对任院士无比崇敬之心和对任继周"大师精神"无比崇尚之意。在这里我还要感谢主办方北京林业大学能组织这次活动，给了我这次难得和难忘的学习机会。

任继周院士一直支持和帮助新疆农业大学草业科学高等教育事业进步。任继周先生和新疆农业大学草业科学奠基人许鹏先生师出同门，都是南京农业大学王栋教授的学生，他俩亦师亦友，亲密无间，为我们树立了事业发展和人生成长上的榜样。任继周先生经常指导和鼓励新疆的草业科技工作，2004年应许鹏先生的邀请，来新疆主持博士研究生答辩，我们在新疆乌鲁木齐聆听了他的亲自指导，感受到他那博大的胸怀和对我国草业教育炽热的情感。许鹏先生也始终坚持将任继周先生草地农业生态系统和草地调查规划等理论与技术相结合，运用于指导新疆草原学研究和草业生产实践。许鹏先生生前经常教导我们师生，要学习任继周精神，坚守初心，潜心研究，才能推动新疆草业科学不断进步。

新疆农业大学草业科学始建于1952年，是在任继周先生倡议下，国家于1964年设立的第一批三个草原专业的高校之一。1981年获得草业科学硕士学位授权点，1998年获得博士学位授权点，2000年设立博士后科研流动站，2007年遴选为国家重点学科，2016年为自治区高峰学科，2021年入选国家一流专业建设点，2022年为自治区"十四五"重点建设学科（特色学科）。

为顺应新时代学校学科发展，新疆农业大学2021年在原来草业与环境科学学院基础上，成立了新的草业学院。新疆农业大学草业学院设立3个系，分别是草地资源与生态系、草产业系、草坪科学与工程系，有草业科学、草坪科学与工程两个本科专业，草学学科团队有40余人，有西部干旱荒漠区草地资源与生态教育部重点实验室、新疆草地资源与生态自治区重点实验室、草业科学自治区级实验教学示范中心，有2个省部级草品种区域试验站。目前学院在籍在册学生756人，其中，本科生557人，研究生199人（学硕100人，专硕55人，博士44人）。2023年2月新疆农业大学召开第五次党代会，明确提出了建设一流农业大学的奋斗目标。我们草业科学任重道远，要百尺竿头，更进一步。在新时代我们更要学好任继周学术思想，弘扬任继周的"大师精神"，将这一精神不断发扬光大，为我国草业发展和草原生态文明建设作出贡献！最后，祝任继周院士及家人身体健康！祝北京林业大学草业与草原学院前程似锦，事业兴旺发达！

授小草事业，传自然之道，铸伦理之魂

——山西农业大学草业学院赵祥
在任继周"伏羲"草业科学奖励基金设立仪式上的发言

赵 祥

各位领导、各位同人、各位老师、各位同学：

大家上午好！

今天我们在这里共同见证任继周"伏羲"草业科学奖励基金设立仪式，研讨任继周的学术思想，这是草学界又一鼓励先进、激励后辈的盛事，我代表山西农业大学草业学院对任继周先生设立"伏羲"草业科学奖励基金表示衷心的祝贺！

我们常说"师者，传道授业解惑也"，作为师者除了解惑、授业、传道，更高的层次就是铸魂。任先生是我国草业科学的奠基人，同时也是我国草业科学的教育家，更是我国草业科学的思想家，任先生的学术成就和思想铸就了我国草业科学工作者们"一棵棵小草生根发芽，结成绿色茵茵的草原"的精神。下面，我就自己在草业科学领域从教20多年来的心得与各位分享，感悟何谓"大师"，大师不仅仅是业界科技进步的带头人，更是后辈专业思想形成和做人信条的引领者。

一、从学生对老师称谓变化感悟何谓"大师"

青年教师刚入职当教师时，学生当面称呼这老师、那老师，其实背后尊敬点称呼我们这哥那姐，不尊敬的直呼其名，这个称谓说明学生跟你比较亲近，把你当成朋友或者大哥哥、大姐姐，从另外一个角度来说，学生还没有从心底认可这个老师，和你只是"友"的关系。古代称教书者为"师"，说明教师是一种职业，只不过是由于传递文化而使得这个职业受到了社会高度尊重。对我们教师来说，这只是一个职业，和学生相比，作为教师只不过是先学而已。教学生是"授业、解惑"，这就需要为这份职业心甘情愿付出，必须遵循职业道德。

随着年龄的增长和从教时间延长，在自己培养学生的过程中逐渐乐教善导，用做事做人的态度去启迪学生、引领学生、影响学生，也就是开始"传道"了，这时会发现学生开始自觉地叫你"老师"了，从称谓的变化可以反映出老师逐渐进入角色了。学生由"尊其师"而"信其道"，这就鞭策要不断提高自身素质和人格魅力，用自身的魅力、学识和言行去培养和影响学生，对得起学生尊称你"老师"。

对教师称呼还有一个是"先生"，这是对教师最古老、最悠久的称谓。现在想一想"先生"是学生对学识渊博、品质优秀、胸怀博大和德高望重的老师的称呼，是老师的楷模，是当老师的最高境界。在今天众多发言中，大家发现没有，我们都称任继周院士为"先生"，任先生的学术贡献，对我国各个学校、各个涉草单位的关心，对学生和后辈的指引，任继周院士对"先生"这个神圣的称谓是当之无愧。

二、从职业到事业思想变迁感悟"大师"精神

"三人行必有我师"，这个师，就是解答了一个疑惑，点拨了一下你在某些方面的疑惑。我们刚入职时把教师作为一份职业，教书是生活来源和养家糊口的技能，考虑的是我能不能胜任这项工作，这时体现的是尊职敬业、勤勤恳恳、认真负责的基本职业操守，但工作主动性和贡献意识不足，还谈不上热爱自己的职业，只是作为谋生的手段。

在工作中，作为教师提高教学能力和科技创新能力，这是由端上教师饭碗到端稳饭碗必须经历的过程，还是提高自己谋生的手段，而大部分教师停留在这个阶段难以逾越、难以突破，也是我们普通教师与"大师"的区别。任先生作为"草业大师"不仅仅贡献其学术成就，更重要的是给草学界发展贡献了一种思想，这种思想为我国草业界的后辈们铸魂。从任先生的学术经历变化过程可以梳理出其脉络，在20世纪五六十年代提出的草原综合分类系统只是单纯从土地因素、自然因素、植被因素诠释了我国草原分类，并没有与老子的天道观相结合，这个阶段是解惑和授业阶段，后来逐步将"人法地、地法天、天法道、道法自然"的道家思想融入草业科学中，形成了著名的四个生产层理论、营养体农业理论、草地农业生态系统理论等，这个阶段就是传道阶段，近20年来形成农业伦理学理论，农业伦理学用哲学思维诠释自然科学理论，也是草地农业生态系统理论的升级版，这是任先生学术思想变迁的过程。任先生不仅仅倾注学术探讨和发展，同时也在指导我国草业学科的发展，也在提携我国草业后辈的发展，从甘肃农业大学、南京农业大学、兰州大学，一直到今天在北京林业大学设立的奖学金，这些都是学术思想和传道、铸魂的体现。

最后，在任先生百岁之年，祝任先生福寿安康，也祝各位万事顺心。谢谢大家！

青岛农业大学草业学院院长王增裕
在任继周"大师精神"座谈会上的发言

王增裕

尊敬的各位领导、同人，各位同学：

大家好！

今天非常有幸能够参加"任继周'伏羲'草业科学奖励基金设立仪式暨任继周学术思想研讨会"。首先，请允许我对任继周先生致以最崇高的敬意！对北京林业大学草业与草原学院设立任继周"伏羲"奖励基金表示热烈祝贺！

刚才各位老师从不同角度讲述了任先生对中国农业发展的诸多贡献，我这里想谈一下任先生对黄河下游草地农业系统的深刻见解与贡献。

任先生早就提出中国农业正面临战略转型，即：由传统耕地农业系统向现代草地农业系统转型，由陆地农耕文明向陆海文明转型。

对于黄河下游而言，内陆泥沙在水的作用下不断在入海口淤积，形成新生湿地。黄河三角洲不断发育，形成了中国北方最年轻、最有潜力的土地。任先生指出，对每年黄河入海所形成的自然湿地，作为草地农业系统中的前生物生产层，是需要保护的。但是，湿地之后，经过自然发展育化而形成的新地，是应该有计划开发利用的，以利国计民生。任先生关于湿地保护、新地利用的主张，是基于对当地的深入调查研究并借鉴国外经验而得出的，为有关政策的制定提供了极有价值的参考，对黄河下游的发展有非常大的促进作用。

任先生给青岛农业大学草业学院亲笔题的院训是"发展草业科学，创新三农实践"。任先生希望我们利用好天时地利人和，既从微观上，也从宏观上把现代农业这门科学，既讲授在学校里，也构建在黄河三角洲这片广袤的土地上，营造出中国"三农"系统示范区。

作为任先生家乡——山东的高校草业学院，我们一定不辜负任先生的期望，在黄河三角洲地区全力开展草地农业系统研究，为中国"三农"建设作出贡献。

最后，预祝北京林业大学草业与草原学院的学子们在任继周"伏羲"草业科学奖励基金的激励下，学习成绩优异，成为行业翘楚。祝任先生身体健康，祝各位领导和同人万事顺意。欢迎大家到青岛农业大学指导工作。

谢谢！

四川农业大学草业科技学院院长张新全
在任继周"大师精神"座谈会上的发言

张新全

各位专家领导、各位朋友：

大家好！

我是四川农业大学草业科技学院张新全。很高兴参加今天任继周先生"伏羲"草业科学奖励基金设立仪式。下面结合与先生相识经历，谈几点感想和体会。

我和先生第一次相识于1998年中国草学会乐山会议。当时大家都争先恐后和先生合影、交流，我也把我的论文材料送先生，请他批评指正。后来有一天，侯扶江院长告诉他他看见了我送先生的博士论文材料。我没有想到先生不仅非常的平易近人，还把小生后辈赠送的材料保存，对他敬佩之情更深了几分。

2003年，我鸭茅研究成果申报四川省科技成果奖，我把材料邮寄先生后，没有想到先生在百忙之中为我撰写函审意见，传真给我。他的评价一直鼓励我从事教学科研工作，当时我获得了人生第一个四川省科技进步二等奖（2003年）。先生对我个人和四川农业大学草业的帮助使我们受益匪浅。

后来，我又跟随南院士参加了2个973项目，完成了首个主栽牧草鸭茅基因组，我的学生黄琳凯今年又在此基础上，进一步拓展完成狼尾草泛基因组和耐热分子机制研究在《Nature Genetics》发表，所以，四川农业大学草业发展得到任先生及他的学生们长期大力支持，在此表示万分感谢。

去年，中央电视台《吾家吾国》栏目对先生进行了专访，讲述其"因为奋斗不息，所以青春永驻"的热血故事。我们号召全院师生以党团组织生活、主题活动等形式观看了专访。先生是我国草业科学领域伟大科学家、教育家、思想家，不仅创建并提出了系列丰富草原科学理论，而且为我国草业教育事业培养了一大批国内外知名专家学者。先生大师精神永远是草业后人学习楷模。作为草业后人，我们将继续弘扬先生事业，让任先生精神代代相传。

各位专家领导，各位朋友，作为草业后人，我们将继续传承任先生老一辈专家开创的伟大事业，努力拼搏，为草业高质量发展努力奋斗。谢谢大家！

四川省林业和草原局总工程师白史且
在任继周"大师精神"座谈会上的发言

白史且

尊敬的任继周院士、任海先生、各位草业界的同人：

大家上午好！

非常高兴也非常荣幸参加任继周"伏羲"草业科学奖励基金的设立仪式和大师精神研讨会。首先，我代表四川省林业和草原局对科学奖励基金的设立和研讨会的召开表示热烈的祝贺，这是我国草业界一件大事也是一件喜事，非常感谢任先生捐资设立这个科学奖励基金，这对鼓励草业后学、助力草业科学高层次人才培养、促进草业科技进步和草业高质量发展将有非常深远的影响，意义非常重大。

任继周院士是一位德高望重的、我们非常崇敬的学术大师。他的学术思想、哲学思想、农业伦理学思想博大精深，他是我国现代草业科学的开拓者和奠基人之一，先后创建了草原综合顺序分类法、草地农业生态系统理论和农业伦理学等重要学术理论，为我国现代草业科学和草业发展作出了巨大贡献。

任继周院士从小立下鸿鹄之志，立志为改变中国人的体质奋斗一生，放弃国外大学的优厚条件，扎根西北，潜心研究草原70余年，他的这种艰苦奋斗、从一而终的科学家精神值得我们草学后人好好学习。

任继周先生也非常关心四川的草业发展，早在20世纪80年代，对秦巴山区、大小凉山等区域进行了详细的调研，提出了很多非常具体的建议，这些建议在脱贫攻坚中发挥了非常重要的作用，在乡村振兴的国家战略下也具有非常重要的现实意义。

我尽管不是任先生的学生，但任先生对我的帮助和支持很大。2018年夏天，我当时在四川省草原科学院担任院长，为了召开好凉山彝族自治州草牧业发展研讨会，在董世魁院长的陪同下，我去北京任先生家中拜访，希望他给大会提一些建议和写一封贺信，

95岁高龄的任先生非常热情，给大会录了一段视频，而且写了贺信，他认为凉山光热资源、草地资源、草食动物资源丰富，是发展草地农业非常好的地方，他说凉山非常有希望，有任先生的鼓励和指点，我们的会议取得了非常好的效果。

最后，祝任先生吉祥安康、福寿延年、孜莫格里（彝族语，意为吉祥如意）！敬爱的任继周院士卡莎莎（彝族语，意为谢谢您）！"伏羲"科学奖励基金瓦吉瓦（彝族语，意为非常好）！

中国农业科学院北京畜牧兽医研究所研究员李向林在任继周"大师精神"座谈会上的发言

李向林

任继周先生于1972年在地处黄羊镇的甘肃农业大学创办全国首个草原系，这个系数十年来培养了大批草业科技人才，被誉为草业的"黄埔军校"。我有幸成为1977年恢复高考后草原系的首届本科生之一，并师从任继周先生完成硕士学业，再到任先生领导的甘肃草原生态研究所工作。任先生退休后长住北京，我也在完成博士学业后来京工作，得以长沐师恩。在我45年的草业科技生涯中，对先生学术思想虽有所领悟，然所学不及先生之万一。谨借此机会，以我之粗浅认识略谈体会。

任先生的主要学术思想大体可以概括为三个大的方面。

其一为草地资源学及草原分类学。任先生及其团队早期致力于草原资源研究，以草原发生学规律为准绳，以生物气候为依据划分草地类，创立了"草原综合顺序分类法"。其最大的特点是可以将全球任何草原纳入一个统一的分类系统。

其二为草地农业生态系统理论。我国最初的草学概念，仅限于畜牧学中饲料科学下面的一个小分支——牧草学。自20世纪80年代以来，任继周先生综合了草地作为生态系统的自然属性和作为食物生产系统的农业属性，提出了草地农业系统的理论，全面阐述了草业系统的四个生产层和三个系统界面，以及通过系统耦合提高生产效率和经济效益的科学原理和方法论，从而形成了完整的草业科学理论。

其三为农业生态伦理学。最近十几年来，任先生有感于长期困扰我国的"三农"问题，通过对我国农业系统历史演变的分析，从伦理学的视角审视农业行为对自然生态系统与社会生态系统的道德关联，开创了中国农业伦理学研究的先河。

任继周先生的学术思想具有一些鲜明的特点。

一是创新性。任先生从不拘泥于既有的知识和观念，在70余年的学术生涯中不断探索和创新，提出新理论和新观念，引领草业科学的发展方向，从牧草学到草原学，再到草地农业生态学，构建了新型的草业学科体系。

二是开拓性。得益于任先生的一系列开拓性研究，草业科学的理论体系才得以不断完善。从前只是作为一种饲料来源的牧草，现已成为包括前植物（景观和绿地）、植物、动物及后生物（产后加工和流通）四个生产层的全新草业系统。

三是开放性。任先生的学术思想十分开放，重视从不同科学的发展中吸取营养，最大程度利用现代科学技术的成果，并在学科交叉中发现新的研究方向和学科领域。

四是历史性。任先生善于从浩如烟海的文化遗产和漫长的历史长河中探寻事物发展的规律，从农耕文明与游牧文明的历史碰撞中探寻我国农业发展的轨迹和方向，探究"三农"问题的根源，提出草地农业发展的科学论断。

总之，任继周先生毕生从事草业科学研究与教学，是我国草业科学的最主要的奠基人和推动者。先生虽已年近百岁，仍孜孜不倦，仰屋著书。先生住所简朴无奢，甚至没有电梯，却用自己的积蓄设立多个奖学金，此情此景，无不令人敬仰。先生不仅为草业科学提供了宝贵的精神财富，也贡献了可观的物质财富。这一切，犹如春雨润物，滋养着青年一代草业科技工作者的成长。

鹤发银丝映日月，丹心热血沃新花！

东北师范大学教授王德利在任继周
"大师精神"座谈会上的发言

王德利

尊敬的任先生，尊敬的各位领导、各位同人：

大家上午好！

首先，热烈祝贺北京林业大学能够设立任继周"伏羲"草业科学奖励基金，这不仅是北京林业大学的荣幸，也是我们草业界的一件大事；其次，对我们业界德高望重的前辈——任继周先生表示崇高的敬意。

实际上，对任先生学术思想的探讨，我们可以从诸多方面去考虑，包括以上各位先生谈到的。但是，我总觉得我还没有资格或者水平去评价任先生纵贯80年的学术成就，只能从中感悟任先生的为学、为事、为人之风范。下面我就把我的感悟或者一些想法与大家做一分享。我从任先生身上主要是有三方面的感悟：第一是深邃的学识，第二是高尚的品质，第三是伟大的人格。

大家知道任先生博学多识。在早期听他的学术报告，拜读他的研究论文，以及后期经常聆听任先生讲话中，我的确感受到，作为草地科学学家，任先生在不同时期不断地作出了奠基性与标志性的学术研究。这既有大家刚才谈到的草地类型学、草地农业系统、草地培育与利用理论等，也有我们不怎么关注的草原放牧研究。任先生的研究，从基础理论到应用技术，从草业学科到由此而拓展的农业伦理学，不仅有广泛的涉猎与深入的思考，并且有不断拓展的认识。这值得我以及整个草学界、草业科技人员学习。

另外，是任先生的高尚品质。任先生这种品质体现于很多方面。我们在与任先生交流，或者是看到任先生所说所做时，总能深切体会到。我感受最深的有两个方面：其一是无私助人，其二是终身学习。我们在座的任先生学生与同事，也包括我在内的许多同人，可能都得到过任先生在不同方面的热情帮助与悉心指导，尤其是任先生对青年人的大力支持与帮助。我体会到，任先生是：助人、乐于助人、始终乐于助人。从我本人来说，当有些问题向任先生请教时，先生对每个信息或邮件都会回复，而且非常快地回复，逐一细致解答。我觉得任先生的学生都能够感受他更多的阳光！任先生的高尚品质已经形成了强大的气场，这是很多人能够被吸引到草学、草业这个领域的重要原因。另外，大家都谈到了他的学习。对于我们这些中年到接近老年的老师与研究者来说，学习的惰性越来越强了。但从任先生身上我们丝毫看不到这一点。在兰州大学草地农业科技学院，我看到院训："道法自然，日新又新。"这实际上就折射了任先生这种学习不断进取的精神。学习当然是可以有不同层次的体现。知识的学习，思维的改进和意识的增强，我觉得任先生自有学习的乐趣。但更重要的是，给我们树立了一个学习典范，通过不断学习，才能够更新我们的知识，提升我们的创新思维与能力。

最后，是任先生的伟大人格。有了任先生深邃的学识和高尚的品质，必然会铸造他伟大的人格。任先生非常谦虚，刚才讲话的时候还强调：我不是什么大师。记得古希腊哲学家苏格拉底曾说过："我之所以比别人聪明，或者比别人有智慧，是我知道自己的无知。"那么，任先生这样谦卑，时时还在求知探索，不断完善自我，这就是学术大师的风范！与任先生在一起，我们经常会获得一种精神的感召力和意识的能动力，这也是他伟大人格的魅力所在！

再次让我们对任先生这种善举表示崇高的敬意，祝愿任先生健康快乐！

谢谢大家！

内蒙古农业大学教授韩国栋在任继周
"大师精神"座谈会上的发言

韩国栋

尊敬的任继周先生、任海老师、南志标院士、安黎哲校长、唐芳林司长、刘加文副司长、负旭江副站长，各位专家、老师、同学们：

我十分荣幸出席北京林业大学任继周"伏羲"草业科学奖励基金设立暨任继周学术思想研讨会。首先，对任继周"伏羲"草业科学奖励基金的设立表示祝贺，并对任继周先生的捐资表示崇高的敬意。任继周先生多年指导和引领草业科学的人才培养、科学研究以及教书育人，我们需要学习的地方很多。我本人多年学习任先生的学术思想和治学理念，就学习体会谈几点认识。

第一，任先生注重教学方法，取得国家教学成果特等奖。1989年，农业部人事部门在内蒙古呼和浩特市举办全国草原高级讲习班，我有幸在内蒙古科学干部局的安排下，参加会议服务。那是我第一次亲耳聆听任先生的授课。任先生讲课条理清晰，逻辑严密，不慌不忙，内容丰富，听任先生的讲课是一种享受。联想到我们现在老师的教学，我们应该向任先生学习，不同的受众需要有不同的教学方法和教学内容，不可千篇一律。另外，我们大学三年级开始学习草地调查规划，用的教材就是任先生编写的《草原调查与规划》，这本教材编写文字流畅、逻辑结构合理，可读性强。老实讲，草原调查规划的课程是当时草原专业比较难学的一门课程。后来，我们上研究生，陆续用到任先生的《草地农业生态学》《草业科学研究方法》等教材，这些教材对于我国研究生的培养起到了重要作用。

第二，科学研究开拓了许多新的领域。早期的家畜放牧行为、采食量、划区轮牧以及季节畜牧业、家畜畜产品单位以及草地综合顺序分类等理论具有开拓性质，特别是草地综合顺序分类，是在系统研究国内外诸多分类系统的基础上，具有重大的理论突破，并具有国际性。

第三，草业科学学科创立，晋升一级学科，理论框架的建立具有历史性贡献。草业科学一直处于畜牧学的二级学科，任先生从国际草业科学的科学源头：欧洲的草地农学、北美的草原管理以及苏联的地植物学和草地饲料分析，结合我国草原、草原科学的发展，会同国内专家，提出草业的概念，并创立草业科学4个生产层理论，创立了草业科学，集牧草、草原、草原景观与草业经营于一体，这是我国对草业科学的世界性的贡献，为后续草业科学本科和草学研究生的一级学科的创立奠定了理论基础。

第四，国际视野和哲学思维。任先生早期在越南进行资源考察和学术指导，与多个国家的草业科学、生态学、畜牧学等专家有极其广泛的交流和合作，把握国际学术前沿，引领草业科学发展。2008年在内蒙古呼和浩特召开国际草地、草地联合大会前夕，先生以当时84岁的高龄，连夜奔赴呼和浩特，与内蒙古自治区政府领导商讨办会事宜，令人为之感动和敬佩。任先生平时注意收集国际友人的个人传记，及时介绍给国内学者，使我们年轻人受益匪浅。任先生注重学术的总结和提升，惯于哲学思考，近年连续出版了系列农业伦理学等巨著，是我们学习的楷模。

第五，关怀兄弟院校草业科学的发展。任先生时刻关注草业科学专业兄弟院校的发展，我们有需要，任先生始终不遗余力地给予帮助和指导。我们内蒙古农业大学陆续出版了《章祖同文集》《许志信文集》《云锦凤文集》，任先生都亲自帮助撰写序言，鼓励我们年轻人成长，发展草业科学。

任先生的学术思想已经深入我们草原人，是指引我们前进的灯塔。衷心祝愿任先生快乐安康，继续指引我们草业科学的发展。祝愿北京林业大学草业与草原学院蒸蒸日上，健康发展。

任继周先生是我学术道路上的良师

——中国科学院植物研究所研究员刘公社
在任继周"大师精神"座谈会上的发言

刘公社

任继周先生是我国草业科技的领袖，是最受尊重的中国当代知识分子之一。认识任先生并与他结缘，是我人生莫大的幸运。与他交往过程中的几件事令我受益匪浅、终生难忘。

第一，任继周先生组织策划牧草"973"项目，助中科羊草研发渡过危机。2006年，由于研发经费紧张和年度绩效考核不顺利，我们团队的羊草种质资源研究和育种工作面临中断的危机，10多年收集的羊草资源如何保护，进行到一半的育种工作如何持续……一系列的问题摆在我们面前。2007年2月初，好友李镇清引荐我一同拜访任继周先生，告知他一个重要信息：国家科技部刚刚发布一个新的国家重点基础研究发展计划（"973"计划）项目指南，其中有牧草方面的研究内容，经费高达几千万元，如果能够争取到这样的经费支持，就可以化解我们科研经费的危机。任先生与大家讨论后认为需要尽快组织全国的力量申请这个项目，他连夜打电话，请兰州大学南志标教授作为首席申报"中国西部牧草、乡土草遗传与选育的基础研究"项目。任先生亲自指导了项目和课题的技术路线。任先生、路铁刚和我陪南老师亲历了两次答辩，项目几经辗转获得通过，内容横跨多个专业，从微观的基因克隆和功能验证，到育种的基础工作，再到宏观的牧草饲喂动物试验效果。在大家的不懈努力下，项目取得了可喜成果，在此基础上南志标院士又组织承担了第二个牧草和乡土草"973"项目。两个项目持续近10年，我们羊草团队获得了宝贵的科研经费，保证了羊草种质资源和育种课题的延续，为后来中科羊草新品种的诞生赢得了

"长期主义者"所必需的"足产期"。当时，社会评价科研工作盛行"论文为王"，而草种质资源的研究需要收集、评价、鉴定、亲本选择、杂交和多个世代的选择等程序，很耗时间，而且野生种质资源的研究论文影响因子也难以拔高，我的课题组每年面临被评估体系淘汰的风险。如果没有任先生的战略智慧、没有当时项目组良好的学术氛围和同人们的支持，羊草种质资源的研究就会中断，"中科羊草"就会"胎死腹中"。

第二，任先生鼓励"草人"要有坐冷板凳精神。我1982年毕业于西北农林科技大学，专业是作物遗传育种，留学于法国克莱蒙费朗第二大学，师从国际向日葵专家勒克莱尔研究员，博士论文是关于向日葵分枝的形成机理，1986年回国后我从事向日葵的有性繁殖，8年的青春过去了，研究进展并不如人意，自己感到很困惑。1994年，我的老师李振声先生对我说是否可以换个研究对象，探究一下羊草的结实问题，这对未来草原生态建设和草食动物"吃饱饭"很有意义。当时我年轻，没有经验，乐观地认为小草简单，应该很容易出成果。但研究工作一直持续到2006年，也没有什么理论或实用方面的出色结果。2007年之后，我带着困惑多次请教任继周先生，他说："您是农学背景，又掌握新技术，加入我们草业队伍中来吧，不仅壮大草业队伍，也有利于草学与农学的交叉创新。"他语重心长地告诉我："野草驯化和育种是个长期的工作，但小草事业大，只要不怕坐冷板凳和坚持就一定有收获，不要管年龄，不要在乎绩效体系对人的评价。"这番教诲和点拨使我坚定信念，在迷雾中逐渐看清方向和目标。在后来的工作中，不管社会评价体系如何、人家如何议论自己，我只埋头研究羊草。2014年我们团队终于选育出'中科1号'羊草品种，通过了农业部门组织的审定。在得知我们培育出新品种之后，他又鼓励我们做好示范区，我们用了8年时间终于建立了4万亩中科羊草科技示范区"羊草小镇"。这件事充分反映了任继周先生为人师表和一直提倡的专注精神，以及他鼓励的研发成果要彰显社会意义，也就是我们常说的要把论文写在大地上。

第三，任继周先生一生博览群书，著书立说，为我们树立了榜样。任先生一生著书立说颇多，他从小不仅博学，而且爱做笔记，更擅长思考和总结提炼。我多次阅读任先生的《草业琐谈》，深受感染，学习之余，我先后试编了两部《羊草种质资源研究》，一部《羊草种植实用技术》，一部英文羊草著作《Sheepgrass：a environmental friendly grass for animals》。今年2月，我和"草人"们正在联合编写《中国羊草》一书，请任先生作序，他告诉我写书的体会：很费时间；可以对自己的工作做经验总结，也可以表达所喜所忧；写书不能指望有什么回报，是对社会的一种责任，这与他的座右铭"从社会取一瓢水，就应该还一桶水"是一脉相承的。

任继周先生的精神财富就像大山，令人敬仰。每与先生交流，收获极多，仅叙以上三事，与大家分享。

南京大学教授李建龙在任继周
学术思想研讨会上的发言

李建龙

尊敬的任先生，安校长，董院长：

你们好！我很高兴受邀参加此次活动和研讨会！感言如下。

感谢3点：感谢董院长的盛情邀请，感谢能有机会参加此次活动和任先生学术思想研讨会，感谢今天所有来宾朋友们的捧场和发言，受益匪浅！

感动3点：我是任先生指导的第二位博士生，在甘肃农业大学草业学院跟随任先生攻读本科、硕士和博士学业期间，得到恩师及师母喜爱，似同亲儿子，给予多方指导和教诲，感动最深的是：①先生学识渊博，精通农、文、史、哲学，学术思想丰富，不仅有内涵，还有外延和高格局；②先生思想超前，远见卓识，理想高远，对博士生论文指导方向与内容先进，有超前意识，易于接受新生事物和人才；③先生指导学生立德树人，志向远大，不仅能给我传授广博的知识，也教导我传承伟大的事业，经常鼓励我一生不断学习、进步和发展，德高望重，是我心中崇拜的学术"大师""师神"和"中国草业科学泰斗"。

感恩之致：在我博士毕业后走上新的工作岗位时，他临行前专门赠送我八个金字"学习、谦虚、毅力、进取"，一直鞭策着我不断学习新知识事物，谦虚谨慎做人做事，学业工作自强不息、攀登不止，在草业、农业、生态和信息科学等方面不断开拓进取，守正创新，把他传给弟子我的真经、真心和事业传承下去和发扬光大！

顺祝我的恩师任先生健康长寿！北京林业大学草业与草原学院各项事业兴旺发达！

中国农业大学教授邓波在任继周"大师精神"座谈会上的发言

邓 波

今天有幸参加北京林业大学任先生学术思想的研讨会，作为近些年近距离接触任先生的学生，好像有许多话要说，但又不知从哪里说起，可以说此时是思绪万千，我想还是从最近先生说的一句话说起吧，对我的触动还是蛮大的。先生说："我现在身体大不如从前了，之前我是一个月写一篇

文章，现在减少了，我要在我有限的时间尽快完成一些重要的工作，特别是农业伦理学方面的东西。"先生无意中一句话，对我是说不出的震动，虽然字面上没有太多内容，但其中却蕴含着科学家的真谛，时代的工匠精神。

一、无时不思，无日不写，点滴见精神

从先生2022年的一篇文章说起，题目是"苏武牧羊'北海'故地非贝加尔湖辩"，我参与了后期的部分工作，这期间先生的认真严谨态度令人赞叹，我是自愧不如。由于文章中多处引用了《史记》中的描述，我说按您资历就直接引用吧，没有必要再找出处了，因为《史记》版本太多了，先生却说一定要找到出处，后来通过国家图书馆同志找到了线装版影印本。我给先生找到了点关于白亭海（古代为屠休泽，现为青土湖）消失的文献，先生高兴万分。我曾激动地找到了证据，说苏武当时放羊时手里拿的是牦牛尾巴，也可以证明走得不远，可先生说古代都拿牛尾作为一种旗帜，所以也说明不了什么。先生对《史记》中每一集都了如指掌，让我五体投地。以先生的博学以及学术上的严谨，今天他所取得的伟大科学成就是必然的。由于眼睛不太好，先生办公房间的设备是小电脑、大显示屏、投影幕布，现在先生用放大镜看电脑的文字了，我给先生买个特

大号放大镜，但放大倍数太小，先生就拿小的那个，每次只能放大四五个字。这个举止，谁看谁被打动，谁看都会被感动，谁看都会泪目。先生的点点滴滴，无不体现大科学家的风范。

二、开拓与创新融于一身

大家都知道先生的关于草原的各种思想和学术贡献，先生的每一步无不充满着开拓和创新。步入耄耋之年，先生仍有不穷的创新之意。比如"农业伦理学"，先生为之付出了很大的心血，先生常跟我说他要在有限的时间内把该做的东西都作出来，为此每日定点地工作，和相关人员来往的信件分门别类保存，但经常由于保存路径过于复杂，总有丢失的现象，但先生不厌其烦地去找，此时我们也只能为先生做点小事。先生举止就连保姆都为之感动，我也曾跟保姆炫耀，什么叫科学家，这就是科学家。

先生的学术思想对于我们的影响是永久的，特别是对学生们是根深蒂固的，我们现在草业的各个方面其实都蕴含着先生的草业理论。2012年，我们想在草原上搞一个草原畜牧业生产的企业，拜访了先生，先生极力支持，而且简述了草与动物生产结合的必要性。草学一级学科的申报，开始时先生给我提出了四个具有创新性的二级学科，当时被学界和各方人员普遍接受了，只是当时评价学科不仅仅是草业领域人员，只要涉及其他学科，就要拿出去外审，所以本着先迈进再修改的原则，我们被迫只选择草原学、牧草学、草坪学，只要进来了，之后二级学科设计就是我们自己的事情了。

三、先生指点迷津，使人刻骨铭心

我没有什么值得骄傲的业绩，但身为先生的硕士生感到无比自豪，也时不时拿出来炫耀。还是先生的一句话，让我始终坚守草原利用这块领地。硕士答辩的时候，先生问我"你的放牧羊的试验为什么要测定牧草的粗脂肪？"当时我由于知识的局限无言以对，汗都下来了，先生笑了，说了句"没关系，下来好好查查文献"。后来只要一见到"粗脂肪"这个词，我就想到了先生的那句话，致使我后来考博士时也选择了"草食动物营养"这门课。

四、一生守候，淡泊名利

去过先生家的人都知道，先生的家庭条件并不优越，特别是书房过于狭小，且采光不好。几年前，先生和我说要装修一下，我也很高兴，实在是应该改改了，布局和设计都该更新了。为此，我还专门找了一家公司去先生家丈量了尺寸。但后来先生说，装修要荒废掉好多时间，现在的条件也能过得去，时间对于他来说越来越重要了。也就是说先生把所有的精力和时间都用在了我国草原事业上了。

今天就5分钟时间，如果讲下去50分钟可能也不够。总之，先生精神是伟大的，是我们这代甚至是下一代永远的榜样，我们今天应该做的是传承先生的思想。我没有接触过伟人，但我感觉先生就是个伟人，先生的丰功伟绩是我们不可比肩的。有时我自叹没有能力把先生的事迹写出来，但庆幸的是我遇见了山东的军旅作家吴洪浩先生，他说他在写剧本，我太期待了，我和他表示了我们草人迫切的心情。

一牧科技公司董事长马志愤
在任继周"大师精神"座谈会上的发言

马志愤

尊敬的各位领导、老师和同学们：

大家好！

很荣幸能够有机会参加任继周"伏羲"草业科学奖励基金设立仪式暨任继周思想研讨会。

回想硕士研究生学习期间，有幸参与中国西部草地可持续发展项目，任先生的草业学术思想和著作是我重点学习的内容。2008年硕士毕业，在我硕士导师吴建平教授的推荐下，我去拜望任先生，期望能够有机会报考兰州大学博士研究生，得到任先生的指导，任先生表示年事已高，已不再招收博士研究生，但是如有兴趣可以参与一些资料的查阅准备工作。之后，通过邮件与任先生保持联系并做一些力所能及的协助工作，2013年9月27日接到侯扶江院长的电话："任先生想再招一位博士研究生，如果你有意向，可以联系任先生。"我内心非常激动，期盼已久，遂立即联系拜望任先生，汇报了我正在负责美国硅谷农业软件公司（VAS）在中国推广工作的情况，任先生说道："类型维、化学维、系统维和信息维四维结构支撑了草地农业的发展，你做的这部分工作正好属于信息维，建议你结合我国实际情况能够推进这一部分工作，欢迎报考。"经过认真备考，我终于在2014年9月进入兰州大学学习并有幸得到任先生很多启发和指导。感激之情，无以言表。今天借此难得机会分享三个方面，三个关键词：志存高远、坚持不懈、先事后得。

一、志存高远

2015年12月10日至12月29日有幸能够在南京农业大学陪同任先生，每日有幸能够聆听先生教诲，任先生的经历和高瞻远瞩的学术思想、渊博的学识不断启发和提升了我的认知，后来一牧科技"构建草地农业智库系统，助力中国农业结构转型"的使命由此逐渐形成，指导公司业务规划和发展，让我们能够看得更加长远，不要急功近利。

二、坚持不懈

每次前往任先生家里拜望请教和汇报工作进展时，总看到任先生伏案工作。耄耋之年，任先生仍笔耕不辍，著书立说，是我毕生学习的榜样，激励我前行。任先生经常教诲："认定了就要踏踏实实，坚持不懈地去做，要能够坐得住冷板凳，能够抵御住诱惑，这样才能出真正的成果。"从2020年开始，我们每年坚持出版一版《中国规模化奶牛场关键生产性能现状》，也是受到任先生很大的鼓励。

三、先事后得

在我们推进一牧科技发展过程中，任先生时常鼓励立志要把草地农业智库信息系统建立起来，要能够扎根于一线生产，自力更生，切实帮助一线生产单位解决实际问题，不要计较一时的得失，他常说道："不要去追逐名利，踏踏实实把事做成了，这些往往都会追着你跑。"这对一牧科技的经营管理和我们做的很多决策都产生了至关重要的影响，在任先生的指导下，基于一牧科技前期的积累，发起并主办首届（2023）智慧牧场创新峰会，计划每两年一届，期望能够与更多的优势资源联合，共同帮助牧场高效可持续发展，助力草地农业的发展和我国农业结构转型。

最后，再次感谢各位领导、老师和同学们的关心和支持，也希望有机会能够为此奖励基金贡献一点力量，谢谢大家！

任继周学科建设思想一直引领着草学学科的发展

——北京林业大学草业与草原学院苏德荣
在任继周"大师精神"座谈会上的发言

苏德荣

任继周院士不仅是草业领域的思想家、教育家，更是一位伟大的战略科学家。他以战略科学家的视角，以学科发展服务国家需求为目标，不断攀升学科发展的制高点，总揽草业科学发展全局，谋划学科发展方向，夯实学科发展基础，突出学科原始创新，不断充实和升级改造学科建设内涵。时至今日，任先生的草业科学学科建设思想和学科发展规划一直引领着我国草学学科的发展。

我是恢复高考后考入甘肃农业大学的首届本科生，四年毕业后考研进入西北农学院（现西北农林科技大学），研究生毕业后留校任教。20世纪80年代末调入甘肃农业大学直到2003年，在甘肃农业大学从事教学工作十几年。这段经历使我对任先生的学科发展布局和学科建设思想有了初步的了解和切身的感受，并从中领略到任先生的确是一位大师级的战略科学家，既有科学家的钻研务实，又有战略科学家的开阔视野和对学科发展的前瞻性判断及领导力。甘肃农业大学早在1972年就成立了我国第一个草原系，但是在1978年以后随着高考制度的恢复才全面转入正轨的本科及研究生教育体系。我上学那时，任先生正是甘肃农业大学草原系的系主任。当时在任先生的组织领导下，草原系设立了植物学、草原培育（包括后来的草坪）、草原调查与规划、草原生态化学、草原保护、牧草育种、牧草栽培教研组。20世纪80年代中期，在任先生的主导下，甘肃省草原生态研究所及甘肃农业大学草原系教师积极参与，建成了当时国内唯一的草坪足球场——兰州七里河运动场。以此为契机，甘肃农业大学草原系又设立了草坪学方向。任先生在学科发展之初规划布局的这些学科方向，不仅在他创立了草业科学学科之后筑起了草业科学学科发展的坚实基础，而且培养了大量草业科学技术及管理人才，即使是后来设立的草坪学方向，也为草坪业培养了大批企业家和技术人员。2018年，北京林业大学草业与草原学院建院之初，就确立了以草原学、草坪学、牧草学、草地保护学为草学学科建设的四大方向，这与任先生当年在甘肃农业大学草原系设立的学科发展方向完全吻合。

人才队伍建设是学科建设的基础。任先生在规划学科建设的同时，大力组建和培育学科建设团队。在任先生任职甘肃农业大学草原系主任到甘肃农业大学副校长期间，广泛吸引高层次人才，着力组织和建设各个学科方向的教师队伍，将学科发展方向与国家需求、学科发展、教学科研紧密结合起来，取得了显著成效。草原学方向以任继周、胡自治领衔，符以坤、牟新待、张普金、聂朝相等教授组成的团队，研究成果从草原综合顺序分类法、草原改良利用、季节放牧理论，直到草地农业系统理论，对经济社会、科学发展产生了持久而深远的影响。牧草团队以郭博、李逸民、陈宝书、曹致中、汪玺等教授组成，陈宝书教授培育的甘肃红豆草在黄土高原大面积推广种植，曹致中教授培育了甘农系列紫花苜蓿新品种，其中，'甘农3号'紫花苜蓿品种以春季返青早、初期生长快、草产量高而著称，在西北内陆灌溉农业区和黄土高原地区得到大面积推广。直到目前，牧草学方向的传承人曾任甘肃农业大学草业学院院长的师尚礼教授，2023年发布了'甘农12号'紫花苜蓿新品种。草地保护学以刘若、冯光翰、宋凯、刘荣堂、鲁挺等教授为主要成员，研究领域涵盖草原病、鼠、虫、害，为草地生态系统及牧草生产提供了全方位的守护。草坪学方向以孙吉雄教授为代表的甘肃农业大学草坪团队，包括草坪方向的传承者现任草业学院院长的白小明教授、马晖玲教授等，引领了一代草坪发展的潮流。从全国第一本《草坪学》教材直到第四版的规划教材，都是以孙吉雄教授为主编，这对全国草坪学科发展、人才培养和草坪产业进步起到了重要作用。以上可以看出，从20世纪80年代到本世纪初，一个建立在省属农业院校的草学学科，拥有草原、牧草、草地保护、草坪四大学科方向，有近30位国内外著名或业内知名教授组成的学科团队，而且在草学科学研究及教学中成绩斐然，贡献卓著，这与现今许多高校草学学科相比都是令人羡慕和出类拔萃的。

草学学科建设离不开野外试验观测基地。在任先生的主持下，自1956年就在周恩来总理命名的全国第一个少数民族自治县——甘肃省天祝藏族自治县的抓喜秀龙草原，建立了甘肃农业大学天祝高山草原生态系统试验站。这是我国第一个草原生态定位观测研究站，也是甘肃农业大学草原系学生主要的实习、研究基地。50年代的西北甘肃，生活、工作条件艰苦，试验站远离城市，交通和生活条件极为不便。但任先生带领草原系教职工，克服困难，设立试验样地，开展草原类型、草原改良和草原放牧等方面的研究。许多研究成果就出自乌鞘岭下金强河畔的这个试验站，许多学生在那里完成了毕业论文，走上了各自的工作岗位。任先生对野外试验研究基地的重视和建设历程，足以说明他对草学内涵的深刻理解与学科发展的长远谋划。

学科的创建、成长、发展，是科技进步的基础，是科学知识体系发展的重要标志，是科技促进社会经济发展的载体。任继周先生对于草业科学学科的创建，无疑是一个奠基者，他对于草学学科的成长更是一位辛勤的耕耘者。对于草学学科的发展，他以其持续的探索和丰硕的原创性成果，不断拓展着草业科学的研究领域，不断丰富着草业科学研究的学科内涵，不断提供着中国现代草学学科新的生长点。我们感恩草业界有这样一位学科发展的前辈和领路人，不断为我们翻开草业科学事业发展新的一页，不断激励我们为了我国的食物安全和生态安全持续努力，这是国家之幸事，民族之幸事！

北京林业大学草业与草原学院教师代表常智慧
在任继周"大师精神"座谈会上的发言

常智慧

尊敬的任继周院士、南志标院士、唐芳林司长、安黎哲校长、刘加文司长、贠旭江站长、任海教授，各位领导、各位老师、同学们：

大家上午好！

在"'伏羲'草业科学奖励基金设立仪式暨任继周学术思想研讨会"隆重举行的日子，领导安排我作为教师代表发言，我深感荣幸与忐忑，思来想去，我谈三点学习体会。

一是学习任先生的开创精神。从某种意义上讲，任先生一生就是不断开创的一生。任先生创建了我国农业院校第一个草原系；创建草学学科，创立唯一可用于世界草原分类的草地分类系统；耄耋之年编写出版《中国农业伦理学导论》，开创用哲学研究农学以及我国农业伦理学研究的先河。任先生告诉我，在林草融合的大形势下，在林业大学建设草学院已是创新举措，今天设立的奖励基金冠名"伏羲"，也有开创之意。因为"伏羲"是一位"有大智"的创世神，是他教民驯养野兽，奠基了农牧业的发端，倡导设立"伏羲"草业科学奖励基金也是一个开端，希望更多的各界人士关心、支持北京林业大学草业与草原学院的发展，支持林草事业的高质量发展。

二是学习任先生终身学习的精神。先生现已99岁高龄，视力、听力严重下降，腿脚不便，最近两年睡眠也不好，但仍每天至少坚持学习6小时。每到先生家中，先生经常问我一些令我惊讶的问题，比如：什么是元宇宙？你们年轻人用元宇宙吗？还有一封邮件这样问我："我想请教一个可有可无的小问题，像我这样的人，这样的具体情况，可以通过5G得到一点什么进步？5G对农牧业有何影响？我很亲近的人告诉我，不要找新麻烦了，这样大的年纪，就像现在这样能用电脑安安静静地工作下去，就很好了。我基本相信这句话，但抱有一线希望。如有，请给以指点。"坦率讲，这些问题，就是在座的各位，也未必思考过或能解释一二。

2022年12月11日，99岁的任先生注册微信公众号，取名"草人说话"，公众号上"草业科学需将'维'的概念落实"等多篇文章，数万字，均是先生亲自撰写并输入电脑，难能可贵。99岁对我们绝大多数人来说，恐怕首先要回答还健在否、能自理否、脱离社会否等灵魂三问，方能达到先生目前的境界。这一切都是先生终身自律和学习的结果。

三是学习任先生科学报国、回报社会的精神。先生青年报考原中央大学畜牧兽医系，深知光吃五谷杂粮的民族撑不起强国，73年义无反顾只身大西北，以改善国人营养结构为己任，只为科学报国。先生坚守"从社会取一瓢水，就应该还一桶水"的人生格言，倾尽家里积蓄，捐资600余万元，在4所高校及山东省设立"草业科学奖励基金""优秀中小学生助学基金"，现已惠及近千名学子，是对社会莫大的回馈。

从某种意义上讲，我们感谢、敬重任先生，也许不是因为先生如何在艰辛的环境中白手创业，也不是因为先生捐了多少奖励基金，甚至也许不是因为先生取得的辉煌学术成就和深邃的学术思想，最重要的是因为先生促进了社会进步，大幅提高了普通农牧民的生活水平。

"涵养动中静，虚怀有若无"，先生二哥、国学大师任继愈赠与先生的这副对联，既是小草品格和境界的写照，也是对先生品格与境界的完美概括。最后，我用先生的话结束我的发言："我们草人爱的不是红桥绿水的'十里长堤'，而是戈壁风、大漠道，这是我们应融入的生存乐园。"

再次对任继周院士及家人表示衷心的感谢和崇高的敬意！谢谢各位！

北京林业大学草业与草原学院学生代表陈超超
在任继周"大师精神"座谈会上的发言

陈超超

尊敬的任院士，各位领导、老师、同学们：

大家上午好！

我是来自草业与草原学院草业191班的学生陈超超，很荣幸今天能够作为学生代表向任继周先生致谢！

我谨代表草业求学路上的莘莘学子，向先生致以诚挚的敬意。您立草为业，扎根草原做学问；深入草业教

育，开拓现代草业科学的教学体系；您心系草业事业，关心支持学校和学院草业科研和教学的发展。您的学术思想深厚，品格修养崇高，是我们无数草业人的榜样！

首先要感谢任先生情系草苑，心系学子。先生是草业与草原学院的名誉院长，您亲笔题写"草业与草原学院"的院名，为我们立下"立志立学，立草立业"的院训，在学院成立之初多次对学科发展建设提出意见和建议。您为学院学子捐助设立"任继周－蒙草"奖助学金，学生也有幸受到奖项资助，深感受到鼓舞和激励。先生心系草苑学子，每年都会给新生寄语或谈话，鼓励我们立志于草业。学院成立四年多来，科研教学事业快速发展进步，草业科学专业争创一流，并新增草坪科学与工程本科专业，学院的师资队伍、人才储备和科研实力不断提升，这离不开先生您多年来对学院的关心和支持。

高山仰止，景行行止。先生的学术成就和品格修养为后辈草业人树立了标杆。您扎根西北七十载，深入草原腹地，开展科学研究，并将深厚的科研成果融入草业科学的教育事业中，开拓了现代草业科学科研与教育的体系。还记得2019年，作为学院成立后第一届入学的本科生，我的大学第一课就是您在北京林业大学讲堂作的报告，您说道"林草是人类生存的根本，草业科学有天然的伦理关怀和生物关怀，草业科学的求学路中，要将自己放置于自然之中，树立正确的三观"。这为我们正确认识专业和找准人生定位

指明了方向。您在2021年学院举办的首届青年学术论坛中说过，"草是绿色星球的底色，是绿色社会的底色"，而小草大业，草业人实干、努力、进取，这更是草业科学生生不息的底色。

　　诚挚感谢先生多年来对学校和学院草业科学事业发展的支持与关心，此次先生出资设立"伏羲"草业科学奖励基金，不仅是物质上给予草业学子的莫大支持，更是精神上对奋发向上、勇创佳绩的草业学子的鼓励，让我们深深感受到您对草业科学教学事业蓬勃发展的希望。先生一生践行"从社会取一瓢水，就应该还一桶水"的道德情操，我们更要不负您的期望，用知识和汗水，为草业科学事业、为社会作出更多贡献。先生深厚的学识和高尚的品格，对后辈学子的关心和支持，是我们求学前进途中不竭的动力和精神之源。

　　殷殷寸草心，孜孜求学路，在先生为我们开拓的现代草业科学道路上，我辈草业人，将继续拼搏奋进、踏实进取，为草业科学更美好的明天而不懈奋斗！最后，诚挚祝愿先生身体健康，福寿延绵！祝愿学校和学院的林草事业蒸蒸日上！

第二篇

草学传播者，
共筑草学梦

任继周院士致辞

尊敬的各位嘉宾：

我由于身体原因，无法亲身到会，失去当面请教的机会，十分抱歉！当我看到与会者的这份名单时，不禁心潮起伏，感慨万千。大家都是业内精英，有的是专业领导，有的是相交相识多年的老友。请允许我诚恳说明，我不是什么"大师"，而是热爱草原，为草业科学魅力所吸引的区区"草人"。我在草业科学这个领域耕耘多年，有收获，也有失误和遗憾。所有的收获都是与在座各位长期以来的坚定支持和无私帮助分不开的。在此，由衷地向大家表示感谢，并希望对我的失误多加批评。祝大家身体健康，愿祖国的草业科学兴旺发达。

谢谢！

任继周

草业科学的四维结构与草牧业实践

卢欣石

一、草牧业谏言与四维结构

2014年10月26日，时任副总理汪洋主持了中南海草业座谈会，提出了草牧业的理念和内涵，2015 年"中央一号文件"提出了"草牧业试点"任务，同年，农业部颁布了《关于进一步调整优化农业结构的指导意见》和《关于促进草食畜牧业加快发展的指导意见》，具体部署了草牧业试点内容，确定了草牧业的发展目标和方向。

中南海草业座谈会首次提出了草牧业观点，明确了草与畜的关系，重申了草牧业的重要地位，提出了草牧业的一、二、三产业融合发展的思想方法，讨论了半农半牧区和农区的区位优势和草牧业发展路径，并且鼓励通过建立草牧业试验示范区，进一步发挥科技的作用。

任继周先生出席了中南海草业座谈会，并且提出了5项建议：①当前口粮和饲料粮比1：2.5，针对当前饲料粮的巨大需求，建议将饲料纳入生产主流产业，缓解粮食安全压力；②粗放畜牧业向现代化转型，确保放牧单元完整性；③以金融、财政为杠杆，支持牧区、农区、城镇的系统耦合；④针对上述需求，在不同类型的经济生态区建立县级试验示范基地；⑤完善农牧民合作社网络，建立工商服务产业体系。

任继周先生的五点建议，蕴含了草业科学四维结构对草牧业指导的科学价值，体现了草业科学对草业生产至动物生产的重要价值，也表达了任继周先生毕生追求的草业科学的学术目标和实践核心。任先生曾明确定义"草业科学是研究草地农业生态系统的科学，涵盖了从草地资源到草地农业生产的全过程"。之后，任先生在《草业科学论纲》一书中总结了草业科学的多维结构，提出"草业科学也有自己的维度。草业科学由三类因子群、三个主要界面和四个生产层这三个板块构成""这三个独立的科学板块靠四维科学连缀、规整为草业科学整体""如果维度缺失过多，可导致草业科学的实质严重变性甚至全然消失"。

按照自然科学规律，定位草业科学的"维"，进而系统认知草业学科的多样性、一致性和关联性，从而科学指导草牧业，这是学科发展中的一个重要创新工程。

二、四维结构的内涵

从20世纪50—80年代，以任继周先生为首的中国草业学者经历了约40年的科学探索和实践，将草业科学的学术内涵归纳为四个学科，即具有草地类型属性的类型维、具有草原生态化学属性的营养维、具有草地农业生态系统属性的系统维和具有草业数据和信息属性的信息维。它们各有独具的知识流，形成草业科学的四维，并贯穿于草业科学的整体结构。

四维结构具有鲜明的科学来源和学术特征。

第一，吸纳了欧洲草地畜牧业和美国草原畜牧业的科学内涵，以草地为载体，建立"草地资源-草地管理-草食家畜"的科学系统，包含了种植业与畜牧业两个重要成分，强调了"草-畜"生产界面，以天然草地和人工草地直接服务于草地畜牧业为特征，通过追溯草地能量和物质的全部流程，提供了评估草类-地境界面、草地-动物界面、草畜-社会界面的生态与经济效率的基本原则和方法，反映了营养维的核心科学价值。

第二，吸纳了俄罗斯自然地带性理论，融合了自然地理和农艺学原理，创新提出了草地综合顺序分类法以及草原资源分类系统，探索了草原发生学规律，揭示了世界不同草地的内在联系，也指导了我国草原资源的分类和评估，是草业科学类型维的重要学术内容，对指导草地资源的生态保护和综合管理具有重大意义。

第三，吸纳了20世纪80年代E.P.Odum著*Basic Ecology*的生态系统骨干体系，结合中国的草地类型和草业发展实践，构建了"三因子、三界面、四生产层"的草地农业的组分系统，科学地将草业科学涉及的农学、地学、植物学、气象学、生态学等各类学科构件整合到一个完整的系统之内，创立了完整的草地农业生态系统的理论体系和科学内容，形成了以草地农业系统学为核心学科的系统维，从而形成草业科学的核心构架，成为现代草业科学不断发展的内在动力。

第四，吸纳了当代信息科学发展的最新成果，运用现代信息源捕捉理论、模糊数学的信息识别理论以及人工智能理论，建立草业科学因子群、信息界面和个生产层的信息维，通过信息认知、采集、分析，进一步监控草业科学系统的结构和运行，健全草业科学的现代化神经网络，探讨草业科学内在的信息关联和动态变化，科学预测和调控草业科学系统和草地农业系统的健康发展。

草业科学的四维结构为我们提供了草业科学的行为准则。

三、四维结构对草牧业的学术引导

草牧业是我国农业产业的重要组成部分，草牧业试点将通过草产业的第一性生产进而推进草食畜牧业发展和畜产品增量提质，实现草畜一体化有机循环发展。草牧业试点是草业科学四维结构最好的实践对象。现按照四维结构的学术内涵和草牧业的产业要素，分析草业科学对草牧业发展的科学引导作用。

第一，类型维。其学术要素是研究探索草牧业环境的水热资源、土地资源、植物资源的分布、数量与配置。其草牧业的产业要素是产业发展的地域性布局规划、产业集群区培育的资源基础和社会基础，包括社会投资、基本设施建设和政府的政策设计，同时，从技术层面分析，产业选择的动植物品种、产品类型、采用的生产方式、技术方案以及选用的机械设施均需要按照类型维所约束的自然条件和资源潜力，重点解决产业发展的环境问题，处理关联紧密的地域性、限制性和适宜性问题，从而作出科学的决策和设计规划。

第二，营养维。其学术要素是草地-家畜界面的营养循环平衡和能量的循环平衡，其技术要点是草地承载力核算和草畜平衡配置以及提高营养和物质的数量和质量。其对草牧业的产业关联是土地的有效管理、可持续利用、人工饲草地和放牧地的质量维护、生产潜力发掘、饲草产品类型设计、饲草料生产加工和质量控制，草畜平衡的配置与调控、家畜营养与饲养管理，通过应用营养维的科学理论和系统技术，解决草畜生态系统物质和能量的平衡，确保生态效益和经济效益的合理实现。

第三，系统维。其学术要素是构建因子群、界面群和生产层全架构各组分的数量关系、转换关系和平衡关系，统计分析系统的稳定性和流动性。其所关联的草牧业产业要素是上下游产业链构建和配置，核心产业的顶层设计。应用系统维的科学原理和技术措施，可以解决产业链配置、SWOT战略分析、种植结构和家畜结构调控、草畜一体化系统设计，粪污有机化处理、一体化的数量控制和循环分析、经营模式评估等，使得产业系统具有更加持久的生命力。

第四，信息维。其学术要素是对信息的认知、采集、流通的分析和调控，其技术关键是利用计算机和大数据平台，通过程序设计和数学算法来分析问题、解决问题。其对应的草牧业产业要素则是采集分析生物因子群、生物因子群和社会因子群的平衡关系，研究分析"因子群-界面群-生产层"间的数量动态，通过技术方案分析、产品方案分析、市场分析、盈亏分析、财务分析、物流分析等，确定技术模式、产品模式和生产经营模式。

当前，为了进一步落实草牧业试点，农业农村部又先后启动了"粮改饲"试点、南方现代草地畜牧业推进行动、草原畜牧业转型升级试点等一系列与草牧业试点相关或配套的项目，其共同需求就是在政府政策的引导下，利用草业科学的理论和技术，实现草地畜牧业的高质量发展。可以预见，在草业科学的四维结构理论和草地农业学术思想的引导下，我国草牧业定将迎来新的发展高潮。

学习任继周院士，树立不负人民的家国情怀

苏 静

任继周院士是我国草地农业科学家，中国现代草业科学的开拓者和奠基人。他胸怀祖国，心系人民，一生为草而生、为草而忙，毕生在草原领域辛勤工作，为草原事业作出无私奉献，为我国草业科学及相关产业的发展作出了系统性、创造性成就，为推动我国草业振兴作出了卓越贡献。

我于2019年5月来到草学院工作，之后跟任院士有几次面对面零距离交流。认识任先生并与他结缘，是我人生幸运与福分。每次聆听任院士的讲话，都很有收获，很鼓舞人心，激励自己一定要努力，要坚持为国家、为人民多作贡献。

首先要学习任院士为人处世的风骨与格局。风骨，是一个人的风度气质，是一个人的品德修养，是一个人的格局境界。"谋大事者，首重格局。"任先生从来都是说自己干得很少，国家给得很多。先生常说，"从社会取一瓢水，就应该还一桶水"，"我早已'非我'，所有的东西都是社会的"。跟草学领域专家交流时，大家无一不赞叹任院士作为"草人"的大格局，他的眼光、胸襟、胆识、情怀，值得我们草业人学习。"人的生命格局一大，就不会在生活琐碎中沉沦，真正自信的人，总能够简单得铿锵有力。"胸怀越大，格局就越大，成功的概率就越大。任院士对国家特别是我国草业科学的发展贡献是巨大的，对后辈的影响是极其深远的，凡是跟任院士接触的人，向任院士请教的人，都能被他的人格魅力所感染，都会倍增继续干好自己事业的信心。

其次要学习任院士不负人民的家国情怀。只有胸怀天下、志存高远，把人生理想融入党和人民的事业之中，把为人民幸福而奋斗作为自己最大的幸福，才能担当起党和人民赋予的职责使命。家国情怀从来不是空洞的概念，而是对民族复兴、国家富强、人民幸福的深情大爱，是把个人理想融入伟大事业的高尚追求。中华人民共和国成立初期，

国家生产总值落后，人民的生活也艰苦。任先生因此而找到了为之奋斗的目标——让人们吃上肉，让国民健康改善提高。从那以后，任先生便一心扑在草地农业的研究上，即便是再恶劣的环境，再多的不理解，任先生依然坚持初心，不曾动摇，放弃去国外深造的机会，深入基层，扎根西北50年，正是那份对信念的支持，对人民的爱，对科学的执着，让任先生一点不觉得苦和累，他用实际行动践行初心使命，生动诠释了不负人民的家国情怀。我们现在生逢伟大时代，唯有心系人民，不懈奋斗，方能堪当时代重任。我们要把个人的拼搏奋斗融入实现强国复兴的伟大事业之中，以自己的实际行动努力践行不负人民的家国情怀，才是对任先生"大师精神"最好的传承和弘扬。

再次要学习任院士学高为师、提携后辈的大家风范。任先生是我国现代草业科学的奠基人、草学界的资深院士，他指导的学生中，许多已成为我国草业科学领域的著名学术带头人和学术骨干。他经常对学生说，要读文学、哲学、历史，提高自己的文化素质。任先生一生平易近人，谦虚和善，接触他的人，不论职位高低，年龄大小，都和他相处得亲密无间。只要向先生请教，他都能热情接待，悉心指导，交谈中也从不会让人感到压力，每一次相见都能让人有收获，每一次交往都能让人知不足。的确，"他就像身边燃烧的一团火，他有那种迫切的愿望，推你往前走，你有任何条件，他都愿意为你奔波"。从他身上我们能真真切切体会到学高为师、提携后辈的大家风范。如今任继周"伏羲"草业科学奖励基金在我校已经正式设立，作为种子基金，先生不仅是物质上给予草学人莫大支持与鼓励，更加体现的是他在用自己深厚的学识和高尚的品格，以及对后辈学子的无限关怀与影响，默默为后人铺设学术阶梯，激励草苑青年学者奋发向上、勇创佳绩。我能深深感受到先生对草业科学教学事业蓬勃发展寄予的厚望，更知自己肩上责任重大。

最后要学习任院士终身学习、奋斗不止的科学家精神。我几次去任继周院士家中拜访，他都在工作着。先生对自己从事的教学工作感到很自豪，他从来都是认认真真对待教学工作，课前他把教材发给学生学习，但讲授课程时不按教材讲，每次都有新的补充，每次2个小时的课，他都要准备8个小时，用心制作授课卡片。课后会对教材进行补充修订，课程结束后，新的教材就出来了。98岁高龄完成我国第一本有关农业伦理学的教材。他开设的"中国农业伦理学"课程，创全国同类学科之先河，填补了中国农业伦理学的空白。如今先生已经99岁了，他每天早上6点起床工作，查看邮件，正在修订《草业百科全书》的文稿。近百岁高龄，还每天坚持工作6个小时，身体力行，躬身实践，不断地推动草业科学的发展。

任继周先生是我国草业科学领域的第一位院士，他无私奉献、投身石漠兴绿的报国之志；潜心科研，坚持著书立说的学术之情；甘为人梯，倾力教育教学的育人之心，值得我们草业人终身学习。作为新中国成立70周年"最美奋斗者"和建党百年"全国优秀共产党员"荣誉的获得者，任先生的大师精神值得我们一生去学习和践行。我们将以先生为榜样，高擎旗帜、砥砺奋进，在迈步中国式现代化建设的新征程中，接力书写我国草业科学研究和人才培养的新篇章。

我心中永远的大先生——任继周先生

董世魁

1991年因高考填报志愿，听闻甘肃农业大学草原学是全国重点学科（当时还没有一流学科之说），学科负责人任继周先生是全球著名的学者，我根据预估成绩在第一志愿报考了甘肃农业大学草原系（草业学院前身），有幸被称为"中国草业黄埔军校"的甘肃农业大学录取（当年的高考录取率为21%，恢复高考以来录取率最低的一年），从此与草业科学结缘、与任先生相遇。但是，真正与任先生相知则在1996年，他为草业学院1995级9名研究生（含3名同等学历在职研究生）讲授"草地农业生态学"，我作为研究生小班长与他有了较多的接触和交流。我是任先生独立指导的第一个研究生（当时国家未执行学位制度）——胡自治先生（毕业于1962年）的硕士生，按辈分来算，应该是任先生的"徒孙"。也许是由于"隔代亲"的原因，任先生对我关心、照顾、怜爱有加。尤其自2001年我客居北京后，胡先生让我经常看望任先生并提供不时之需的照顾和帮助，我与任先生的接触日渐频繁，对其了解日趋深入。在与任先生相识相知的30多年间，先生谦逊的仪态、严谨的作风、渊博的学识、和善的言语，为我树立了"学为人师、行为世范"的标杆；先生更是从理想信念、道德情操、扎实学识、仁爱之心等"立德树人"的基本准则上，为我标立了做人、做事、为学、为师的典范，在此记录自己亲历的几件琐事，以透视先生"高山仰止、景行行止"的学品和人品。

任先生有扎根于心的崇高理想。2010年以来，我有幸陪新华社、《人民日报》《中国青年报》《农民日报》等媒体的记者采访任先生，听他讲述求学时的不凡经历与艰苦抉择，深感任先生从小就树立了保家卫国、改善民生、振兴中华的崇高理想信念。上中学的时候，看到国人吃不饱饭、肉类摄入不足、营养严重不良，他立志大学报考畜牧专业以改善国民的营养状况。上大学的时候，看到同龄人上前线以血肉之躯抗日救国，他在后方立志要学好专业知识以实业救国。大学毕业时，任先生请命从江南远赴东北或西北，用自己所学推动中国草原畜牧业的发展，恩师王栋先生把他推荐给位于兰州的国立兽医学院院长盛彤笙先生，临行前王栋先生的赠言"为天地立心，为生民立命；与牛羊同居，与鹿豕同游"成为他一生践行的嘱托。走上工作岗位后，他扎根西北70余年，与恩师盛彤笙先生一起致力于"胡焕庸线"以西的我国广大牧区的草地畜牧业可持续发展研究，以科技进步助推草地农业系统的前植物生产、植物生产、动物生产和后生物生产，为推进我国草业现代化发展、改善国民营养和生计状况、促进农牧区脱贫致富和乡村振兴奉献一生，实现了从小设立的远大理想和抱负。

任先生有练功于底的扎实学识。2014年秋，受任先生之邀在兰州大学参加其主讲的"中国农业伦理学"课程建设，其后（2016年12月）在任先生的组织下，与清华大学、国家图书馆、中国农业大学等单位的学者一起编写《中国农业伦理学导论》一书，任先生提前将自己从2002年开始整理的资料《中国草业系统发展史》《中国农业伦理学史料汇编》等发给我们，让我们熟悉中国农业伦理学发展的脉络，掌握中国农业伦理学蕴含的精髓。因为学科背景限制，加之古文功底较浅，我十分担心自己是否胜任这样一本开创性著作的编写工作。其他几位学者也或多或少表现出了畏难情绪，担心会不会给任先生"掉链子"。2017年9月，在南京农业大学召开中国农业伦理学研究会成立大会之际，任先生组织《中国农业伦理学导论》的编委开了一个短会，他很轻松地说道："大家不用担心这个书稿写不出来，其实我总结了一下中国农业伦理学可以总结为'时''地''度''法'四维结构，概括而言就是'重时宜''明地利''行有度''法自然'，我们用'时之维''地之维''度之维'和'法之维'来统领整个书稿的主线，所有问题都会迎刃而解了。"其后，他又分享了如何将《中国草业系统发展史》《中国农业伦理学史料汇编》等资料的内容按中国农业伦理学的四维结构吸收、引用。他的讲解让大家豁然开朗，《中国农业伦理学导论》的编写工作异常顺利，两年之内完稿、出版，成为中国农业伦理学研究的开山之作。其后，在他的组织和领导下，原班编写人员又先后编写、出版了教材《中国农业伦理学概论》和专著《中国农业伦理学》（上、下册）。我作为《中国农业伦理学导论》的副主编、《中国农业伦理学概论》和《中国农业伦理学》（下册）的执行主编，在协助任先生完成三部书稿的过程中，完全折服于任先生炉火纯青的学识，深感自己一生望尘莫及。

任先生有不露于表的仁爱之心。2017年秋季的某一天深夜，我收到了任先生的短信，让我第二天早上务必去找他，我以为他要跟我讨论《中国农业伦理学导论》编写事宜或者我的专业精进问题，我也做了一些思考和准备。第二天早上8点我去找他，一进门任先生就把我叫到书房，他问我最近是不是经常生病，或者是饮食营养跟不上，看起来身体不太好、很憔悴，他说非常担心我的身体，已经有好几个学生先他而去，令他伤心、惋惜。他问我早餐吃什么，我说稀饭、油条、馒头为主，他说这些饮食搭配营养不足，一定要吃鸡蛋、面包、奶酪，喝牛奶，早餐营养一定要全面、充足，才能保持旺盛的精力投入全天的工作。接着他从抽屉中拿出一个信封给我，对我说这6000元钱并不多，但是可以改善一下早餐，以后一定要提高早餐营养水平。我感动得热泪盈眶，这不仅是一个老师对学生的关心，更像是一个家长对子女的关爱。这个沉甸甸的"信封"让我永远记住了任先生对晚辈、对学生的仁爱之心，也让我感到了作为师者将任先生仁爱之心的"信封"传递下去的责任和担当。2019年年底，我从北京师范大学调到北京林业大学担任草业与草原学院负责人后，任先生每次约我谈话，定会问我身体状况如何，有没有副手协助学院管理工作，不能让过重的工作负担搞垮身体。任先生德与爱融合一体的师心，始终暖化我、感染我、激励我，让我备感传承任先生这种不露于表的仁爱之心的责任之重。

任先生有外化于行的道德情操。2022年10月，任先生给我来电，要将自己获得的"甘肃省科技功臣"奖金捐赠北京林业大学设立草业科学奖助基金，我询问是否将基金名称直接以他的名字命名，他说这个基金要以草地畜牧业的鼻祖"伏羲"命名，足见其一生淡泊名利、心系草业、尊师重道的崇高道德情操。其实早在20世纪80年代初，任先生发起、西北畜牧兽医学院（甘肃农业大学的前身）的校友募集12万元，在甘肃农业大学设立以其恩师盛彤笙命名的科学基金。同时，任先生倡导、先后由克劳沃集团和蒙草集团每年捐资5万元，在南京农业大学设立以其恩师王栋命名的草业科学奖学金。2010年以后，任先生倾其所有，成立2个基金（设在山东省教育厅的"山东省任继愈优秀中小学生奖助基金"、设在兰州大学的"任继周科学基金"）和4个草业科学奖学金（甘肃农业大学"任继周草业科学奖学金"、北京林业大学"'伏羲'草业科学奖学金"，南京农业大学"盛彤笙草业科学奖学金"和兰州大学"朱昌平草业科学奖学金"）。2023年4月，受他的精神鼓舞和感染，我用自己的积蓄在家乡和政县第一中学设立了以父母名义命名的"智·兰"助学基金，以资助家庭贫困、学习优异、品德良好的学子完成学业。导师胡自治先生听闻此事后，让我跟任先生汇报，任先生给我回信说："收到你的'智·兰'助学基金的讲话稿，深感振奋。首先是你关怀乡里、饮水思源、延续中华文脉的高尚情怀，很难得。其次是你对故乡的联系密切，这是良好的社会品德，是一大长处。至于你提到我的帮助，表达了我们师徒薪火相传的深情，使我感动。顺便说一件事，'从社会取一瓢水，就应该还一桶水'，是家兄任继愈说的。他说给我听，我又传给你，你付诸行动，会感动更多人，家兄有灵，一定很高兴。他常说'群体哲学'，一个思想为群众接受才算有用。"任先生在跟我的多次谈话或邮件交流中，始终强调"做胜于说""行胜于思"。他始终秉持"从社会取一瓢水，就应该还一桶水"的崇高信念，将自己所学、所思、所得无偿回馈给社会作为毕生追求。传承任先生这种外化于行的高尚道德情操，需要后辈晚学继承发扬，才能薪火相传、经久不衰。

回顾往昔，与任先生相识、相知、相处的漫长岁月里，这种点滴成河的故事不胜枚举，正是在任先生春风化雨、润物无声的言传身教中，让我悟到了做人、做事、为学、为师的真谛。展望未来，传承任先生"为天地立心，为生民立命；与牛羊同居，与鹿豕同游"的"草人"精神，学习任先生"扎根于心的崇高理想、练功于底的扎实学识、不露于表的仁爱之心、外化于行的道德情操"的大先生精神，将是我这一生的修炼。

治学之典范，吾辈之楷模

纪宝明

高山仰止，景行行止。提到"草业科学"，人们一定会想到任继周院士，我国现代草业科学的奠基人之一、我国首位草原学博士生导师、首位草业科学领域工程院院士。虽已近期颐之年，任继周院士依然保持着工作状态，每日坚持工作6小时。为提醒自己"分秒必争"，他的家里挂满了钟表。"我要珍惜我借来的'三竿又三竿'的时间"，任继周院士用自己的实际行动向年轻一代传递着老一辈科研人的价值观念。

在本次"大师精神"座谈会中，任继周院士称自己并非什么"大师"，而是热爱草原，为草业科学魅力所吸引的区区"草人"。任继周院士生于耕读之家，长于战争年代。少年时的任继周经历了国家贫困、同胞羸弱的艰难时期，也正因此，他立下了"改善国民营养"的鸿鹄之志。1950年，任继周离开南京前往兰州。"为天地立心，为生民立命；与牛羊同居，与鹿豕同游。"临行之前，王栋如此赠言，勉励他扎实工作、踏实做人，作出一番事业。带着恩师的嘱托，任继周就这样在西北扎根70多年，取得了丰硕的教学科研成果。

任继周院士对草业科学的热爱不仅体现在他对草原的坚守和付出，更体现在他对学科发展和人才培养的关心和爱护。在学院筹建和创立期间，我作为筹建委员会委员便已深深感受到任继周院士对北京林业大学建立草学院的倾力支持和殷切期待。他曾为学院名称专门致信沈国舫院士，深刻诠释了他对草学学科内涵的理解，对即将诞生的新学院的高度重视和亲切关怀；学院成立之初，他又受邀担任草业与草原学院名誉院长，亲笔题写院名和院训，寄托了他对北京林业大学草业与草原学院的无限期许与殷切期望；学院成立之后，他虽已九十多岁高龄，仍心系学院，2019年9月来校作北京林业大学讲堂首场报告《立德树人 贺青年英俊进入林草科学队伍》，2021年出席"北京林业大学草学学科发展规划暨草坪科学与工程专业建设研讨会"，体现了他对林业大学建立草学院，林草融合新形势的高度认同和倾力支持。

"从社会取一瓢水，就应该还一桶水"，任继周院士倾尽毕生积蓄设立2个教育基金、4个草业科学奖学/奖励基金，累计捐赠600余万元。他用实际行动诠释着自己的家国情怀，永远是吾辈学习的楷模。

伟绩丰功垂青史，高风亮节励后人

尹淑霞

1992年，任继周先生倡议建立我国首个草业学院——甘肃农业大学草业学院并担任名誉院长。次年，也就是三十年前，我高考失利，无缘医学梦，机缘巧合地进入了甘肃农业大学草业学院的草原与草坪专业。怀着沮丧、不安和迷茫的情绪，我走入了大学。随着对草业专业知识学习和了解的深入，任先生的光辉形象也深深地铭刻在我的心中，成为包括我在内的众多草业学子心中的一座丰碑，我们因此喜欢上了草学。后来的我，曾无数次感谢命运之手把我推进了草学专业，从事我挚爱的草业事业。

生于耕读之家，长于战争年代的任先生，不仅仅是为了深入探究科学世界而进行研究，更是有着深厚的家国情怀和强烈的社会责任感。他始终践行着自己"改善中国人的营养结构"的初心，"俯首甘为孺子牛"，以发展草业为己任，扑下身子搞研究。他深入实践、敢为人先的创新精神，引领中国草业科学一路披荆斩棘，破浪前行。

任先生坚持独立思考、实事求是的科学态度，并始终把理论与实践相结合。他踏遍了西北各大草原，掌握了草原第一手数据，为创立草原综合顺序分类法奠定了坚实的基础。他倡导开拓进取的科研精神，不断探索新现象、新问题，在鲐背之年，开创了中国农业伦理学研究的先河，用哲学的终极探索回答涉农学科的方向问题。他丹心一片育桃李，甘为人梯铸栋梁，作为学院的名誉院长，他时刻关注着学院的发展，亲自题写院训"立志立学，立草立业"，鼓励青年学子学草、爱草、懂草，充分认识山水林田湖草沙生命共同体的科学涵义，用自己所学致力于国家生态文明建设战略。从任先生身上，我深深感受到古代先贤们"向道而行""自强不息，厚德载物"和"先天下之忧而忧，后天下之乐而乐"的精神气质。

任先生是中国草业发展脉络中的精神坐标，是我们草业人的精神指引；任先生的学术思想为草业人点亮了一颗颗星，为我们指明了前进的方向。作为后来人，我们要传承他的大师精神和学术思想，将个人的事业发展、学术追求与国家需要和时代发展紧密结合，以严谨的学术态度，博大的胸襟和不断进取的精神，为生态文明建设和草业绿色发展贡献一份力量。

家国情怀，薪火相传

刘文敬

任继周先生是我的师爷，但在我来到北京林业大学草业与草原学院之前，对他并不熟悉。2018年11月30日，北林草学院成立，2019年5月我来到草学院做行政管理工作，毕业十五年后，重回草圈。彼时，任继周先生已经是北林草学院的名誉院长，并为学院亲笔书写了院训——立志立学，立草立业。

2019年，任先生已经95岁高龄了，在学院筹备和成立过程中，学校学院领导和老师多次拜访任院士，听取他对学院的意见。任先生出身书香门第，二哥任继愈是我国著名的哲学家，因此，任先生具有宽广的历史视角和国际视野、深邃的哲学思维和精深的专业功底，其思想格局不局限于草业，是有深度、有高度、有情怀、综合的、全面的、缜密的。他从国家大局出发，为学院指出了发展方向，对学院学科建设、人才培养等各方面都提出了高屋建瓴的、长远的战略意见，为学院的成立和发展打下了良好的基础。

任先生留给学院的不仅是战略方向，还有精神财富。学院成立以来的每年新生入学，任先生都会给萌新们录视频送上期望和嘱托；学院的每一次重大活动，比如全国草坪论坛、青藏科考论坛，任先生都会认真准备发言稿寄语后辈，并针对主题给出极具指导意义的意见建议。2020年，北林开设"北林大讲堂"学术活动，任先生作为"北林大讲堂"第一讲的讲授人，为全校师生上了深刻的一课。第一讲当天，我和我的导师卢欣石老师一同陪伴任先生在北林校园参观并合影留念，任先生对卢先生和我谆谆教诲，让我们抓住国家生态文明建设和草业发展的良机，找对方向，脚踏实地作出成绩，并表示他本人愿意为支持草学、学院发展倾尽全力，为了报效国家、支持草业发展，他也要保重身体，争取活到100岁（ps：我的导师卢欣石先生是任先生的弟子，也是我国著名的草业学家，深得任先生真传，深植家国情怀、不计个人得失，对我国草业发展和北林草学院创建作出了不可磨灭的贡献）。那一刻，我深深感到师爷和导师的精神和情怀给予我的力量，也深感草业人三代传承的使命感，这种力量在后来艰苦的新学院建设过程中一直是我的精神支柱，让我在最艰难、最忙碌的时期，在身兼数职飞奔办公的岁月里，充满主人翁责任感和使命感，不知疲倦、不计得失，像师爷和导师一样，珍惜能够为国效力、为学校学院建设贡献青春的机会。

除了精神财富，任先生还身体力行地践行了他的承诺。2023年，任先生个人向北林草学院捐款50万元，成立了"'伏羲'草业科学奖励基金"，用于奖励草业优秀教师和学生。他的善举带动了全院师生乃至全国校友，增加了草业人的凝聚力和自豪感，助推了学科和学院发展。

立志立学，立草立业，不仅是任先生对后辈的嘱托，更是他一生躬耕草原、躬耕讲坛的写照。亲身接触任先生的五年来，我深感何其有幸亲身体验大先生的家国情怀、师者之爱，由衷感谢大先生把精神力量传递给中国草业、北林学子。如今，任先生亲笔书写的院训悬挂在学院会议室里，北林草学院全院师生以此激励自己，在学院成立五年的时间里斗志昂扬、团结奋进，使学院发展取得了长足的进步，这也是我们对任先生期望和嘱托交出的阶段性答卷。

躬耕草业，传承有我。感谢任先生，致敬任先生，祝福任先生！

任继周大师学习心得

王铁梅

从读研时聆听任先生的报告讲座，到听任先生面授思想，已近20年，这20年里，亲身感受到任先生浓浓的家国和专业情怀、对学生的深情厚谊，见证了在任先生草业学士思想的引领下，草业前辈和同人的进取拼搏。在学习任先生大师精神的过程中，逐渐感受到先生所秉承崇高、公正与伟大的信念，塑造了他崇高、公正与伟大的人格，形成了以"尊重自然、以人为本"为特色的自然、社会生态系统相耦合的崇高学术思想。

先生经历过战争年代，对家国和同胞曾遭受的苦难怀有不可遏制的同情。这样的经历，让青年任先生立志改善国民羸弱的体质，让他在入党志愿书中写下"他们（优秀共产党员）按着远大的理想，火热地投身于变革世界的工作。吃了多少苦，死了多少好同志。"让年届百岁的他臻于"无我"的精神境界，将自己的学术思想、所藏图书、所有积蓄尽数奉献给社会。

先生对学生充满仁爱之心，而这份仁爱之心也在不断传承。任先生为学生胡自治老师的著作《中国草业教育史》及《胡自治文集》作序，文字温情又古朴，师生情谊跃然纸上。而胡自治老师将出版社给他的稿费，全换作图书，用来赠送草学的后生晚辈，从兰州带来北京。《中国草业教育史》一书中，详细叙述了1997年草业专业险些被撤销的经历，20年间草学教育的发展到一级学科的地位，得益于任先生为首的老一辈草业教育家的奔走呼吁，专业情怀之深厚，育人目标之高远，为我辈典范。

先生的学术思想引领了现代草业科学的发展。分类学与系统论是任先生学术思想的"活水之源"，任先生开创了草原综合顺序分类的先河，胡自治老师在《关于草原类型划分意见的述评》中写到"类型学和分类是科学发展中的一个质量指标，它的出现，标志着这门科学或生产实践对它的要求，反过来，在它出现后，又将对这门科学和实践起巨大的影响和作用。"每次面见任先生，他对于草业的持续发展，会反复提到"草业需要解决系统问题，靠一两个项目，解决不了系统问题"。基于系统学的思想体系，任先生提出了草业的四个生产层，并提出草业与农林业，陆地界面与海洋界面系统耦合的思想。在他90岁之后的农业伦理学研究中，运用了四维（时之维，地之维，度之维，法之维）系统结构，总结农业伦理学的体系，学术思想生生不息。

今年新春，再次跟随卢欣石老师去看望任先生，任先生又一次语重心长地说道："生态系统的真谛，是和谐共生而非竞争。"这是任继周先生对人与自然和谐共生的美好期待。

致敬白发先生的少年之心

徐 伟

"涵养动中静，虚怀有若无"是任先生的座右铭，是科学家精神，是君子之风，是我们要毕生学习和磨炼的心境。从2019年起，我有幸多次在不同场合见到任先生，与先生接触期间，我才真正明白了何为"白发少年"，眼前的先生思路清晰，精神矍铄，心中有沉淀的思想，眼中有少年的光芒。

任先生已近期颐之年，扎根中国草学事业已有70多年，先生为此倾注了一生的心血。称自己为"草人"，含义有二：一是俯下身子，做一个平凡的草原工作者；二是站在国民营养的高度，以发展草业为己任。如今，早已想通生死的他每天还在坚持工作和学习，先生说"这个年龄我能做多少就做多少，我要爱惜、珍惜我借来的三竿又三竿的时间"，先生家中挂着很多钟表，他说这是为了让自己做到分秒必争。"借来的""三竿又三竿""分秒必争"每一个词都深深地敲击在我的心灵上，先生珍惜的不只是时间，更是珍惜自己能为草业事业作贡献的分分秒秒。先生如此珍惜时间，可是在金钱上，他却从不吝啬。目前为止，他已捐款300多万元，在全国多所高校设立了草业科学专业奖学金，他说"我早已'非我'，所有的东西都是社会的"。2019年，学院建院初期，任先生就利用自己的影响力，依托蒙草生态环境（集团）股份有限公司，在我们学院设立了"任继周-蒙草"奖学金，奖励和资助表现优秀、家庭困难的莘莘学子。如今，他们有的继续攻读学位、追求更高的科学理想，有的已经走上了工作岗位、成为行业骨干。今年，任先生又拿出自己的积蓄50万元，联系学校配套经费100万元，在我们学院设立了任继周"伏羲"草业科学奖励基金以激励草业师生刻苦钻研、锐意进取、开拓创新。奖励基金的设立是任先生以拳拳之心激励北林草苑青年奋发图强，更寄托着先生对未来草业事业的殷殷期望。

作为学院的一份子，我将深入感悟任先生的大师精神，继续担负着为国家培育新一代青年"草人"的重任，团结带领广大青年科技工作者和优秀学子将先生的精神化作薪火，赓续前行，为草业事业发展贡献力量。

一粒种子可以改良一片草原，也可以改变一个世界，草苑学子就是撒播于全国各地的绿色种子，不久的将来，定会破土萌芽、茁壮成长为地球的底色。

任继周学科建设思想一直引领着草学学科的发展

苏德荣

任继周院士不仅是草业领域的思想家、教育家，更是一位伟大的战略科学家。他以战略科学家的视角，以学科发展服务国家需求为目标，不断攀升学科发展的制高点，总揽草业科学发展全局，谋划学科发展方向，夯实学科发展基础，突出学科原始创新，不断充实和升级改造学科建设内涵。时至今日，任先生的草业科学学科建设思想和学科发展规划一直引领着我国草学学科的发展。

我是恢复高考后考入甘肃农业大学的首届本科生，四年毕业后考研进入西北农学院（现西北农林科技大学），研究生毕业后留校任教。20世纪80年代末调入甘肃农业大学直到2003年，在甘肃农业大学从事教学工作十几年。这段经历使我对任先生的学科发展布局和学科建设思想有了初步的了解和切身的感受，并从中领略到任先生的确是一位大师级的战略科学家，既有科学家的钻研务实，又有战略科学家的开阔视野和对学科发展的前瞻性判断及领导力。甘肃农业大学早在1972年就成立了我国第一个草原系，但是在1978年以后随着高考制度的恢复才全面转入正规的本科及研究生教育体系。我上学那时，任先生正是甘肃农业大学草原系的系主任。当时在任先生的组织领导下，草原系设了草原学、草地保护、牧草育种、草地植物栽培等4个学科发展方向。20世纪80年代中期在任先生的主导下，甘肃省草原生态研究所及甘肃农业大学草原系教师的积极参与，建成了当时国内唯一的草坪足球场——兰州七里河运动场。以此为契机，甘肃农业大学草原系又设立了草坪学方向。任先生在学科发展之初规划布局的这些学科方向，不仅在他创立了草业科学学科之后，筑起了草业科学学科发展的坚实基础，而且培养了大量草业科学技术及管理人才。后来设立的草坪学方向，也为草坪业培养了大批企业家和技术人员。2018年，北京林业大学草业与草原学院建院之初，就确立了以草原学、草坪学、牧草学、草地保护学为草学学科建设的四大方向，这与任先生当年在甘肃农业大学草原系设立的学科发展方向完全吻合。

人才队伍建设是学科建设的基础。任先生在规划学科建设的同时，大力组建和培育学科建设团队。在任先生任职甘肃农业大学草原系主任到甘肃农业大学副校长期间，广泛吸引高层次人才，着力组织和建设各个学科方向的教师队伍，将学科发展方向与国家需求、学科发展、教学科研紧密结合起来，取得了显著成效。草原学方向以任继周、胡自治领衔，符义坤、牟新待、张普金、聂朝相等教授组成团队，研究成果从草原综合顺序分类法、草原改良利用、季节放牧理论直到草地农业系统理论，研究成果对经济社会、科学发展产生了持久而深远的影响。牧草团队以郭博、李逸民、陈宝书、曹致中、汪玺等教授组成，陈宝书教授培育的甘肃红豆草在黄土高原大面积推广种植，曹致中教授培育了甘农系列紫花苜蓿新品种，其中甘农3号紫花苜蓿品种以春季返青早、初期生长快、草产量高而著称，在西北内陆灌溉农业区和黄土高原地区得到大面积推广。直到目前，牧草学方向的传承人，曾任甘肃农业大学草业学院院长的师尚礼教授，2023年发布了甘农12号紫花苜蓿新品种。草地保护学以刘若、冯光翰、宋凯、刘荣堂、鲁挺等教授为主要成员，研究领域涵盖草原病、鼠、虫、害，为草地生态系统及牧草生产提供了全方位的守护。草坪学方向以孙吉雄教授为代表的甘肃农业大学草坪团队，包括草坪方向的传承者现任草业学院院长的白小明教授、马晖玲教授等，引领了一代草坪发展的潮流。从全国第一本《草坪学》教材直到第四版的规划教材，都是以孙吉雄教授为主编，这对全国草坪学科发展、人才培养和草坪产业进步起到了重要作用。以上可以看出，从20世纪80年代到21世纪初，一个建立在省属农业院校的草学学科，拥有草原、牧草、草地保护、草坪四大学科方向，有近30位国内外著名或业内知名教授组成的学科团队，而且在草学科学研究及教学中成绩斐然，贡献卓著，这与现今许多高校草学学科相比都是令人羡慕和出类拔萃的。

草学学科建设离不开野外实验观测基地。在任先生的主持下，自1956年就在周恩来总理命名的全国第一个少数民族自治县——甘肃省天祝藏族自治县的抓喜秀龙草原，建立了甘肃农业大学天祝高山草原生态系统试验站。这是我国第一个草原生态定位观测研究站，也是甘肃农业大学草原系学生主要的实习、研究基地。50年代的西北甘肃，生活、工作条件艰苦，试验站远离城市，交通和生活条件极为不便。但任先生带领草原系教职工，克服困难，设立试验样地，开展草原类型、草原改良和草原放牧等方面的研究。许多研究成果就出自乌鞘岭下金强河畔的这个试验站，许多学生在那里完成了毕业论文，走上了各自的工作岗位。任先生对野外试验研究基地的重视和建设历程，足以说明他对草学内涵的深刻理解与学科发展的长远谋划。

学科的创建、成长、发展，是科技进步的基础，是科学知识体系发展的重要标志，是科技促进社会经济发展的载体。任继周先生对于草业科学学科的创建，无疑是一个奠基者，对于草学学科的成长，他更是一位辛勤的耕耘者。他对于草学学科的发展以其持续的探索和丰硕的原创性成果，不断拓展着草业科学的研究领域，不断丰富着草业科学的学科内涵，不断提供着中国现代草学学科新的生长点。我们感恩草业界有这样一位学科发展的前辈和领路人，不断为我们翻开草业科学事业发展新的一页，不断激励我们为了我国的食物安全和生态安全持续努力，这是国家之幸事，民族之幸事！

任继周先生草坪学学术思想浅析

韩烈保

任先生在我们学院设立"伏羲"科学奖励基金，但具体情况我还不太清楚。在两年前，兰州大学设立"任继周奖学金"时，受南志标院士提议，由我本人负责并引导深圳园艺园林绿化有限公司友情赞助50万元，以帮助奖学金的设立。同时，我相信在不远的将来，我本人、我的学生以及草坪界同人将继续为该奖学金添砖加瓦，以了却我国草坪业同人为任继周先生设置奖学金的心愿。

我自1983年甘肃农业大学本科入校，从聆听任先生第一堂课程开始，到后来成为任先生亲自指导的第一位硕士研究生和博士研究生，至今已整整四十年。几十年来无数次向任先生请教，与任先生促膝谈心，陪同任先生出差，与师母及其家人相聚，等等场景历历在目。没有任先生及师母李先生的教诲、关心和帮助，就没有今天的我和我的家庭，在此表达真诚的谢意！

本报告是我与我硕士生的第二导师孙吉雄教授共同完成的。孙吉雄教授生于1944年，今年79岁，是中国草坪科学的创立者，同时是甘肃农业大学第一届草业科学本科专业毕业生。60多年来，孙吉雄教授对任继周先生部分学术思想已进行初步整理。这里做"浅析"，有机会向任先生的请教。

一、探索

20世纪80年代初，我国现代草坪业在任继周先生的带领下初步形成。任先生将草坪学纳入草业系统，在草业科学4个生产层的前植物生产层中居重要地位。

1982年，在中国草原学会一次学术研讨会期间，任先生、黄文惠研究员等草业科学家提出了发展草坪业及开展草坪学教育的构想，以及在高等农业院校中实施草坪学教学和人才培养的建议。同时任先生亲自指示甘肃农业大学孙吉雄教授在全国率先给当初招收的极少数硕士研究生和博士研究生开设"草坪学"专题讲座。1983年，任先生指示孙吉雄教授在甘肃农业大学率先给草业科学专业本科生开设"草坪学"选修课课程，两年后成为必修课，草坪学也正式纳入我国高等农业教育计划。同时出版了第一版《草坪学》教材，1989年，任继周院士亲笔为全国首部《草坪学》教材起草"序"。

1985年，任先生率先成立了全国首家工商注册的专业化草坪科技公司——兰太草坪科技有限公司，并出任第一任董事长和法人。国家体委对专业草坪公司的成立给予高度重视，并将建设北京第十一届亚运会主场地草坪的任务交给了任先生和兰太公司。1989年，为保障北京亚运会主场草坪的建植工作，65岁高龄的任先生亲自赴青海多坝考察国家体育训练中心草坪情况，并率团访问美国，进行草坪草种生产、草坪建植和养护的参观考察。1990年将北京奥林匹克中心田径场草坪以农业部的名义赞助给第十一届亚运会组委会。

1987年，任先生在甘肃农业大学招收并培养全国第一位"草坪学"方向硕士研究生，并于1990年顺利毕业，标志着"草坪学"研究生教育的正式开始。1993年，任先生与王培教授联合招收和培养了中国第一位"草坪学"方向博士生，并于1996年顺利毕业，标志着草坪学从本科到博士的培养体系初步建立。

1992年，任先生以第一完成人完成的项目"运动场草坪建植管理技术"荣获国家科技进步三等奖。

1995年，创建了第一个草坪研究机构暨产业实体——甘肃农业大学草坪研究所，并于1996年，在甘肃农业大学设立了第一个草坪教研室。1999年，北京林业大学成立草坪研究所。

二、初成

2000年，拟以双聘院士方式引进到北京林业大学，率领其学生及其学术团队创建草业科学学科，并发展草坪科学学科，后因种种原因，未能如愿。

2003年，出席"北京林业大学草业科学起步五周年暨硕士学位和博士学位授予权学术年会"，任先生寄语北京林业大学优先发展和壮大草坪科学学科。

2011年，任继周院士亲自构建"草业科学"由二级学科升为一级学科"草学"工作，将"草坪学"正式纳入"草学"体系，成为一个重要分支的二级学科。标志着经过60多年的发展，草学学科教育可以向更为广阔和纵深的空间发展。因此，草业发展也迎来了巨大机遇。

2005年，韩烈保教授代表中国申办并成功获得"第十二届国际草坪学术大会"主办权，并在2013年在北京成功召开，任先生出席会议并致辞。

2019年，亲自督促并指导其弟子韩烈保申报中国工程院院士，并逐步完善草坪科学的理论体系。

2021年4月，在首次由我国国家林业和草原局草原管理司官方主导的"首届草坪业健康发展"论坛上，任继周先生提出"没有大树就没有历史感，没有草坪就没有现代感"，并阐述草坪对于时代发展的重要性。

2021年5月，任继周院士出席"北京林业大学草学学科发展规划暨草坪科学与工程建设研讨会"，为草学学科的发展问诊把脉。2021年6月，国家林草局批准在北京林业大学成立"国家林业草原运动场与护坡草坪工程技术研究中心"。

2022年，闻"草坪科学与工程"本科专业已在教育部备案，并有5所高校先后招收和培养该专业本科生，任继周先生极为高兴，称赞北京林业大学在草坪学教育与科研领域"母鸡式"的极大贡献。

三、逐梦

1. 深度挖掘我国极为丰富的草坪草种质资源，建立和完善多种种质资源库和资源圃，是我国种质资源发展重要前提保证；

2. 采用传统育种与现代育种技术相结合的方式，紧跟国内外新技术和策略，尽快培育品质优良、抗逆性强的草坪草新品种，大力发展草坪草种子产业，确保草坪业持续健康发展；

3. 发展高效、低成本和节水型的草坪产业，推动草坪业的健康可持续发展；

4. 解决我国运动场草坪建造和养护的关键"卡脖子"技术，助推中国足球走向世界；

5. 着力研发草坪专用机械、肥料、农药和调节剂等在内的草坪专业养护设备和化学制剂，对于草坪专业化生产具有重要意义；

6. 加强草坪科学与技术教育和科研的国际合作，从根本上为草坪业发展注入"不竭动力"。

传承"大师精神"奋进新征程，建功新时代

——我心目中的任继周院士

李淑艳

初识先生，是2021年年底刚来草业与草原学院工作，我在学院办公室走廊文化墙上见到任继周院士的简介，当时驻足良久，第一感受只是觉得草界能有如此高龄"草业泰斗"实属不易。2022年10月适逢党的二十大召开，北京林业大学建校70周年、草业与草原学院成立4周年，学校全力推动草学一流学科建设，学院为深入学习贯彻党的二十大精神，引导广大师生奋进新征程，展现新作为，建功新时代，更好激励全体师生传承任继周院士的"草人"精神，特举办任继周院士学术成就展。我有缘有幸承担了该项工作，也有了全面了解近百岁高龄先生的机会。我以时间和学术成就为维度，从"少年立志、志在草原"到"情系学院、薪火相传"勾勒四个阶段，完成素材搜集及文稿整理，经历一句句文字修改，一张张图片精选，一幅幅展板制作，逐步感到先生不仅有文理交融贯通思维的能力，亦拥有诗人浪漫与哲人情怀，更具有草业科学家立志高远、胸怀天下的家国情怀，对先生的印象也从平面抽象而逐渐立体具象起来，令我油然而生敬意。

又识先生，是完成先生在学院首届校友会视频致辞的解读宣传。面对镜头近百岁高龄先生全程脱稿深情寄语，他指出，一名校友就是一粒种子，分布在全国各地的2000余名草业与草原学院学子，就是撒播于全国各地的绿色种子。他希望，广大校友能够担当起重大种子作用，进一步地扩散，实现草业的生态功能、生产功能和生态文明建设功能，承担起林草融合高质量发展的时代使命。先生一生情系草原，传播思想，我反复播听视频，虽然隔着屏幕，但仿佛自己就坐在先生对面凝神聆听，深刻体会到真可谓字字珠玑、句句箴言，每每再次回放，仍觉声声入耳、段段入心。先生话里言间这种殷殷教育情、拳拳育人心，至今思来依然如春风化雨，催人奋发。百岁老人的声音虽不雄浑铿锵有力，但先生语义之于我却有无尽的穿透力和感染力，对先生的印象也是铁骨铮铮越发硬朗起来，令我心生无限敬仰。

再识先生，时值任继周"伏羲"草业科学奖励基金设立以及任继周院士"大师精神"座谈会和学术思想研讨会的召开。设立仪式上先生再次录制视频致辞，他强调"伏羲"草业科学奖励基金作为种子基金虽然捐赠金额数量不多，但微薄之意寓意深远。他感谢北京林业大学对奖励基金的配套支持，感谢学校对草业科学的支持。先生希望北京

林业大学能够发挥林业科学和草业科学各自的优势，林草融合形成自己独特的优势与特色。希望草原与草业学院发挥地处北京的优势，能够起到标杆示范引领作用。通过文稿起草、座谈会发言整理与各类新闻稿推送，自己有幸得以再度感受大师这种谦谨至善的为人、为学、为师之道，再度感怀大师用种子基金身体力行回馈我校，鼓励草业创新和科学研究，再度领略先生的"草人"情怀与使命担当。正如一位教授座谈交流所言：从某种意义上讲，我们感谢、敬重任先生，不仅是先生如何在艰辛的环境中白手创业、捐了多少奖励基金和取得的辉煌学术成就和深邃的学术思想，更重要的是先生促进了社会进步，大幅提高了普通农牧民的生活水平。先生培根、传道、铸魂，以仁爱之心汇聚磅礴的力量，这位共和国院士在我心中也日渐高大丰盈起来，令我深深折服与钦佩。

大师的精神从未离我们遥远。行走在校园，每每看到不少师生在先生的宣传橱窗下驻足，自己不经意间总会感到春风拂面，雨露滋润。一介"草民"如我，虽不是先生的校友，也不是先生的学生，与先生素未谋面，却在观先生事迹中感受执著，在读先生文字中得到教益，在听先生箴言中激扬力量，实在是意外而又不是意外的收获与成长。最近刚好看到一篇网上转载文章：《人到中年：远离多巴胺，靠近内啡肽》，最高级的自律，它需要我们克服本能、不断向上，才能享受到更持久、踏实的愉悦。平坦大道好走，爬坡小路难行，但选择后者，你才有机会去山顶见识更美的风景。高山仰止，景行行止。依稀间竟也萌念走出舒适区，克服高原反应，去看看那高山厚土，去看看那山河远阔劲草催生。

先生为了提醒自己"分秒必争"，在家中挂满了钟表。"这个年龄我能做多少就做多少，我要爱惜、珍惜我借来的三竿又三竿的时间。"就在近日我又接连在"草堂心语""林草新闻"等微信公众号看到先生的发展草业是国之大者等文章，我知道99岁高龄的先生一直行动在路上。"朝乾夕惕，功不唐捐，心之所向，情得归处。"无所求必满载而归，心所向必如期而至。我相信种子的力量，我更坚信一个人的努力，在看不见想不到的时候，定会生根发叶，开花结果。

撰文写稿之际，再次来到先生事迹展板前求索。想起禅修"三重境界"：见山是山，见水是水；见山不是山，见水不是水；见山只是山，见水只是水。先生已走过了执著、虚无和淡定的"三重境界"，已臻"无我"之境。依稀之间，仿佛看见先生大师精神化作一粒种子，随春风春雨自校园始，漫漫飞扬向远方；仿佛看见林草融合的草业学子，秉大师精神，承大师之志，在神州大地，破土萌芽、茁壮成长、立草为业、薪火相传。正所谓"薪火相传光不绝，长留双眼看春星"，相信草业后来人定会秉承先生家国之志，报得三春晖。

是夜，走出草学院办公楼。回头抬眼望去，在北林，在校园西南一隅，像小草一样不起眼的8号楼，灯火通明！

虚怀若谷分秒必争，寸草心中报国情深

杨秀春

任继周先生是我国现代草业科学奠基人，是草业科学领域首位中国工程院院士。作为一名多年从事草原遥感的工作者，有幸参加了"伏羲"草业科学奖励基金设立仪式暨任继周学术思想研讨会，感触良多、深受鼓舞，欲借此文表达对任先生深深的敬意，同时也鞭策自己不断奋勇向前。

任先生扎根于祖国西北70余载，对草业发展的贡献深厚而广泛，创立草原综合顺序分类法；创造划破草皮、改良草原的理论与实践；开创划区轮牧及放牧生态学研究；建立评定草原生产能力的新指标——畜产品单位；建立草原生态化学的理论体系；提出草原季节畜牧业理论；提出提高高山生产能力的综合技术措施与理论；建立西南岩溶地区草地-畜牧系统可持续发展的技术体系；建立黄土高原区草地农业系统的发展模式；创建草坪研发的理论与技术体系；研制出甘肃省生态建设与草业开发专家系统；建立草地农业生态系统的理论体系；开拓中国农业系统发展史的研究；建立我国农业伦理学等诸多令人瞩目的成就。任先生的光辉成就、卓越贡献，在基金设立仪式和研讨会上，在胡自治院长的报告中又一次得到高度概括和宣扬，在所有研究者和学生们的心中不断回响，必将化作强大动力推动祖国草原事业取得更大成就。我这里想就任先生身上众多高贵品质中的两个，谈一下自己内心的感受。

第一个高贵品质：虚怀若谷，精益求精，奋斗不息

2022年5月3日，央视（CCTV-13新闻频道）"吾家吾国"栏目，播出了对任先生的专访，题为"任继周：新中国草业科学开创者"。此次专访，我曾认真地观看了几遍，每每回想便激动不已。

专访时，任先生已98岁高龄，但他精神矍铄、神采奕奕，谈起热爱的草原事业，更是滔滔不绝、幽默风趣，那种"谈笑间，樯橹灰飞烟灭"的大气从容令人震撼，大师风采令人难忘。

一开始，任先生就对采访人员真诚地说："很抱歉，我做的工作太少了。"因为他最近一直在忙碌的事情，就是农业伦理学的编写。虽然由他主编的国内首部农业伦理学教材《中国农业伦理学概论》已经在2021年发布，但他仍然担心农业伦理学的理论基础是否已经扎实，能不能与相关专业人才的培养匹配，"我担心有一天人不在了，书还没写完。"任先生认为人生的意义，就是能一直到生命结束时还有做不完的工作，他坦诚的眼神，谦虚的表情，体现了他对科研事业精益求精、孜孜不倦的追求。他投身草业70多年，展现了一名真正的科学家专注治学、探寻真知、奋斗不息的精神，有着中国传统的浩荡君子之风，充满人格魅力。

第二个高贵品质：分秒必争，无私奉献，永无止境

年近百岁的任先生，现在仍然每天雷打不动地工作和学习6小时以上。因为视线变得模糊，电脑屏幕看不清了，他就把显示器上的字体调成了超大号。因为地图拿不稳了，他就定制一个地图版的气球，充足气变成了一个特别的"地球仪"。

从采访视频中可以看到，任先生的书房墙上、柜子上到处都摆有钟表，只为提醒自己"分秒必争"。他说："这个年龄我能做多少就做多少，我要爱惜、珍惜我借来的三竿又三竿的时间。"正因为他如此珍爱时间，才作出了那么多贡献，使生命的长度、广度、强度、高度，都远远超出了时间的束缚，人生原来可以这样有无限价值。

"社会给我的东西太多了，我回报不了。从社会取一瓢水，就应该还一桶水，每个人都这样做，社会才能发展。我还没还完一桶呢……"采访最后，任先生说的话，令采访人员不禁问道："为什么舀一瓢得还一桶？"任先生回道："只有这样，社会才能发展，每个人都这样做，社会才能发展，每个人盗取一下社会就退步了。"这朴实无华的真理，从他口中说出更是振耳发聩。据《潇湘晨报》报道称，他把自己有生之年和百年之后能对国家的贡献都安排得明明白白，他决定日后将房子捐出去。任先生无私奉献，永无止境，把一切都回馈给了社会，给了所热爱的事业，怎能不为之动容？

任先生高山仰止，景行行止。虽不能至，心向往之。他称自己为"草人"，说"搞草业，我这一辈子没有动摇过"，他把自己的全部奉献给了草业科学，无论岁月跨过青春年少还是耄耋之年，他都始终在践行着科研报国的真谛。他这颗悠悠寸草心、这份浓浓报国情，必将激励一代又一代草原人拥有像他那样的高贵品质，像他那样尽情抛洒青春热血，努力奋斗书写人生！

任继周"大师精神"和学术思想的传承与发展

——理解和感悟任先生对草坪的定位和发展

宋桂龙

大道至简，只为"草人"。谈理解和感悟任继周院士大师精神和学术思想，着实不敢妄言。反复研读"任继周：就草坪问题说几点意见"，任先生将草坪业定位于前植物生产层（图1），即生态景观层（含游憩与运动），草坪绿地是草地农业系统不可或缺的重要组成，其功能不仅保持水土、吸纳微尘、降温降噪、涵养水源，同时还具有运动游憩、美化景观、优化城乡环境等，是落实和推进生态文明建设、美丽中国建设和体育强国建设的重要抓手和引擎（图2）。

草坪是典型的人工草地系统，其内涵就是在特定条件下（气候因素、环境因素、运动践踏、经济因素、社会因素等）通过一定技术措施（工程技术）构建符合一定功能（生态、景观、运动）需求的草地系统，容纳了众多现代化科学技术，是既有生态效益又有经济效益的现代化生态系统。如节水低碳的养护管理技术、环保高效的专业药剂研发、光-温-水-土-气多要素调控技术、循环经济下的无土草坪栽培技术，等等。而且科技的发展还会伴随城市化发展和人民物质文化生活需求日益增长而与时俱进，任先生说"没有草坪就没有时代感"，我辈也深刻体会到了时代所带来的机遇和挑战。

"青青寸草，悠悠我心"，任先生扎根草业70载，像一株青草，葆有纯净、坚毅和旺盛的生命力，这种"草人"精神会一直激励着我们踔厉奋发，勇毅前行。

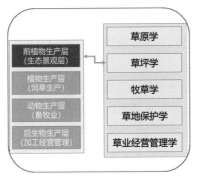

图1　草坪定位于前植物生产层

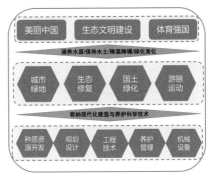

图2　草坪业发展对应国家战略

士不可以不弘毅，任重而道远

林长存

2015年7月24日，中华全国青年联合会第十二届委员会全体会议、中华全国学生联合会第二十六次代表大会开幕，习近平主席发来贺信，他向全国各族各界青年和青年学生、向广大海外中华青年说道："士不可以不弘毅，任重而道远。"这句话出自《论语·泰伯章》中曾子说的一句话，意思是读书人必须有远大的抱负和坚强的意志，因为读书人对社会责任重大，要走的路很长。虽然习近平总书记是送给全国的青年，但我认为这句话更能体现任继周先生一直以来对自己的要求。年届百岁的任继周院士是草地农业科学家，中国现代草业科学的开拓者和奠基人之一，曾获新中国成立70周年"最美奋斗者"、新中国成立60周年三农模范人物、"全国优秀共产党员"等荣誉称号。

作为现代社会科研工作者的一份子，我对以任继周为代表的老一辈科研人员对想草业科学这样艰苦专业的扎根和艰苦奋斗深感敬佩和感慨。在过去，草业科学专业科研工作并不像现在那么具备显著的经济价值，科研工作者也没有现在的那么多的助手和先进的工具，他们需要面对更多的困难和挫折，用自己的聪明才智和毅力去解决问题。

在任先生年轻时代，一份单纯的科研工作可能就需要数月甚至是数年的时间和精力，而且并不一定能看到明确的成果。但是，这些老科研工作者用他们的尽心尽力和独立思考的能力，取得了很多令人瞩目的成就。他们之所以能够一直坚持在科研的路上，首先在于他们对科学的热爱和对生命世界的好奇心，其次是在于他们的专业素养和对社会的奉献。

他们不仅仅是在以全人类的利益为目标去发展科学，也是在发挥着不可估量的社会影响力。特别是在某些关键时刻，例如丰富国人营养结构、振兴中国奶业等，他们总是毫不犹豫地抛弃一切，与他们的科研工作同等重要的社会意义打起了交道。他们的奉献精神不仅为我们带来了更加健康平衡的动物性蛋白的营养来源，也使我们看到了科技对人类的影响。

我们很少有机会接触当时的历史，瞩目他们的智慧，但是我们可以凭借大量的历史事实接受他们的知识馈赠，更加认识到艰难困苦的付出带来的巨大回报。让我们一起感谢他们对我们的无私贡献，向他们致以敬意。同时，我们也要在接受知识的过程中，继承他们"闻道有先后、术业有专攻"的信念，一份专业、一份乐观、一份奉献，继续在当今科学领域中撑起更高的科学精神。

任继周院士的农业伦理思想学习心得

常智慧

先生认为：草地农业系统只是探讨了自然科学"是"与"非"的问题，要真正付诸社会实践，还要升华为伦理学"对"与"错"、"善"与"恶"的认知，必须要在伦理上论证农业的发展方向，探讨自然与社会的关系。中国农业作为国民经济的基础，是中国工业化和后工业化发生的平台。

诚然，中国从一个农耕文化传统极其深厚的农业大国，经过快速工业化而后进入后工业化时代，其独有的历史内涵发人深思。我们70年内获得了工业文明的物质利益，同时中国农业为国家工业化的巨大成就付出了沉重的代价。其中包含农民的负担过重和环境污染的重大遗患，农业成为工业化遗患的主要受害者。其原因固然可多向追溯，但对农业系统的开放性认识不足，过度强调农产品自给应居首位。

先生界定：农业伦理学属于应用伦理学，是研究农业行为中人与人、人与社会、人与环境发生的功能关联的道德认知，并进而探索农业行为对自然生态系统与社会生态系统这两类生态系统的道德关联的科学。这不仅解决了争论多年的农业道德伦理问题，也为农业现代化提供了一个方向。

后工业化文明为推动我国社会经济的快速发展，也为中国农业伦理学提出了新命题。这就是如何保留农耕文明精华，汲取工业文明成果的同时，熔铸构建全新的后工业文明的农业伦理观。后工业文明农业伦理观的基础是尊重系统固有的开放性。正是系统的开放性提供了建立人类命运共同体的前提。在这一前提下，我们客观分析看待工业文明为我们带来的成果与遗患，深刻认识农耕文明与工业文明的差异，厘清工业文明和农耕文明所表现的弊端。如果脱离开放这个农业伦理观的基本原则，不论产品不足或剩余，都将给社会发展带来不良后果。

先生学术思想博大精深，90多岁高龄还开创中国农业伦理学，提出陆海农业，高瞻远瞩，值得我们晚辈细读体会，常读常新。

梦想长青，信念不老

庾 强

任继周院士是草地农业科学家，我国草原学界的泰斗，中国现代草业科学的开拓者和奠基人。任院士始终怀揣着胸怀祖国、心系人民的崇高理想，在草原事业中穷极毕生心血，鞠躬尽瘁，无怨无悔。任院士的优异工作在我国草业科学及相关产业的发展中取得了系统性、创造性成就，为我国草业振兴作出了卓越不凡的贡献。

任院士一生的底色是刻苦钻研、谦虚进取、开拓创新。在任院士众多优秀品质之中，最令我大为撼动的是任院士"活到老、学到老、工作到老"的进取精神。犹记2022年五四青年节，中央广播电台想通过展现"老一辈"大师风骨来激励当代青年锐意进取，于是开展了"宝藏爷爷奶奶的一生"系列节目。在记者王宁的采访中，任先生谦谨地表达"舀一瓢水，没还一桶"，虽然任先生为我国草业科学教育和科技立下汗马功劳，但先生在耄耋之年仍觉得自己做得不够，还需要做得更多。这种"不满足"于自己的"成就"，不断开拓进取的精神，值得我们每一位草业工作者学习。任继周先生凭借这种"不满足"、不止步的精神更是于98岁高龄每天坚持工作学习。珍惜"三竿又三竿"的时间不仅是一位老科学家的心声，更是对当代学者的劝勉。永远保持学习能力，永远在学习的路上，永远年轻。

立草为业，心系民生，教师为本，爱满桃李

李广泳

任继周老先生作为我国现代草业科学奠基人之一，俯身甘为一名平凡的草原工作者扎根西北70余载，站在改善人民营养结构的高度，潜心草地农业研究。在那艰苦的年代，他克服高寒缺氧的恶劣自然条件，创建了我国第一个高山草原定位试验站，创立可覆盖全世界草地的草原综合顺序分类法，设定被国际权威组织采纳的草原生产能力评定指标，提出了农业伦理哲学思想，并凝练出"道法自然，日新又新"的治学思想和科学精神。他用毕生的奋斗来兑现"改善国民营养"的誓言，用自己的身体力行诠释了立草为业、心系民生。

任继周老先生在心系民生的同时，坚守三尺讲台，不改育人之乐，用实际行动诠释了百年大计，教育为本；教育大计，教师为本的真谛，一生躬身于草业教育一线，用爱与责任呵护教师的教学梦、学子的求学梦。他坚持教育创新，不畏改革之难，忠诚党的教育事业，书写了师者的无上荣光。在实现第二个百年奋斗目标新的赶考路上，任先生仍以身示范，以德修身，用高尚的道德情操和人格魅力照亮教师和学生的心灵，引导青少年立大志、明大德，成大才、担大任，自觉想国家之所想、急国家之所急、应国家之所需，把实现个人理想和服务国家人民相结合。

在任继周先生大师风范的引领下，作为青年教师，我们不只埋头科研和育人，也应抬头看路，积极探索新时代科研与教学方法，把立德树人融入课堂内外，担当起培育时代新人的历史重任。

高山仰止望"草人"，"伏羲"掖后真楷模

肖海军

2020年12月19日，初次来草业与草原学院参加教师应聘，看到五楼电梯门口走廊中那"立志立学、立草立业"，深感震撼！似乎有些感应，面临"四十不惑"，是否可以或值得挑战下新环境、新领域和新岗位！而后，在家人的支持下我毅然加入草苑大家庭。在学院诸多活动中，不同场合，不间断地学习与感受到任继周先生的科研"大家"风范。值此任继周"伏羲"草业科学奖励基金暨任继周学术思想研讨会胜利召开，遂将点滴学习任先生"大师精神"和学术思想的感受串联，借此机会，向任继周先生致以最崇高的敬意！

一、注重实践、科研创新的家国情怀

任继周先生从事草业科学研究和育人事业80余年，任先生以其过人的艰苦奋斗、持之以恒、注重实践的科研精神和坚韧不拔的毅力，矢志不渝推进草业科技创新，不断攀登科学技术高峰，在多个研究领域取得了一座座科研丰碑。任先生有着强烈的为国家无私奉献的情怀和使命感。"为天地立心，为生民立命；与牛羊同居，与鹿豕同游"，这是对任先生科研生涯的最佳写照。任先生学识过人，善于钻研，针对不同时期的草业发展的重大问题，以他一生的奋斗与奉献，诠释了一位草业科学家对国家科学事业发展的强烈责任感和使命感。耄耋之年，但他依然为青年时就立下的志向奔走呼吁。这一切，缘于他浓浓的家国情怀。

二、扎根基层、敢闯先河的科研风范

任先生自1950年从江苏南京远赴甘肃兰州，从此扎根祖国西北，从事草业相关的教学与科研工作。任先生长期注重理论与实践相结合，重视深入牧区基层调查研究，坚持在田间地头开展课题研究。先后主导在海拔3000多米的甘肃省天祝县乌鞘岭马营沟建立了我国第一个高山草原试验站，创建我国高等农业院校第一个草原系；创立唯一可用于全世界的草地分类系统草原分类体系；率先提出的评定草原生产能力的畜产品单位指标，被国际组织用以统一评定世界草原生产能力。从时之维、地之维、度之维、法之维多维结构的农业伦理学体系，尝试从哲学伦理道德的高度，寻求中国农业兴旺发达和永续发展之路，更好地服务于我国农业、农村发展和现代农业建设的需要。任先生是我国草业科学的奠基人之一、现代草业科学的开拓者，为我国草业教育和科技发展立下了汗马功劳。

三、终身学习、惜时如金的崇高品格

任先生对照草业生态系统原理，考察我国"三农"问题需求，发现两者之间缺乏农业伦理学联系。耄耋之年，却在两年内组织编写并出版了《中国农业伦理学导论》。因为眼睛不好，电脑显示器上用最大号文字，依然每天工作6小时。为提醒自己"分秒必争"，他的家里挂满了钟表。"我要珍惜我借来的'三竿又三竿'的时间"，"每天都感觉时间不够用，还想要多发一分光和热"。每每听到先生如此惜时如金，都让我们年轻后辈高山仰止，望尘莫及！

四、奖掖后学、甘为人梯的伯乐魅力

一直以来，任先生艰苦朴素、乐施善助对后辈言传身教、严格要求，在各个方面都是我们的榜样。任先生一生如此成就，却一直谦虚说觉得自己对社会做得太少，"舀一瓢水，没还一桶！"任先生淡泊名利，有着高尚的个人品格与人格魅力。任先生严谨治学、奖掖后进的崇高品德深深影响着一代代草学人。出于对国家草业科学事业发展强烈的责任感和使命感，他捐资奖掖后学，甘为人梯的伯乐魅力影响一代代草业学子。任先生先后为兰州大学草业科学奖励基金捐资近300万元、北京林业大学"伏羲"草业科学奖励基金捐资50万元，山东"任继愈优秀中小学助学基金"捐资100万元⋯⋯甚至决定日后将房子捐出去，为祖国和人民献出最后一丝光和热。任先生自觉地肩负起承前启后的责任，关心引导帮助年轻人努力结合国情，掌握世界发达国家的草学研究动态和先进技术，发展适合我国国情的草业发展策略，从思想上、业务上帮助年轻人树立好的学风、健康成长。

任先生以他一生的奋斗与奉献，诠释了一位草业科学家对国家科学事业发展的强烈责任感和使命感。我与老先生交集非常有限，所想所感恐不及先生毕生行为世范的大师精神之万一。借此任继周"伏羲"草业科学奖励基金暨任继周学术思想研讨会胜利召开机会，向任继周先生致以最崇高的敬意！任先生的科研风范是我国农业科技界的宝贵财富，永远教育和激励一代代草学科研人员继承优良传统、接续努力奋斗！

党的二十大为党和国家事业发展、实现第二个百年奋斗目标，指明了前进方向、确立了行动指南。新时代新征程，在"三农"和草业科技创新领域，也吹响了林草兴则生态兴，生态兴则文明兴的号角。行动是最好的学习，作为新时代草学院的一名青年教师，我们要学习好贯彻好落实好党的二十大精神，以任先生为代表的老一辈科学家为榜样，踔厉奋发、勇毅前行，为祖国生态文明建设贡献力量，推动早日实现高水平科技自立自强，为全面推进林草兴、生态兴和文明兴提供强有力科技和人才支撑！

弘扬"大先生"精神，立志立学立草业

张铁军

2007年12月，我在兰州参加第一届全国草业科学研究生论坛时，见到了仰慕已久的任继周先生。身为草学泰斗，任先生如此平易近人、和蔼可亲，耐心地与每一位青年草业学子合影，而我也很荣幸地与任先生合影留念，令我终生难忘。自2009年参加工作以来，我多次聆听任先生授课、谈话，认真学习任先生的多部著作，使我对任继周先生的敬仰之情与日俱增。

任先生立志高远，胸怀天下。青少年时期，他亲历旧中国的苦难岁月，立志科学报国，改变国人的膳食结构，让国人吃上肉喝上奶，并为此奋斗一生，成为我国草业科学的奠基人，为促进我国草业发展、提高人民生活水平作出了重大贡献。任先生的报国志向和家国情怀，是我们做人的榜样。

任先生思想深邃，一生探索。几十年来，他扎根西北草原，建立了我国第一个高山草原定位研究站，带领几代草业科研人员不断探索，敢于创新，提出了具有国际领先水平和具有我国完全知识产权的草原分类方法，提出了草地农业生态系统理论。年近九旬，他又开创了中国农业伦理学研究的先河，为推进新型农业发展和生态文明建设提供重要理论指导。任先生的敢为人先和创新不止，是我们做学问的榜样。

任先生学高为师，提携后人。作为草学界的资深院士，他长期身居要职，但始终谦虚谨慎，待人宽厚，关心指导着全国各个草业院校的发展，为我国草业高等教育和科技研发作出了卓越贡献。他生活节俭，淡泊名利，多次拿出个人积蓄在北京林业大学、南京农业大学、兰州大学、甘肃农业大学等许多大学设立草业科学奖学金，并在家乡小学设立助学金，关怀和激励青年学子成长成才。任先生的高尚情操和仁爱之心，是我们为师的榜样。

高山仰止，景行行止。任继周先生为人、为学、为师的"大先生"精神，是我们草学界最宝贵的财富，一定会激励我们后辈草业学子，立志立学，立草立业，为我国草业高质量发展和生态文明建设作出新的更大的贡献。

在学术创新路上永不止步的先生

尹康权

3月25日，我们学院召开了任继周"伏羲"草业科学奖励基金设立仪式暨任继周学术思想研讨会。任先生拿出了毕生的积蓄，设立了包括"伏羲"在内的众多基金，支持我国草学事业的发展，真正地践行了他"从社会取一瓢水，就应该还一桶水"的座右铭，是我等后辈草人的榜样。

我和先生是有些缘分的。首先，我在兰州大学学习期间，任先生创办的甘肃省草原生态研究所整体并入兰州大学成立草地农业科技学院，对先生艰苦创业的精神十分佩服。其次，有一次与任先生偶然在8号楼的电梯口相遇，和先生问好之后，先生竟然主动和我握手并说见过我，让我感到了先生的平易近人。最后，我的奶奶和先生碰巧同是99岁，并很健康。

在这次学术研讨会上，很多先生的学生千里迢迢赶到北京，和我们分享了先生的很多故事，让我们对先生有了更全面和深入的了解。而我对先生的创新精神尤为钦佩。1954年先生出版了我国第一部草原调查专著《皇城滩、大马营草原调查报告》。两年后先生就在海拔3000米的甘肃天祝县乌鞘岭马营沟建立了我国第一个高山草原试验站。经过多年的积累和沉淀，先生于1973年首次创立了草原综合顺序分类法，开创了将大气因素列为草地分类系统的先河，并成功地应用于我国主要的牧业省（区），目前已发展成为唯一适用于全世界的草地分类系统。同年，先生提出了评定草原生产能力的指标——畜产品单位，并被国际权威组织作为统一评定世界草原生产能力的标准。即使到了鲐背之年，先生仍主编并出版了《中国农业伦理学史料汇编》《中国农业伦理学导论》《中国农业伦理学概论》等专著和教材，开创了中国农业伦理学研究的先河。由此可见，先生七十多年来一直在学术上坚持创新，保持高产，从未停歇。我想这就是先生的伟大之处。先生在学术上的创新精神值得我们每一位年轻科学家学习。

祝先生健康长寿！

学习任继周院士"大师精神"感悟

金 蓉

2023年3月25日，有幸参加我校举办的任继周院士"伏羲"草业科学奖励基金设立仪式和任继周院士学术思想研讨会。此次研讨会上，任先生的校友、同事、学生和草学领域代表分别发言，让我们进一步了解任先生大师精神和对草学专业的贡献。

任先生扎根西北数十年，围绕草业科学领域坚持科研与教学并重，成为我国草业科学首位工程院士，设立了6个奖学金项目，累计捐资助学600余万元。教导出全国草业领域仅有的2位中国工程院院士。一辈子守护草原，实现了让草原草长好、让牛羊吃得好、让老百姓都吃上肉、让生命循环都健康的目标，成为我国草原农业科学的奠基人。如今已99岁的任先生，仍然坚持每天工作6小时，还在忙着编写我国第一本有关农业伦理的教材。为了提醒自己分秒必争，他在家里挂满了钟表。他说："社会给我的东西太多了，回报不了，舀一瓢水，没还一桶；在我这个年龄，能做多少就做多少，我要珍惜我借来的时间。"

任先生的人生充满了拼搏与奉献。他用自己的科研成果，让世界认识到草的重要性，并为保护生态环境作出了卓越的贡献。他的大师精神不仅为我们树立了榜样，更为我们指明了方向，时刻激励吾辈年轻人砥砺前行，薪火相传，继续践行立草为业。

任继周"大师精神"和学术思想对青年学者的影响

李耀明

　　任继周先生少年时经历了民族困顿、同胞羸弱的艰难时期并立下改善国民营养的强国宏愿，青年时期与草结缘并在草学研究领域躬耕至今。在科学研究领域任先生心向西北，坚定不移的扎根高原，以"为天地立心，为生民立命"作为自己的奋斗目标，成为我国草业科学的重要奠基人之一。任先生先后创建了我国第一个高山草原定位试验站、我国农业院校第一个草原系、创立了草原气候—土地—植被综合顺序分类体系，提出以畜产品单位作为评定草原生产能力的指标并建立草地农业系统。这些开创性的研究成果的取得离不开任先生在国家战略需求层面数十年如一日的潜心科研。任先生常说要俯下身子，做一个平凡的草原工作者，同时也要站在国民营养的高度，以解决国家和民族需求为己任。除了在草学研究领域的巨大成就，任先生还将草地农业科学发展升华到哲学思考领域，总结思考一生的实践心血，编著了《中国农业伦理学概论》，开辟了农业哲学研究的先河，并创造性地提出时之维、地之维、度之维、法之维多维结构的农业伦理学体系，促进了经验农业科学向理性农业科学转变。

　　作为草学研究领域的青年学者，我们应该学习任先生砥志研思的学术态度和拼搏奉献的科学家精神，学习任先生以99岁高龄仍笔耕不辍，思考利用中华农业伦理观解释我国现在的"三农"问题、城乡二元结构问题等的家国情怀。

任继周"大师精神"学习感悟

李富翠

通过之前和任先生交流以及观看任先生学术成就视频和座谈会上各位老师的发言，我对任先生"大师精神"的理解更加深刻了，作为现代草业科学的开拓者，在任先生身上很好地诠释了习近平主席提出的"三牛"精神。

"从社会取一瓢水，就应该还一桶水。我奋斗的动力就是要回报社会。"任先生这句话一直在鼓舞着我不断努力，他常常教育年轻党员和自己的学生，要俯下身子做一个平凡的草原工作者，站在改善人民群众营养结构的高度，以发展草业为己任。他先后捐资400余万元，设立"任继周草业科学奖学金"，今年又为我院捐资50万元，设立"伏羲"草业科学奖励基金。他甘于奉献，无怨无悔，很好地诠释了"为民服务孺子牛"的深刻内涵。

作为我国现代草业科学的奠基人之一、我国首位草原学博士生导师、首位草业科学领域工程院院士，任先生为推动我国草业科学发展、生态环境保护和高等教育事业作出了卓越贡献。他率先在我国开展高山草原定位研究，建立了一整套草原改良利用理论体系和技术措施；他提出的草原生产能力评定指标，被国际权威组织用以统一评定世界草原生产能力……任先生诠释了敢为人先，披荆斩棘，争做"创新发展拓荒牛"的深刻内涵。

他不忘初心，扎根西北70多年：长期致力于推动草业科学理论研究、传播和应用。90岁之后，任先生不能再去做田野调查，但仍笔耕不辍，积极组织编写出版了一系列农业伦理学书籍，开创了中国农业伦理学研究的先河。作为我院名誉院长，还时刻关心着我们草业与草原学院的发展，为我院的发展问诊把脉。他不畏艰苦，锐意进取，很好地诠释了"艰苦奋斗老黄牛"的深刻内涵。

作为草学院的青年教师，我们要担负起肩上的责任，传承任先生的"三牛"精神。

我们要以"孺子牛"的俯首之态，立根教育，立德树人。

我们要争当时代的"拓荒牛"，破格开路，锐意进取。

我们要继承"老黄牛"品格，以勤恳奉献之姿勇毅前行。

我们要以"三牛"精神为引领，以任先生为楷模，牢记任先生提出的院训："立志立学，立草立业"，不忘初心，砥砺前行，用一颗"无我"之心为教育事业的发展贡献力量。

任继周大师与"伏羲"草业科学奖励基金

——草业科学事业的发展与传承

晁跃辉

2023年3月25日，在草业科学奠基人、中国工程院院士任继周先生慷慨捐赠设立的"伏羲"草业科学奖励基金仪式上，全国各地草业专家学者、北京林业大学师生、校友及关心草原与草业发展的社会各界人士，共同向任继周院士致敬。仪式以座谈会、学术研讨会和青年学术论坛等多种形式，深入探讨任继周"大师精神"的传承与发展。

作为草业科学领域的杰出人物，任继周院士的"大师精神"和学术思想不仅影响着草业科学的发展，更成为后辈学者的楷模。他始终关注草业科学的发展，积极推动林业科学与草业科学的交叉融合，倡导林草融合发展，为我国草业科学领域的繁荣与进步作出了巨大贡献。他对草业科学的热爱和执着，对草原生态保护的关注和坚持，不仅树立了典范，也为后来者指明了方向。

"伏羲"草业科学奖励基金的设立，体现了任继周"大师精神"，将激励更多草业师生投身创新研究。北京林业大学草业与草原学院将借此契机，发挥地处北京的优势，加强学术技术支撑，推动草业科学高质量发展。学院将培养新一代草原人，在任继周"大师精神"感召下，勇敢追求科学真理，为我国林业草业事业繁荣和发展作出贡献。在新时代背景下，草业科学承担着重要的历史使命，面临草原生态保护、草原资源可持续利用等多方面的挑战。我们应继承和发扬任继周"大师精神"，持续在草业科学研究与实践中探索创新，为实现草业事业高质量发展、构建人与自然和谐共生的美好未来贡献力量。草业科学需要一代又一代的青年学者和专家继续前行。任继周大师留下的宝贵财富，不仅仅是他在草业科学领域的杰出成果，更是他坚定的信仰、刻苦的精神和无私的奉献。让我们紧随任继周大师的脚步，继承和发扬他的伟大精神，勇攀草业科学高峰，为祖国草原生态保护和草业发展贡献我们的智慧与力量。

在未来，我们相信，任继周"大师精神"的传承与发展将在草业科学事业中得到更广泛的传播和认同。在这一伟大事业中，我们每一位草业科学同人都应担起责任，以任继周大师为楷模，努力拼搏。让我们携手共进，用实际行动，书写草业美丽新篇章。

任继周院士的农业伦理思想初探

杨珏婕

农业是支撑国民经济建设与发展的第一性产业，包括种植业、养殖业、林业、草业、渔业等多种产业形式。农业是安天下、稳民心的战略产业，没有农业现代化就没有国家现代化。

但是，在人类社会快速发展的21世纪，伴随着现代工业文明向生态文明转型期的到来，中国传统农耕文明所固有的局限性和诸多问题已成为我国现代化建设和可持续发展的严重障碍。究其原因，农业伦理观的严重缺失是中国农业严重失常的症结所在。为了从源头上破解"三农"问题，契合人类命运共同体建设的需要。

为全面介绍中国农业伦理学思想，服务于我国农业伦理学教育教学的现实需要，2018年，任继周院士主编的《中国农业伦理学导论》出版。他认为目前的"三农"问题与农业伦理观的缺失休戚相关，为此他奔走呼吁，超越一般农业科技研究的范畴，提出了针对中国农业可持续发展的诸多疑问，并召集了清华大学、中国农业大学、兰州大学、南京农业大学等单位的专家学者十余人，共同编写中国第一本农业伦理学专著《中国农业伦理学导论》。任继周院士主编的《中国农业伦理学史料汇编》《中国农业伦理学导论》《中国农业伦理学概论》，填补了国内农业伦理学研究与教学的空白。

任继周院士指出："现代化农业将对它所衍生的现代农业伦理学提出新要求，并为之提供丰富的素材。中国农业现代化和它伴生的新型农业伦理学，必然成为中华文化的重要一翼，为即将到来的现代化农业和现代中华文明保驾护航。"

任继周院士的农业伦理思想以简驭繁，以多维结构的架构，将纷繁杂陈的农业伦理学难题纳入时、地、度、法四个维度之中，给以简约明晰的论述，勾勒了中华农业伦理观的发生、发展和社会响应的概貌。任继周院士尝试以现代科学方法、现代农业伦理观来反省我国农业的过去、展望未来，标志我国从经验农业科学到理性农业科学迈出的重大步骤。

心无旁骛，计划引领

许立新

任继周院士为北京林业大学草业与草原学院写下"立志立学，立草立业"的院训，今天任院士捐资设立任继周"伏羲"草业科学奖励基金，通过视频寄语草业学子，观看视频的我们心潮澎湃。

任院士有两个座右铭，其一是"立志高远，心无旁骛，计划引领，分秒必争"。另一个是在任先生当选中国工程院院士后，他的二哥赠送的一副对联"涵养动中静，虚怀有若无"。

"心无旁骛，计划引领"，也应该是指引每个年轻人生活、工作的指南针、座右铭。任先生曾经写过做计划的重要性，这对于我们每个年轻的草业学子是非常直观的激励和学习榜样。任先生说："我对每一个生活阶段都订立学习计划，有任务，有进度。例如学期计划、假期计划、周计划，甚至精确到每一天的每一个小时。一般来说，我把一天分作三段，上午、下午、晚上。工作紧张时，计划到小时。一旦列入计划内的学习和工作，我都要完成，不许空白。计划可包括多项工作，但其中必须包含读书。"这些话，给了我很大的动力，给予我切实的实践指南，珍惜时间，心无旁骛，这是一种工作态度，也是一种生活态度。

最后，韩烈保老师曾和我们讲过一件表现任先生乐观心态的小事。任先生在九十多岁生日时和他的学生们笑称自己是真正的"90后"。在这里，祝愿任先生身体安康，继续当"00后""10后"，继续鼓舞与见证爱戴他的草业人，立志立学，立草立业。

深入学习任继周院士"大师精神"，做时代需要的草人

平晓燕

2023年3月25日，学院组织开展了任继周"大师精神"座谈会和学术思想研讨会，我通过线下与线上学习相结合的方式，系统学习了任继周院士的学术思想和大师精神，结合前期任先生在学院参加学术活动时的学习和接触经历，谈以下三点心得体会。

一、学术上求真务实，开拓进取

任继周院士是我国草业科学专业的奠基人之一，不断引领我国草业科学领域的科研探索与实践。在学术上任继周院士求真务实，开拓进取，在我国率先开展了高山草原定位研究，建立了一整套高山草原改良利用的理论体系和技术措施；研究提出了草原季节畜牧业理论；创立了草原综合顺序分类法，是国际上第一个适用于全世界的草地分类系统；提出了评定草原生产能力的指标——畜产品单位，后来被国际权威组织用以统一评定世界草原生产能力；研究提出了草地农业系统并在我国黄土高原、云贵高原、西南岩溶等地区成功实践；他创造了划破草皮、改良草原的理论与实践，研制出我国第一代草原划破机——燕尾犁，使当地生产能力提高5倍，成为我国大规模改良草原的常规方法之一；在我国最早开展了草坪运动场、高尔夫球场的建植与管理研究。近年来，任先生提倡我国草业科学的发展从陆地农业向陆海农业发展，在树立大食物观背景下保障食物安全方面提出了战略性观点和思想，这些均是我辈后续需要进一步探究的研究方向。特别是有很多内容是草地培育学或草地生态学课程教材的经典内容，通过这次的系统学习使我对整体课程教学体系有了更深层次的理解，也能更好地指导我进行课程教学和科研工作。

二、思想上爱党爱国，家国情怀

任继周院士携囊走荒谷，西北大半生。当年临行前，恩师王栋送了任继周一副对联，上面题写着"为天地立心，为生民立命；与牛羊同居，与鹿豕同游"，在任继周心里激荡至今。在任先生看来，我们草人爱的不是红桥绿水的"十里长堤"，而是戈壁风、大漠道，这是我们应融入的生存乐园。任先生觉得在这里，自己的专业与志趣融为一体，工作与生存融为一体，自我与环境融为一体，获得的是生命的净化、充实和乐趣。作为我国现代草业科学的开拓者，在投身草业的70多年里，任继周院士为我国草业科学教育和科技立下了汗马功劳，却称自己为"草人"。任先生对此的解释是："搞草

业，我这一辈子没有动摇过，不管多大的风浪。"这份精神正是我们草业人的写照，任先生一直在用实际行动来诠释全心全意为人民服务的"孺子牛"精神，这份家国情怀是我作为高校教师学习的榜样，并且也是我们课程教学过程中生动的教学案例。

三、生活中谦虚谦和，立德树人

任先生在生活中谦虚谦和，为我们树立了立德树人的榜样，他一直秉承着"从社会取一瓢水，就应该还一桶水"的道德情操。他对待后辈和年轻人一直尽心栽培，先生曾8次亲临学校或在线上寄语师生，为草业科学的人才培养提出宝贵的意见。从教70多年来，任先生培养了一代又一代的草业学子，其中很多都成为当前草业科学领域的领军人才，后备力量也以任先生为榜样，努力奉行立德树人的根本任务。任先生的精神境界和责任担当，是我们草业后辈一生的学习榜样，在以后的工作和生活中，我将认真学习任先生学术思想，学习任先生的家国情怀和谦虚谦和，努力做到立德树人，将"草人"的精神传承下去，为培养"学草、知草、懂草、爱草"的新一代草业人而更加努力，努力秉承"立志立学，立草立业"的院训，为我国草原生态环境保护和草业事业而努力奋斗。

任继周先生"草人"精神和严谨治学学术思想的学习心得

郭倩倩

3月25日，我在线上聆听了任继周"伏羲"草业科学奖励基金设立仪式暨任继周学术思想研讨会。作为草业科学专业的一名青年教师，对任先生取得的学术成就无比的敬佩。任先生对草业科学的热爱以及坚持不懈、不畏艰难、追求学术创新的"草人"精神时刻鞭策着我们青年教师在学术上要勇攀高峰、坚持立草为业的初心。

任继周院士是中国现代草业科学的开拓者和奠基人，为我国草业振兴作出了卓越不凡的贡献。在当时的年代背景下，工作条件极其艰苦，但任先生不管多苦多累，都力求把研究工作做到最好。也正是这种"草人"精神和立草为业的初心让任先生在草原上留下了多个"第一"。任先生认为发展畜牧首先要遵循草原科学规律，他提出评定草原生产能力的指标"畜产品单位"和发展季节畜牧业等理论，创建了有数字化特征的草原综合顺序分类法，推出了草地临界贮草量、家畜临界减重等学术成果；"草原是生态系统，草原的问题出在草原之外"。基于这样的认识，任先生将草地农业生态系统分为前植物生产层、植物生产层、动物生产层、后生物生产层。这一理论目前已被学界广泛接受，草原学由此向草业科学发展。

任先生不仅在学术上严谨治学、追求创新，在教学育人上也是我们青年教师的榜样。任继周先生认为，做学问必须"教学相长"，把成果运用于培养人才、服务经济社会发展，否则，就成了"书柜子""纸篓子"。任先生的这句话深深地教育了我们青年教师，让我们懂得教师是与科学家同等重要的身份。尽管教师教育学生并不能像科研一样看到成果，但言传身教、潜移默化关乎学生成长，最终将会影响社会发展。因此，我们青年教师不仅要做好科研工作，更应该关注教学工作，承担起教书育人的重担。

如今，虽已近百岁高龄，但任先生依然每日坚持工作，继续在莽莽草业科学世界中徜徉与跋涉，这种坚持不懈的精神以及对草业学术的热爱对我们青年学者是强大的榜样力量，时刻鞭策着我们青年研究人员砥砺前行，薪火相传，继续践行立草为业。

立草立业，生生不息

张　静

近日，任继周"伏羲"草业科学奖励基金设立仪式暨任继周学术思想研讨会在我校顺利举行。通过这次研讨会，我进一步系统了解到任先生的人生履历，深刻领悟到任先生的学术智慧和大师风范，更是被先生孜孜不倦的探索精神所折服。

任继周院士作为我国现代草业科学的开拓者和奠基人之一，70余年来，先生潜心草地农业教育和科学研究，在艰难困苦中创建我国第一个高山草原定位试验站；在不断探索实践中提出草原综合顺序分类法；创造了划破草皮、改良草原的理论与实践，使我国北方草原生产能力大幅提高；创建草地农业生态系统学，在我国食物安全、生态建设和解决"三农"问题方面展示了巨大潜力；规范草业科学术语，凝练并构筑草业科学体系；进入耄耋之年，先生虽已无力亲自参与农业结构改革的实践工作，他将研究工作从草地农业生态学延伸到农业伦理学，将草地农业科学发展、升华到哲学领域，开辟了农业伦理学研究的先河，唤醒国人农业伦理学意识，为我国草原教育和科技发展作出了卓越不凡的贡献。年届百岁之际，先生又倾毕生积蓄在我校设立"伏羲"草业科学奖励基金，用于奖掖后学，更是展现了先生为国育才的拳拳赤子之心。

作为草业科学专业的一名青年教师，我会以任先生为镜，坚守为党育人、为国育才的初心，扎扎实实干工作，默默无闻作贡献，不断创新工作思路，打破思维定式，踔厉奋发，赓续前行，为推动我国草业科学事业发展贡献自己的力量。

不忘初心筑牢思想之基，立德树人铸就师者之魂

盖云鹏

2023年3月25日，令人振奋的仪式暨任继周学术思想研讨会在北京林业大学如期举行，中国工程院院士任继周捐赠50万元，北京林业大学配套100万元，设立"伏羲"草业科学奖励基金，以激励草业师生全面发展，刻苦钻研、锐意进取、开拓创新。任继周院士是新中国成立后第一位草业科学院士，也是新时代的"大先生"，他以自己刻苦钻研、锐意进取、开拓创新的精神，赢得了新中国成立60周年"三农"模范人物、新中国成立70周年"最美奋斗者""全国优秀共产党员"等荣誉称号。习近平总书记提出，教师要成为大先生，做学生为学、为事、为人的示范，促进学生的全面发展，这既是对教师的尊重，也是对教师的更高要求。任继周院士就是这样一位具备理论素养和实践能力的"大先生"，他把握科学发展观，把学生发展和国家发展、民族振兴紧密结合起来，将中国特色社会主义理论和实践的精神，融入教学实践中去，以正确的价值观和人生观引领学生，以模范行为影响和带动学生，培养更多堪当民族复兴重任的时代新人，把"刻苦钻研、锐意进取、开拓创新"思想融入教育的每一个环节，激励青年教师争做新时代的"大先生"，以实际行动共同推进国家发展和民族复兴，为更多的时代新人打开更宽广更光明的未来。新时代，中国更需要像任继周院士这样的教育典范，他"赤诚无我、胸怀家国、敢为人先、勇于突破"的境界，被誉为"中国草业科学奠基人"。作为一名新时代的青年教师，我要坚持"四个自信"，拥有勇敢探索创新的能力，持续进取不断提高自身素质的意志，不忘初心筑牢思想之基，立德树人铸就师者之魂。我要以实际行动，致力于中华民族伟大复兴，为更多的新时代学人打开更宽广更光明的未来，努力成为新时代的"大先生"。

向任继周院士学习如何做人和做事

徐一鸣

我从读大学本科的时候就听说过任继周院士的人生经历，进入北京林业大学草业与草原学院后对任院士在科研和治学方面的成就与做人做事的高尚品德有了更深的了解。

从任院士的人生经历中，我学习到了很多。任院士出生在战乱的时期，在颠沛流离中度过了自己的学生生涯。在战乱中看到好多中国人吃不饱饭，让他感觉到农业的重要性。他想改善国民营养，于是报考了原中央大学的冷门专业——农学院畜牧系草原专业，并毅然前往西北开展牧草学与草原学的研究。他的选择一方面遵从了自己的内心，同时也顺应了国家的需求。他的经历让我有了很多思考，现在我们国家变得越来越强大，一些年轻人选择了自以为轻松的专业，不认真学习，其根源还是缺乏家国情怀和远大抱负。其实在我看来，没有差的专业，关键在于自己是否努力，是否将自己的所学所用放到时代发展的浪潮中去思考，是否像任院士一样思考如何用自己所学的知识为国家作出贡献。作为一名高校的教师，我们更应该向任院士学习，任先生在当时极度困难的条件下依然坚持科研，为祖国和人民培养了一批批草学人才，在科研工作中勇于解决卡脖子的难题，勇于在祖国需要我们的地方工作与奉献，勇于承担责任，为学生和学校作出自己的一份力。作为中国草学专业的奠基人之一，任院士对中国草学学科的发展贡献巨大，他教导的大量学生也成为中国草学专业的学术泰斗。

观看任院士的纪录片，我还感受到他老人家活到老、学到老的精神。虽然他将近百岁，但是在他依然保持着每天工作6小时的好习惯，还在问学院的常智慧老师什么是"元宇宙"。我感受到了一位老一辈科学家的科学精神非常值得我们学习。在看任先生的纪录片的过程中我也感受到任先生是一个十分谦虚的人，他总说自己做的研究还不够，还要多学习。

从任先生学生们的口中，我们也从不同的角度了解到了任院士。记得在座谈会上，卢欣石先生说由于自己当时的家庭成分原因，在当时的年代很难被高校录取，但是珍惜人才的任先生却毅然决定录取卢先生，并且在生活和学习中不断地关心他。在座谈会上，胡自治先生讲述了任院士是如何言传身教，如何影响自己的人生和学术生涯。听到各个兄弟院校的老师对任院士的感激，也能够感受到任院士的治学精神是如何影响一代一代草业人。任先生把自己的积蓄捐赠给多个高校的草学学科，更是体现了先生对草学学科的热爱和人才的重视。

虽然未曾亲眼见过任先生，但是我总感觉他是一个亲切的长者，他的人生和治学精神深深地影响着我。作为一名新时代的青年教师，我也想以任先生为榜样，不断严格要求自己，在我的工作中学会如何做一名优秀的高校老师和科研工作者，为国家的发展和社会的进步贡献自己的力量。

一番桃李花开尽，唯有青青草色齐

刘雅莉

2023年3月25日，我很荣幸参加了任继周"伏羲"草业科学奖励基金设立仪式和任继周学术思想研讨会，会上观看了任继周学术成就视频，任先生的母校代表、兄弟院校代表、任先生的学生和草业领域代表都作了发言，回顾了任先生对中国草业发展和人才培养的贡献，以及与任先生相处的点点滴滴，让我更加全面地认识了任先生。其中有三个方面给我留下了深刻印象。首先是任先生的谦逊，作为中国工程院院士和我国草业科学的奠基人，任先生称自己为"草人"，因为他认为自己像草一样，在最不起眼的地方，好好地扎下根做工作。在这浮躁的社会里，我们需要一份沉淀，任先生为草业科研工作者树立了榜样，真正做到了"涵养动中静，虚怀若有无"。其次是任先生对人才的爱惜与培养，任先生在多所高校设立了草业科学奖学金，这次也为北京林业大学捐赠50万元，设立"伏羲"草业科学奖励基金，以激励草业师生刻苦钻研、锐意进取、开拓创新。任先生说："我早已非我，所有的东西都是社会的。"任先生用实际行动践行了这句话，他的善举为草业科学的发展撒下了一粒粒种子，终将会长成一片广袤的草原。最后任先生最让我钦佩的地方是不断接受新鲜事物和永不停歇地学习，他在99岁高龄的时候注册了微信公众号"草人说话"，里面的文章都是他自己在电脑上敲出来的，并且在近百岁的高龄还坚持每天工作五六个小时，我辈汗颜，唯有时刻以先生为榜样勉励自己不断前行。青青寸草、悠悠我心，今后我将以任先生为灯塔，坚持把论文写在祖国大地上，为我国草业事业贡献自己的微薄力量。

向任继周院士学习教学科研和人生哲学

曾丽萍

近日，参与任继周"伏羲"草业科学奖励基金暨任继周学术思想研讨会，学习任先生的科研教学和人生哲学，受益匪浅。任先生立足草业，潜心育人，开拓创新，在草业领域辛勤耕耘，肃然起敬！任先生借水一瓢，当还社会一桶的家国情怀，捐资助学，追求卓越，不畏困难，谦虚低调的崇高人格魅力，是我们最好的示范！

一、科研教学

1. 立足草学

"我们草人爱的不是红桥绿水的'十里长堤'，而是戈壁风、大漠道，这是我们应融入的生存乐园。"——任继周

任继周先生作为我国草业科学的奠基人，他创立了多个第一：适应于全世界的草原分类方法，评定草原生产能力的新指标——畜产品单位，研制出我国第一代草原划破机——燕尾犁，建设天祝高原试验站。这些学术成就，理论与实践相结合，是科学研究的典范。

2. 潜心育人

"当时，我立刻被任先生的风度吸引住了，他的课讲得生动有趣，使你强烈地感到草原学的深厚文化底蕴，觉得这个专业挺有学问，而且任先生非常注重仪表，不像我们穿得邋里邋遢，我就想搞草原还有这么好的老师啊！"——南志标

任继周先生创建了我国高等教育第一个草原系。任先生讲课不仅讲授教材基本知识，并结合最新的研究进展和自己的研究成果，课程准备充分，且逻辑严谨。他授课之前，会将提纲反复试讲并仔细修改，2小时的课程，他的准备时间都会多于8小时以上，直到内容表达透彻，才肯进入课堂。在专业实习课程之前，任先生都会仔细调研，他上课走的路比学生都多，有时多达几十里，而实习课程获得的实验数据，可真实反映并解决基地的问题。

我们要学习任先生严谨的治学态度，丰厚的教学底蕴，注重细节的教学风格，是一位好老师的标准。任先生给学生毕业时提出了三个要求：学哲学、学英语和利用好时间，而这具体的要求，也是我作为一个教师应具备的品质。

3. 开拓创新

"渐多足音响空谷，沁人陈酿溢深潭。夕阳晚照美如画，惜我三竿复三竿。"

——任继周

任先生在耄耋之年，在家里挂了很多钟表，在电脑上用超大号字体，将自然科学和哲学相结合，开展农业伦理学的研究，想把城乡二元结构改正过来。并提出藏粮于草的大食物观，用整体的思维去对待农业，提出无论林业、草业还是作物不可分割。

任先生的学术思想和理念，随着阅历不断升华，他开拓创新，开辟了我国农业伦理学的先河，填补了我国农业教育的空缺。

二、人生哲学

1. 家国情怀，立志高远

"为天地立心，为生民立命；与牛羊同居，与鹿豕同游。" ——恩师王栋送给任继周的对联

任先生的成长时代背景，那时抗日战争爆发，国民矮小并瘦弱，当时的饮食结构主要是五谷杂粮，而外国人吃的营养组成有鸡蛋和牛奶。因此，当他上大学选专业时，就立志要改善国民营养。

他踏踏实实工作，为祖国作贡献。目前，已经捐款300多万元，在国内4所大学设立草业科学奖学金，培养草业后来者和新一代草原人，发展我国草业事业。这些，都缘于他的家国情怀，缘于他用科学报国的决心。

2. 追求卓越，从不偷懒

"立志高远，心无旁骛，计划领先，分秒必争。" ——任继愈

欧阳修有言：立身以立学为先，立学以读书为本。任继周先生在《吾家吾国》栏目访谈中，说他做事从来都不偷懒，要么不做，要做就做到最好。

任先生追求卓越，精益求精的人生信仰，是我们学习的标杆！他现在虽然已到耄耋之年，却每天依旧工作6小时，分秒必争，不虚度光阴。学无止境，任先生在知识的海洋中畅游，缘于他对草学的热爱，缘于他勤奋的生活态度，缘于他对自我的超越！

3. 不畏困难，心存美好

"小草寂静无声地贴着地皮艰难地生长，却把根深深扎到许多倍于株高的地方。" ——任继周《土地深层的乐章》

任先生的学习和工作旅程，遇到过诸多困难：在草原上经常有熊和狼出没，用农药六六粉浸泡衣物，刚开始建设工作站中的不顺。而他，始终都是逢山开路，遇水架桥，用辩证唯物主义的哲学观指导自己，走出自己的路。在困难面前，他始终都面带笑容，认为困难总是短暂。他以积极的态度消化自己的情绪，从来都没有沮丧过，时刻保持着积极向上的人生态度和精神面貌。

小草，不畏艰难，却把根扎到许多倍于株高的地方。任先生自称"草人"，我们作为草业工作者，要像草一样，不怕困难，在大自然实验室里，探索草地生命的奥秘！

4.谦虚低调，葆有纯真

"涵养动中静，虚怀有若无。"——任继愈

"涵养动中静"提醒自己保持内心的平静；"虚怀有若无"提醒自己在广袤的自然中，自己的贡献可忽略不计。任先生低调谦虚的文化素养，心胸宽广的为人处事态度，善于接纳新鲜事物的心境，在99岁时，新注册并推出个人公众号"草人说话"，葆有纯真，是我们心中的大先生！

您学养深厚，严谨治学，持续创新，记录了"草"的很多故事！从青春到白发，爱戈壁风、爱大漠道，只争朝夕，只为坚守心中梦想！

感悟家国情怀，不忘初心使命

贺　晶

生于耕读之家，长于战争年代。少年时的任继周经历了国家贫困、同胞羸弱的艰难时期。年少时的"吃不饱"，让任继周暗下决心决定报考畜牧专业，通过努力改变国人的膳食结构，让国人更加强壮。19岁那年，天遂人愿，任继周如愿考入原中央大学畜牧系，从此开始了在莽莽草业科学世界之中的徜徉。

99载的生命跨度，对任继周而言，像草原一般深沉、辽阔，乖谬苦涩与辉煌至荣，他都多次经历。喜爱古诗词的他，偏爱《塞上曲》。他把王昌龄的"从来幽并客，皆向沙场老"，改成"从来草原人，皆向草原老"。草原，那是他魂牵梦萦的地方。他总自称"草人"，扎根草原近80年，他用行动践行初心使命，如今任老已近期颐之年，人生如草原般浩瀚，学术"草原"亦百草丰茂。但他依然如一株青草，葆有纯净、坚毅和旺盛的生命力，兀自生长。他总说："社会给我的东西太多了，我回报不了，从社会取一瓢水，就应该还一桶水，每个人都这样做，社会才能发展，我还没还完一桶呢……"作为一位与草结缘一辈子的科学家，任老把自己的全部奉献给了草业科学，从青春年少到耄耋之年，他还在继续践行着科研报国的真谛。

任老不仅在科学领域不断突破，为我国草业科学和有关产业的发展作出了系统性、创造性的贡献，他矢志不渝的理想追求，爱国为民的家国情怀，坚持真理的科学品格，高瞻远瞩的战略眼光，坚持不懈的创新意识，诲人不倦的师表风范，严谨求实的工作作风也是我们永远学习的榜样。

一个时代有一个时代的主题，一代人有一代人的使命。大食物观下，保障粮食安全，草业的发展至关重要。作为草业科技工作者，我们要更加注重支撑服务国家重大战略需求、注重加强"草原粮库"潜力挖掘基础科学研究，以任继周"大师精神"为榜样，汲取奋进力量，积极投身推动草原草业高质量发展，为国家生态文明建设、保障国家粮食安全、乡村振兴、草原科技创新作出更大贡献。

悟大师精神，立从教之志

陈 玲

任继周先生是我敬重的"学之大者"。在成为北京林业大学草业与草原学院的一名青年教师后，我有幸目睹了先生的风范，聆听了先生的教诲，感受了先生的"草人"精神，这让我了解了草业科学的发展历程，掌握了草业科学专业知识的核心和精髓，感受到了"草人"的乐趣和精神追求，进而激发了我对草业科学的热爱，立志在草业科学的教学科研岗上钻研深耕。

任先生在一期访谈中曾谈道："我没有想过个人前途，升官发财两字没提过，私心杂念很少，从来没在意过待遇和名誉。"先生将自己的毕生积蓄先后设立了4项教育基金，助力人才培养，回馈社会。先生这种"大我"的思想境界深深地触动了我，这是我身边实实在在的个人事迹，我从中获得的精神力量超越了以往我从书本或媒体上获得的其他精神力量。任先生的"大我"思想让我在前进中少了些许杂念，摒除了生活中多种因素的干扰，尤其是在迷茫困惑时想想先生的思想和精神，便能安下心踏实地专注于自己的主攻方向了。

先生勇于开拓创新，在草原类型学、草原利用与改良、生产能力评定、草原季节畜牧业、草地农业生态系统、草坪学、草原生态化学等领域均作出了创造性与开拓性的贡献。董世魁院长将先生一生的学术思想凝练为"任学六"性，即创新性、开拓性、历史性、时代性、务实性和层次性，"任学六"性将成为我日后从事科学研究的准则，时刻提醒我自省。

先生一生教书育人，培养后学，诲人不倦。我有幸聆听了先生的众多同门及弟子在"大师精神"座谈会上的讲话，深刻地感受到了先生的育人智慧，其中既有方向的指引，也有精神的鼓励，也有适时的提点。作为青年教师，我要不断学习和领悟先生的育人智慧，因材施教，培养后学。

先生晚年仍笔耕不辍，每天坚持工作6小时，完成了《中国农业伦理学》的编写，探寻现代农业最终的皈依。先生的这种忘我工作精神让我倍加珍惜时间，努力工作，争取在草业领域贡献自己的微薄之力。

"草人"精神终不忘，榜样引领草业梦

张丹丹

　　草业科学是农业科学的一个的重大分支，在维护国家食物安全方面起着不可或缺的重要作用。2023年3月25日，由任继周院士捐资发起的"伏羲"草业科学奖励基金在北京林业大学草业与草原学院正式设立，以激励草业青年学者刻苦钻研、锐意进取、开拓创新，积极投身草原草业事业，为草原草业振兴奉献青春力量。

　　年届百岁的任继周先生是我国现代草业科学的开拓者和奠基人之一，是我国草业科学领域的第一位院士，他始终扎根中国大地，为我国草业科学和有关产业的发展作出了系统性、创造性贡献；他创建了我国第一个高山草原定位试验站、创建了我国农业院校第一个草原系；他提出食物安全战略构想，摆脱了草地农业与耕地农业的"纠缠"，构筑了新型的草业科学架构；他成功建立了草原分类体系，较国外同类研究早了八年；他提出的评定草原生产能力的指标——畜产品单位，结束了各国各地不同畜产品无法比较的历史，被国际权威组织用以统一评定世界草原生产能力；他创造了划破草皮改良草原的理论与实践，使我国北方草原生产能力提高1倍，并得到广泛推广应用；他建立的草地农业系统，在我国食物安全、环境建设和草业管理方面展示了巨大潜力。他也因此获得新中国成立60周年"三农"模范人物、新中国成立70周年"最美奋斗者"、"全国优秀共产党员"等荣誉称号。如今，99岁高龄的他，仍坚持每天工作和学习，为了提醒自己"分秒必争"，他在家中挂满钟表。他总说"我要珍惜借来的时间"。

　　作为草业青年科技工作者，要将先生的精神化作前进动力，继承和弘扬先生的"草人"精神和科学严谨学术思想，深耕专业领域，勇攀草业科学高峰，攻克草业领域"卡脖子"和受制于人的核心关键技术，为推动草原草业高质量发展贡献力量。

脚踏实地，久久为功

丁文利

任继周先生是我国草业科学和教育的主要奠基人，他在草学领域的学术成果是丰硕的、无人能及的，他提倡草原路线调查与定位研究相结合、提出了草原综合顺序分类法、创立了评定草原生产能力的新指标——畜产品单位、提出了草原季节畜牧业的理论、创立了草地农业生态系统的理论体系、创立了新的农业伦理学的研究。这些理论知识体系是我们草业工作者需要一辈子努力学习和践行的，任先生创建这些知识体系背后的精神更是值得我们用一生去学习和体会。

一生择一爱，一世择一业。一辈子很长，一辈子也很短，只有在有限的时间集中精力做好一件事，才能把它做好。任先生一直是胸怀祖国，心系人民的。1943年，任先生中学毕业，选择报考了原中央大学的冷门专业农学院畜牧兽医专业，目标是"改善中国人的营养结构"。自此，不论有多艰难，他一直坚持从事草业科学工作，发展草业科学理论。如今，虽然已年近百岁高龄，仍然坚持每天工作6小时，开设公众号"草人说话"，继续传播草业科学相关理论知识。正如他给北京林业大学草业与草原学院题写的院训"立志立学，立草立业"那样，倾毕生心血于草学科研和教学工作中。

作为新一代的草学人，我们是幸运的，在任继周先生等上一代草学人的努力下，草学学科的发展已经进入最好的发展时期，有习近平总书记"山水林田湖草沙"系统治理生态文明理念的指导，有国家在"大食物观"背景下先后出台"南方现代草地畜牧业推进计划""振兴奶业苜蓿发展行动计划""粮改饲"等多个政策，也有社会各界力量的支持。作为从事草业科学的青年教师，我们要牢记加入草业与草原学院的初心和决心，志学草业，脚踏实地，用自己的一生守住草业这个"冷板凳"，久久为功，发扬和传承任先生志学草业的精神，为我国草业科学发展及相关人才的培养作贡献。

从来草原人，皆向草原老

张文超

3月25日，在任继周"伏羲"草业科学奖励基金设立之际，任继周学术思想研讨会在北京林业大学举行。我有幸作为一名教师和工作人员参与到此项工作中，也近距离感受到了任继周院士浓浓的家国情怀、务实严谨的治学作风、立德树人的高尚品格。

任先生1924年生于山东平原县，成长于战争年代。他是我国现代草业科学奠基人之一，与草结缘七十余年来，甘于寂寞，潜心研究，为我国草业科学和草业产业的发展作出了杰出的贡献。他曾被授予全国优秀农业科学工作者、国家级教学成果特等奖、新中国成立60周年"三农"模范人物、"最美奋斗者"、"全国优秀共产党员"等多项荣誉称号。虽然已年过九旬，但他依然在为当初"改善国民营养"的志向奔走呼吁，依旧始终保持着对科学事业的执着追求和对祖国的深厚感情，一心为党为国，永葆初心不变，"为天地立心，为生民立命；与牛羊同居，与鹿豕同游"。他几十年如一日甘做一名"草人"，他是吾辈楷模，向先生致敬！

任先生治学严谨务实，敢于创新。伏羲精神的实质其实就是敢为人先的创新精神、百折不挠的奋斗精神，这可能也是任继周"伏羲"草业科学奖励基金设立的题中之义，同时这也是任先生治学精神写照，他著作等身，科研成果丰硕。他创建了我国农业院校第一个草原系，他创立的草原综合顺序分类法，是现在公认的可用于全世界的草地分类系统；他提出食物安全战略构想，构筑了新型的草业科学架构；他创造了划破草皮改良草原的理论与实践，使我国北方草原生产能力提高1倍；他提出的评定草原生产能力的指标，被国际组织用以统一评定世界草原生产能力。正是这样几十年如一日严谨治学，敢于创新，不懈奋斗，他才能取得如此丰硕的科研成果，才能年近百岁仍然笔耕不辍，才能将草地农业科学发展升华到哲学思考领域，才能开辟农业伦理学研究的先河。

任先生一直心系师生，并多次亲临学校或线上寄语师生，全心全意为国家培养草业人才，并亲笔写下"立志立学，立草立业"院训。任先生还将他的科研工作融入教学，高瞻远瞩，引领草学学科和人才培养，编制了《草业大辞典》《草地农业生态系统通论》《中国农业伦理学导论》《草业科学论纲》等专著，不仅极大地丰富了草学专业理论知识，也为我们贯彻落实习近平生态文明思想、对标山水林田湖草沙系统治理的重大战略需求、建设国家生态文明的具体行动，提供了指引和遵循。

"从来草原人，皆向草原老"是任先生改自王昌龄的《塞上曲》，这又何尝不是他的一生风骨和赤子之情，又何尝不是我们这些"草人"的一生所愿。向任先生致敬！

草原千里，树人百年

李周园

2023年3月，任继周院士期颐之年，设立"伏羲"草业科学奖励基金，捐赠和基金设立仪式在北京林业大学举行，激励我辈草学新人奋发图强，开拓创新。适逢义举，学院邀请业界同人、校友代表和全院师生连续两天从任继周"大师精神"座谈会、任继周学术思想研讨会、"藏粮于草的大食物观"——任继周学术思想传承与发展为主题的第二届草业与草原青年学术论坛活动，以学术交流与实际行动致敬任院士。在座谈会召开之际，作为草业新一代青年教师，感想颇深，言为心声，特此记述。扎根千里草原、向百岁前辈大先生学习。

"一蓑烟雨任平生"——向先生学勇毅。任先生年轻求学之时，正是我们国家社会动荡、风雨飘摇的一段历史时期，任先生在学习生活条件十分有限和困苦情形下，发扬着革命乐观主义精神和拳拳家国情怀，像那个时期大多数的青年知识分子一样，有着大无畏的青春激情，勇敢、坚毅地走知识报国路线，扎根西北、峥嵘岁月，这种坚韧的扎根精神和吃苦耐劳品质，是我们在今日和平繁荣年代更应珍视和秉持的，保有长远的定力和历史眼光。

"为往圣继绝学"——向先生学传承。在任先生在原中央大学毕业赴兰州任教之际，其导师我国草业科学奠基人王栋教授赠言"为天地立心，为生民立命；与牛羊同居，与鹿豕同游"。此言前两句出自北宋大家张载名言，言简意宏，传颂不衰。原文后两句是："为往圣继绝学，为万世开太平。"草学是大农学中的一个重要门类，草原分布在我国经济相对落后、自然资源禀赋相对瘠薄的地区。任先生为了实现改善国人营养结构的宏愿志向，投身这一学问，深耕我国草业发展与管理的科学化和现代化，为保护我国的草地资源、传承和发展草学学科起到了极为重要的开创和引领作用，我辈当承师之志、弘师之愿，薪火相续。

"周虽旧邦，其命维新"——向先生学创新。百岁任先生，本身就是我国草学近百年发展的一部活的传记与传奇，是百年草学的传承者、建设者、开拓者与创造者。任先生勤恳求索、忘我奉献，令人赞叹他长久葆有的强大生命力与创新进取精神。草虽旧学，其命维新。新草学成长于新时代，新时代需要新草学，我们看到当代生态文明建设、美丽中国图卷擘画、智慧地球以及更加可持续的人类社会离不开草业科技与草学理论为其贡献科学力量，草学有太多的内涵和外延需要我们这代新生"草人"去探索和发声，任先生以身作则，作为学人榜样，激励我们勇毅前行、传承创新。

悠悠寸草报国心和奉献心

——任继周"伏羲"草业科学奖励基金设立仪式暨任继周学术思想研讨会心得体会

崔晓庆

任继周先生,中国工程院院士,是我国草业科学的奠基人之一,现代草业科学的开拓者,中国农业伦理学研究的拓荒者。"为天地立心,为生民立命;与牛羊同居,与鹿豕同游",是王栋先生送给任先生的对联,也是任先生一生工作的真实写照。任先生常怀悠悠寸草报国心,立草为业,在草业科学研究领域作出了突出的贡献。他成功创建了我国第一个高山草原定位试验站,创建了我国农业院校第一个草原系;他成功建立了草原分类体系,是现代唯一适用于全球草原分类的系统;他提出的评定草原生产能力的指标——畜产品单位,结束了各国各地不同畜产品无法比较的历史,被国际权威组织用以统一评定世界草原生产能力;他成功创造了划破草皮改良草原的理论与实践,使我国北方草原生产能力提高了1倍,并得到推广应用;他建立的草地农业系统,在我国食品安全、环境建设和草业管理方面展示了巨大潜力;他推动了中国农业伦理学研究,填补了国内"农业伦理学"研究与教学的空白。作为青年教师,要以任先生为榜样,积极学习任先生的学术思想,投身草原草业事业,刻苦钻研,为我国草原草业振兴贡献自己的微薄之力。

任先生说:"人活着的意义要有益于人,能为社会作些贡献,死则是自然规律,是另一种活着,当坦然视之。"任先生始终践行"从社会取一瓢水,就应该还一桶水"的诺言,先后多次捐款,设立草业科学奖励基金,以激励草业师生刻苦钻研、锐意进取、开拓创新,从而促进我国草业科学的发展。作为青年教师,我对任先生的无私慷慨精神由衷的敬佩和衷心的感激,会倍加珍惜任先生的深情厚谊,潜心科研,立志立学,立草立业。

任先生虽已近百岁高龄,但身体依然硬朗,每日坚持工作6小时,继续在莽莽草业科学世界中徜徉与跋涉,时刻关注着草业科学的发展动态。虽然花开花落自有时,但任先生心中的草原定会生生不息,坚信在任先生学术思想和精神的指引下我国草业科学事业定会砥砺前行,蓬勃发展。

任继周：天道酬勤，草色芳菲

兰鑫宇

2023年3月25日，任继周"伏羲"草业科学奖励基金设立仪式暨任继周学术思想研讨会在北京林业大学草业与草原学院承办下顺利展开。在研讨会中，我们深入交流了任先生的学术思想，尤其对于我们新踏入草业学科的教师具有明确的导向性。任先生拳拳赤子心，敢于拼搏，勇于创新，作为我国现代草业科学奠基人之一，先生潜心探索，致力深耕，带领团队永攀科研高峰，提出多项创新和划时代的草业科学思想，对促进和提高我国草业科学起到了重要的作用。

在学习任先生的学术精神后，我对任先生追求真理、严谨治学，数十年如一日，潜心研究的高尚品格所动容。正是热爱科学、探求真理的追求，立德为先、诚信为本的底色，脚踏实地，勤奋刻苦，作出一个又一个了不起的成就。而今，任先生99岁高龄依然每天坚持长时间的工作。国家图书馆的卢海燕研究员曾提到：她每晚11点左右将整理的资料及问题邮件发送给先生，第二天早上7点就能收到先生的详细回复与解答。先生的心无旁骛、艰苦奉献的学术精神激励鞭策我以任先生为镜，坚持奉献。在任院士这许许多多的草学人不懈努力下，中国草业科学已成功助力遏制草原退化，推动草原生产能力实现翻番，真正地实现了"草色芳菲"，未来我们也将继续努力为那一抹草色奉献自己的绵薄之力。

初心如磐，奋楫笃行

贾婷婷

马克思曾说过，科学的征途中是没有平坦大道可走的，只有那些在崎岖小路的攀登上不畏艰难险阻的人才有希望到达光辉的顶点。在这条漫长的道路上，任继周先生不在乎平凡和寂寞。他在大学时代毅然选择了当时冷门的畜牧专业，扎根西北70多年，致力于草地农业生态系统及农业伦理学等方面的研究，将自己的生命融入祖国的山山水水和社会发展中。他率先在我国开展高山草原定位研究，建立了一整套草原改良利用理论体系和技术措施；创建的草原综合顺序分类法，至今仍为世界唯一适用于全球草地的分类系统；提出的草原生产能力评定指标——畜产品单位，被国际权威组织用以统一评定世界草原生产能力。任先生总是说，每天都感觉时间不够用，还想要多发一份光和热；每个人都踏踏实实做工作，我们国家就有希望。步入期颐之年，他依然在拼搏奋斗的路上，初心如磐，奋楫笃行。他始终坚守初心，虽然曾面临坎坷和挫折，却依然默默砥砺，踏实耕耘。如今，将毕生积蓄奉献给莘莘学子，捐资助学，支持草业青年的成长和成才。有了像任先生这样的前辈和先驱，我们才能在草业事业的探索道路上不断拓展前进、茁壮成长。任先生卓越的学识和高尚品德激励着我们，他的学习、奉献和科学精神将永远激励着草业青年不断前行。

让青春和智慧绽放在生生不息的草原上

李 霄

初识任先生是在我研一那年，团队召开项目论证会，我随老师去任先生家中接先生到所里。在那之前，任先生的大名早已出现在课堂上和书本中。他是我所学习的草业科学专业的开拓者，他在甘肃农业大学创建了我国的第一个草原系，开创了草原学、草地农业生态学等多门专业课程，也是领域内的首位院士。然而第一次见到先生本人，仍然不能立即将眼前这位衣着朴素、举止低调的老人与课堂上老师们反复提及的那位院士联系在一起。我自顾自地在心中暗想：这要是在街上迎面碰到任院士，我一定觉察不到他有何过人之处，也许甚至都不会在人群中注意到他的存在。

然而在对专业的不断学习中，我逐渐了解了草业科学领域的发展历程，如今我自己从一名草业科学专业的学生成长为一名青年教师，才愈发意识到任先生的学术思想成就其实一直在影响和启迪着我。任先生一直致力于草业科学的研究和发展，始终坚持"科技报国"的信念，潜心研究，并且与时俱进，不断探索新的草业领域，挖掘新的草业问题，开辟新的草业研究方法。作为新时代的"草人"，我们要继承和发扬先生的学术精神，首先要学习先生"国之大者"的责任和担当，将个人发展与国家需求紧密相连，本着爱国、奉献的精神，立志为中国草业的发展作出贡献，为实现中国梦、草业梦和自己的梦想不断奋斗。其次要学习先生潜心科研的大师风范，在快餐文化盛行的当下能够沉下心来，潜心钻研，将有限的精力投入有意义的科研工作中。此外，先生敢为人先的开拓精神是成为优秀科学家的必备素质，作为年轻的草业人，我们要积极追踪最新的科研成果和方法，并将其推陈出新地应用在解决草业领域关键科学问题的研究中。任先生的学术思想同先生的为人一样，高雅而又朴实。在草业领域学习和研究的时间越长，越发体会到先生的风骨之高尚，学问之精深。作为后辈，实属诚惶诚恐，必当发奋图强，精进不休，立志让青春和智慧绽放在生生不息的草原上。

勇担时代使命，争做新时代"草人"

李金波

3月25日，任继周"伏羲"草业科学奖励基金设立仪式、任继周"大师精神"座谈会以及任继周院士学术思想研讨会在北京林业大学举行。奖励基金的设立意在激励草业师生刻苦钻研、锐意进取、开拓创新，通过在座谈会和研讨会上的学习，我对任继周先生的"大师精神"有了更深刻的理解和感悟，对任继周先生有了更加崇高的敬意。

任先生是新中国草业科学的开拓者，是草原上的"草业泰斗"，是开拓创新、敢为人先、无私奉献的杰出楷模。先生自称"草人"，俯下身子做平凡的草原科学工作者，站在国民营养的高度，以发展草业为己任。任先生的"草人"生涯，可谓传奇而曲折，从"风雨求学路"到"荒凉大西北"；从"简陋研究室"到"高原实验站"；从甘肃到贵州；从大漠到山地，留下过一串又一串探寻的脚步。几十年如一日，任先生凭借自己对工作的勤奋、对事业的执着、对理想的坚持，终于把草业科学专业这个"冷板凳"坐热。然而，任院士并没有因为年龄的增长而淡漠对草业科学的关注，即便年近百岁，仍在探讨更深层次的草业理论及农业伦理问题，开辟了农业伦理学研究的先河。因此，先生不仅是草业科学的奠基人，更是草业科学的思想家！

随着社会的不断发展，草业科学在美丽中国建设和山水林田湖草沙系统治理等国家重大战略中扮演越来越重要的角色，也担负着国家生态文明建设的时代使命。作为从事草业科学教学与科研工作的一名青年教师，应勇担使命，继承与发扬任先生立志高远、胸怀天下的家国情怀，心无旁骛、艰苦创业的学术精神，深耕讲台、诲人不倦的育人品格，学高为师、提携后人的大家风范和终身学习、奋斗不止的精神，努力向先生学习，做新时代的"草人"。

任继周 "大师精神" 是吾辈草人前进的一面旗帜

安怡昕

任继周院士是中国草业科学奠基人,是草原上的"草业泰斗",是"最美奋斗者",是吾辈之楷模!

任先生的"大师精神"是吾辈草人弘扬胸怀祖国、潜心研究精神的一面旗帜。任先生写过的一篇杂文《杞人忧天,草人忧地》,表达了他的"四个担忧",也反映出我国在草业科研方面急需静心笃志、心无旁骛的科学家去践行艰苦奋斗的精神。当年年轻的任继周义不容辞地接过了接力棒,二十几岁就开启扎根西北的人生,不知疲倦地进行着野外的工作。他走过无数的草原,用责任和热爱记载着草原的变化,创建了我国第一个高山草原定位试验站、我国农业院校第一个草原系,建立了草原分类体系并提出用畜产品单位来评定草原生产能力等。年过90的任先生仍没有停下研究的步伐,编写《中国农业伦理学》、创办微信公众号并坚持推送文章。任先生的学术成就为我国草业教育和科技发展奠定了基础,他胸怀祖国、潜心研究的精神更是为吾辈草人指引着方向!

任先生的"大师精神"是吾辈草人弘扬甘为人梯、淡泊名利精神的一面旗帜。任院士常说的一句话就是"从社会取一瓢水,就应该还一桶水。我奋斗的动力就是要回报社会"。他是这么说的,更是这么做的。任先生用自己的积蓄为全国四所大学和一所中学设立奖助学金,是目前草业领域捐资设立奖助学金最多的个人。这次的任继周"伏羲"草业科学奖励基金是在任先生马上成为百岁老人之际设立的,为的就是激励一代代的草学人不断创新发展、奋勇前行,让我们可以搭着他的肩膀攀登更高的科学山峰。任先生甘为人梯、淡泊名利的精神是优秀教育者的真实写照,也是吾辈草人要扛起的精神旗帜!

任继周的"大师精神"是我们的宝贵财富,是吾辈草人前进路上的一面旗帜!

对草学大家任继周学术思想及精神的感悟

沈 豪

任继周先生是我国草学的开拓者和领路人。是中国现代草原科学奠基人之一，国家草业科学重点学科点学术带头人。潜心草地农业教育与科研70余年，带领团队为我国草业教育和科技发展立下了汗马功劳。任继周先生的学术思想及精神值得为后世草学人继承和发扬。通过对任继周先生学术思想精神的学习，我获益匪浅。整体而言，有以下两个方面特别值得学习：

一、以草为业、不怕吃苦

任继周先生出生在一个动荡的年代，他从小营养跟不上，身体不好，因此在中学时就立志"改善中国人的营养结构"，后来报考了比较艰苦的畜牧专业，一辈子都在草原上扎根，辛勤耕作不辞劳苦，为国家培养了大批的草学人才，为我国的生态文明建设贡献了自己的毕生，践行着"为天地立心，为生民立命；与牛羊同居，与鹿豕同游！"的箴言。

二、心系国家、为国育才

任继周先生毕生都在为我国草业教育和科技发展奔命，为我国草业科技的发展立下了汗马功劳。他创建了我国第一个高山草原定位试验站、我国农业院校第一个草原系；他创建了草原分类体系，较国外同类研究早了8年；他提出的评定草原生产能力的指标——畜产品单位，结束了各国各地不同畜产品无法比较的历史，被国际权威组织用以统一评定世界草原生产能力；他创造了划破草皮改良草原的理论与实践，使我国北方草原生产能力提高1倍，并得到推广应用。如今，近百岁高龄的他依然奋斗在我国草业的第一线，笔耕不辍，继续为草学事业添砖加瓦。他还通过设立各种奖学金反哺社会，为党和国家继续培养草学的接班人和建设者。

我作为草学人，将以任继周先生的学术思想和科学家精神为引领，接力奋斗在教学和科研第一线，继续为我国草业科技的发展添砖加瓦，奉献自己的微薄之力。

学习任继周"草人精神"，为草业科学贡献力量

李 颖

3月25日，我有幸参加了任继周"伏羲"草业科学奖励基金设立仪式暨任继周学术思想研讨会。中国工程院院士任继周先生今年已经迈入百岁高龄，但他依然精神矍铄，充满活力。会上，任继周先生发表了视频致辞。他表示，感谢北京林业大学对草业科学的支持，草业科学是农业科学的一个重大分支，在维护国家食物安全方面起着不可或缺的重要作用，草业兴对促进草原牧区乡村振兴也起着积极的促进作用。希望各位学者，特别是青年学者积极投身草原草业事业，为草原草业振兴奉献青春力量。此外，与会代表相继对任继周院士及家人致以崇高的敬意。大家一致表示，要继承和弘扬任继周院士"草人"精神和科学严谨学术思想，为推动草原草业高质量发展贡献力量。

任继周先生的"伏羲"草业科学奖励基金设立也是一件值得敬佩的事情。这个基金将资助草业科学领域的研究和人才培养，为推动草业科学的发展作出了积极的贡献。在这个科技日新月异的时代，我们需要更多像任继周先生这样的老一辈科学家的指引和启示。他们的经验和智慧，对我们这些年轻人来说都是宝贵的财富。我相信，在任继周先生的带领下，草业科学一定会迎来更加辉煌的明天。

作为一名刚刚加入草苑大家庭的青年教师，我们将深怀感恩之心，牢记任先生亲笔题写的院训"立志立学，立草立业"。我们要深耕专业领域，将自己的研究方向与草业科学的发展紧密融合，勇攀草业科学高峰，以只争朝夕、不负韶华的奋斗姿态，为林草融合和草原生态修复及高质量发展贡献一份自己的力量！

立草为业，忠心报国

薄亭贝

我们草人爱的不是红桥绿水的"十里长堤"，而是戈壁风、大漠道，这是我们应融入的生存乐园。——任继周

生于耕读之家，长于战争年代。12岁的任继周离开家乡平原，辗转多地求学。19岁那年，他以高分考入了原中央大学农学院畜牧系草原专业。面对他人的不解，他却更加坚定了信念，立志要改善国民营养，让中国成为一个强国。毕业后任继周前往西北开展科学研究，这一去，便是70多年。"携囊走荒谷，西北大半生"便是任继周真实的写照。当年临行前，恩师王栋送了任继周一副对联："为天地立心，为生民立命；与牛羊同居，与鹿豕同游。"这副对联一直激励着任继周不断奋进。

作为我国现代草业科学奠基人之一，70余年来，任继周先生潜心草地农业研究，带领团队攻破一个个草业难题。早在20世纪50年代末，他提出的草原综合顺序分类法比国外同类研究整整早了8年。他带领学术团队在黄土高原、云贵高原、青藏高原及沿海滩涂地区，开展了深入的草地农业生态系统研究，不断积累研究成果，逐步形成了草地农业生态学的理论体系。他所建立的草地农业系统，在我国食物安全、环境建设和草业管理方面展示了巨大潜力。他还陆续培养了一批懂得草地畜牧业管理的干部和现代农民，真正实现了"草虽小，也能脱贫致富"。他以一颗忠诚的红心，为党和人民尽职尽责，诠释了"只要祖国需要，我必全力以赴"的信念。

如今，关注草原一辈子的任继周先生，正在探索中华五千年农耕文明的精微伦理。任先生认为，在对外开放、生态文明、粮食问题三大背景下，搞好农区与牧区、种植业与养殖业、中国与外国的"三个耦合"，将会促进生态健康发展，共建人类命运共同体。作为后辈，我们要发扬他"勤劳、坚持、恪尽职守"的优良传统，志存敬畏之心，把服务国家战略需求与情怀紧密联系起来，以国家需求为导向，不断增强责任感和服务意识，为"草原事业"贡献一份力量。

任继周先生将自己定义为"草人"，其实包含两层意思：一是俯下身子，做一个平凡的草原工作者；二是站在国民营养的高度，以发展草业为己任。他的世界，简单而丰富，如草原一般。任先生这株"草"仿佛有着无尽的生命力，虽已近百岁高龄，但他依然每日坚持工作，继续在草业科学的世界中徜徉与跋涉，继续为他所热爱的事业发光发热。

青青寸草，悠悠我心。任先生对草原的热爱，点亮着后来者的前行之路。

得失不计，怡然自得

文　超

　　任继周院士是我国现代草业科学的开拓者和奠基人，同时也是我国第一位草业科学的院士。学术思想上，他认为通过踏查只能初步了解草原类型，不能深入地了解草原动植物的动态变化，于是他扎根祖国西北七十余载，长期行走在牧区，关注农牧民的生活状况，在我国西部地区建立中国第一个高山草原试验站。他开创了草原气候—土地—植被综合分类法，首次将大气因素列为草地分类系统中。创建了草地农业生态系统学，同时提出以畜产品来评定草原生产能力，认为应将草地畜牧业的比重调整到农业整体比重的50%以上，才能够兼顾生态与生产的平衡，任继周院士毕生为改善国民的营养，让普通百姓能多吃点肉，喝上牛奶而努力。

　　目前，任继周院士已经在北京林业大学、南京农业大学等多个高等院校设置了奖学金，激励着草业科学研究人员不断砥砺前行，扎根祖国大地，我们也会将任继周院士的精神和思想薪火相传。任继周院士早已进入"非我"的生活状态，认为所有获得的荣誉都是属于社会的。任继周院士在《人生的"序"》中写道："八十而长存虔敬之心，善养赤子之趣，不断求索如海滩拾贝，得失不计，融入社会而怡然自得；九十而外纳清新，内排冗余，含英咀华，简练人生。"这句话表明其心态之豁达。目前，任继周院士已经年近百岁，视力严重下降，腿脚又不便，但是每天仍然坚持工作，保持对新鲜未知事物的探索，这更是激励鼓舞着我们继续保持对草学事业的热爱。

新时代草业人要自找苦吃，吃苦成甜

杨　颖

在五四青年节到来之际，习近平总书记给中国农业大学科技小院同学们回信时强调，你们在信中说，走进乡土中国深处，才深刻理解什么是实事求是、怎么去联系群众，青年人就要"自找苦吃"，说得很好。新时代中国青年就应该有这股精气神。

任继周先生作为我国草业科学的奠基人之一，却"自找苦吃"了一辈子，让我深受感动。

对于大家来说，在高考选专业时，大多数人都会选择一个热门专业，而19岁的任继周先生，却以高分报考了当时的冷门专业——农学院畜牧系草原专业。少年时的任继周先生经历了国家贫困、同胞羸弱的艰难时期，他说：与西方相比，我觉得我们的食物还是以填饱肚子为主，摄入的动物性食品太少。我想做的就是改善国民营养，让国人有肉吃、有奶喝，身体更强壮。这就是任继周先生专业选择的初心。

后来，任继周先生也和同学们一样曾面临过就业选择问题，当时东北招聘团到原中央大学以优惠的条件招人，许多同学都应聘东北并鼓动他时，任继周先生却不为所动，他说："草原在哪里，我就去哪里。"呈哑铃状的在我国西北的甘肃，草原类型交错分布，在任继周先生眼里，就是完美的草原标本区。于是他选择扎根条件艰苦的西北，一去就是70多年。

任继周先生1950年5月到达兰州，6月就开始了野外考察，我们能想象的艰苦大概是要骑马考察，但是他为方便随时采集标本，有时还要骑毛驴，毛驴脾气倔，紧挨着山崖走，人的裤腿和行李都磨破了，走累了，就随地倒卧，把人和行李都掀翻在地，怎么拉都不肯起来。这还不是最大的困难。睡帐篷、钻草窝，与虱子、臭虫和各种不知名的毒虫同眠，每一次到野外都用农药浸泡衣服，晒干后直接穿上，下乡时昼夜不脱，这才治住了蚊虫。在海拔3000多米的高寒地区，有时为了不让实验用蒸馏水结冰，每天晚上抱着蒸馏水瓶睡觉。"不到具体的环境里，就不知道草原变化的规律。"就这样，任继周先生以每年跑烂一双翻毛皮靴的速度，走遍了甘肃的草原和牧区，对全省草原状况进行了初步考察。

而就是在这种没有经费，没有设备，没有人员编制，没有交通工具，许多"没有"的条件下，任继周先生在草原上却留下了很多个"第一"。对我来说印象很深的，是任继周先生在一次实地观察中发现，青藏高原的草场是草根絮结密实的草毡土，不透水、不通气，牧草也长得不好；而在一些老鼠洞旁边，草却很茂盛。他受老鼠洞启发，间隔50厘米挖一道沟，草的长势明显向好，于是，他开始了划破草皮试验，研制出我国第一代草原划破机——燕尾犁，不翻土，仅划破草皮且不破坏草原，原来仅有两三寸高的草能长到半米左右，使当地草原生产能力提高5倍，成为我国大规模改良草原的常规方法之一。

在诸多成绩下，1981年，美国还曾向任继周先生抛出橄榄枝，说你来肯定高工资。任继周先生说：我这个学科跑去干什么？我在土地上长的，离开了土地，没有前途，必须在本国，而且就在兰州。

现在，任继周先生已经99岁高龄，他正忙着编写我国第一本有关农业伦理学的教材，任先生一辈子爱草，也扎根中国大地，用了一生的心血研究草。

目前，"草"已经被纳入生态文明建设当中，发展前景十分广阔，但在当前我国几十亿亩草地上，亩均还摊不上万分之一个草业人，我国草地资源多在西部内陆的欠发达地区，野外考察环境较为艰苦，但正如任继周先生所说，我们草业人爱不是红桥绿水的"十里长堤"，而是戈壁风、大漠道，这是我们应融入的生存乐园。

我想，作为一名辅导员，这就是我应该向学生讲述的生动的思政故事，任继周先生亲笔题写的"立志立学，立草立业"的院训，代表着对于新时代草业人的殷切期望，我将着力引导学生拿出"自找苦吃"的劲头，将脚步留在草原和野外，化别人眼中的苦为草业人心头的甜，为国家生态文明建设贡献青年草业人的智慧与力量。

向大师致敬，向大师学习

邢方如

任继周院士是我们学院的名誉院长，一直关心和支持着学院的发展，他写下"立志立学，立草立业"的院训，捐助设立"任继周-蒙草"奖学金、任继周"伏羲"草业科学奖励基金。

我积极参加了学院举办的"致敬大师"系列活动——任继周"大师精神"座谈会、任继周学术思想研讨会、认真观看了学习了央视《吾家吾国》任继周院士专访。通过这些活动，我对任先生的"大师精神"的理解更加深刻了，决心向大师致敬，向大师学习。

作为我国草业科学的奠基人之一、现代草业科学的开拓者，耄耋之年的任继周院士潜心草地农业教育研究，见证了草业科学的发展，为我国草业教育和科技发展作出了卓越贡献。

关于学术，他筚路蓝缕，学比山成；

关于教育，他诲人不倦，为之不厌；

关于产业，他心系天下，惠及黎庶；

关于文化，他德爱礼智，如沐春风。

任老把论文写在高天厚土之间，不仅建立了一门学科，更维系了"草-畜-人"相互依存的生命共同体。任老将自己的生命融入祖国山川与社会发展中，坚守初心，潜心研究，开辟出现代草业的新天地。任老为中国草业的发展付出了大半生，也正是我们每个草业人的先锋与榜样。我们新一代草人，定会奋发图强，承师之志，行师之道，弘师之愿，立志立学，立草立业。

作为学院的教师，希望在任老先生的带领之下，我们能更加深入地了解我们的职责，明晰我们所感，坚持我们的信仰！

任继周"大师精神"学习感悟

李婉滢

  任继周院士现为北京林业大学草业与草原学院名誉院长，是我国草业科学领域战略科学家，我国草业科学的奠基人之一、现代草业科学的开拓者。2023年3月25日任继周"伏羲"草业科学奖励基金设立仪式暨任继周学术思想研讨会在北京林业大学顺利举行。任先生拿出了毕生的积蓄，先后设立了包括"伏羲"在内的众多基金，支持我国草学事业的发展，真正地践行了他"从社会取一瓢水，就应该还一桶水"的座右铭，是我等后辈的学习榜样。通过这次研讨会，使我更加深入地了解到任先生的人生履历。在2022年12月11日，99岁的任先生注册微信公众号，取名"草人说话"，公众号上《草业科学需将"维"的概念落实》等多篇文章，数万字，均是先生亲自撰写并输入电脑，也使我深刻领悟到任先生的学术智慧和大师风范，更是被先生孜孜不倦的探索精神所折服。

  在此前一次会议上我有幸坐在任先生身边为先生复述会议主要内容，让我感到了先生的平易近人，也被先生严谨求实的工作作风折服，先生在近百岁的高龄还坚持每天工作五六个小时，分秒必争，不虚度光阴。作为草苑大家庭的一份子，我会牢记任先生亲笔题写的院训"立志立学，立草立业"。我将时刻以先生为榜样鞭策自己不断奋勇前行。

任继周大师精神感想

郝　真

我自2012年9月入学当年的草坪管理专业，对任继周院士的第一印象仅是韩烈保教授"专业概论"课PPT上的一张照片，好似永远没有交集。后来兜兜转转过去8年，草学从当年一个学科，成长为一个学院，而我也有幸回来入职，亲眼见证了北林草学学科蓬勃发展，感受着任院士对于北林草学的照拂。借此任继周"伏羲"草业科学奖励基金设立仪式暨任继周学术思想研讨会顺利召开之际，对倾其所有在各地草业与草原学院主导捐资设奖，对任院士提供"'伏羲'草业科学奖励基金"的种子基金的任继周院士及家人致以崇高的敬意。

任院士始终坚持工作，勤于学习，百岁高龄依然坚持工作6小时，他在鲐背之年，开创了中国农业伦理学研究的先河，主持编写《中国农业伦理学概论》等教材和专著，秉持"从社会取一瓢水，就应该还一桶水"的崇高信念，将自己所学、所思、所得无偿回馈给社会作为毕生追求，对自己的学生不止"言传"更是"身教"，为中国草业事业培养了一大批后继人。

作为草苑的一员，每次看着任院士亲笔题写的"立志立学，立草立业"，都激励着草业青年不断前行，任先生用卓越的学识和高尚品德鼓舞着我们，他的学习、奉献和科学精神我们将永远铭记，他的草人精神值得我们代代传承。

与任继周院士的"初见""初识""初知"

程 锦

一、初见

初见任院士是在2018年，我当时正在读研究生，与其他几位同学有幸在韩老师带领下去任院士家中看望。出发前我充满了期待与好奇，期待着院士应该是长什么样子，是否会出口成章；好奇着院士会住在哪里，是否有自己的别墅或洋房。直到车停在一处普通的住宅小区，我们走上楼梯敲开门后任院士从书房中走了出来，我心中的疑惑一一有了答案。

任院士家中装修简朴，与寻常百姓家并无两样，许多家具物品早已泛黄，仿佛也在诉说着主人的勤俭与朴实。作为一名草业学子，任院士在我心中一直高大而遥远。他的名字我曾在老师的口中听过，在书籍的封面见过，这是我第一次距离一位大师这么近。他虽已九十余岁，但背不驼、腰不弯、精神抖擞，虽衣着朴素，但难掩周身淡定从容的气质。最令我印象深刻的是任继周院士的眼睛，格外明亮而又充满智慧，当他看着你时，目光柔和而又深邃，眼神敏锐而又细致，仿佛你想问的问题在他心中早已有了答案。

离开任院士家中后，我心中久久不能平静。与任院士的初见在我心底埋下了一颗种子，它不断引领着我，激励着我，鼓舞着我，他是我心中的标杆与旗帜，虽不知自己毕业后会何去何从，但我决心要向院士学习，努力去过一种有价值、有意义的人生！

二、初识

2019年9月7日，任继周受邀作北林讲堂首场报告《立德树人 贺青年英俊进入林草科学队伍》，这场报告我至今记忆犹新。

彼时学院刚刚成立不久，讲堂处处洋溢着师生喜悦的笑脸，大家打心眼里为亲历一个学院的成立而感到骄傲与自豪。特别是95岁高龄的任继周院士亲自来为学院学子作报告，更令大家深受鼓舞。任继周院士的谆谆教诲犹在耳畔，他希望我们在大学阶段形成正确的人生观，使其成为一生平稳发展的压舱石，要求我们树立正确的人生观，要找准自身的定位，明确自己的责任。"立者，位也，要把自身放置于自然之中，基于自身的定位与责任来确立人生观。"这句话让我对院训"立志立学，立草立业"有了更深刻的理解与认识。

自2021年9月回到学院工作起，我感到学院的一切对我来说都温馨且熟悉，恰逢12月学院举办首届青年学术论坛，我也积极参与筹备。视频致辞中，任继周院士的一句话振聋发聩："草是绿色社会的底色、草是绿色地球的底色。"他指出，在林草融合的大形势下建设发展北京林业大学草业与草原学院具有时代意义，是一项创新举措，林草结合是生态建设、绿色建设的重要手段之一，这更让我感到作为北林草学院的一员是无上的光荣。

当我通过大屏幕看到任继周院士的脸庞，不禁有些恍惚与感慨，感慨于时光飞逝，也感慨任继周院士始终心系着草业，心系着学院。

三、初知

2022年夏天，书记和我提到学校要为任继周院士制作学术成就展展板，我负责收集任继周院士的相关资料，做前期的文字、图片整理工作。在这一年的暑期，我几乎翻遍了所有关于任继周院士的新闻报道，在知网拜读了任继周院士发表的每一篇文章，关于任继周院士点点滴滴的故事逐渐串联在一起，他的个人经历仿佛电影一般在我脑海中不断放映。

中央电视台"吾家吾国"栏目对任先生的专访，讲述了他历经世纪铅华，无怨无悔投身我国草业科学七十余载的奋斗情怀与品格；《人民日报》客户端的视频揭秘了这位99岁院士为何被称为草人，他与草结缘的初衷源于"想让中国人多吃点肉多喝点奶"的朴素愿望；中央广播电视总台中国之声特别策划的《先生》第四季记载了任继周院士的成就与经历，带我走进任继周院士的"草原"人生。通过这一篇篇报道，我得以了解到一位院士的成长历程，领会到大师的德行与修为。每读一篇文章，我对任继周院士的了解便又深一分。他青年便立志改善国人身体素质与膳食结构，学有所成后选择扎根草原七十余载，在清贫而又艰苦的环境条件下，潜心开展教学科研工作。如今他虽已近百岁高龄，仍每日坚持工作6个小时，他总怕时间不够，所以格外珍惜借来的三竿又三竿的时间。

任继周院士不仅在学术科研方面取得丰硕的成果，他也十分重视草业教育和人才培养。2023年3月25日任继周"伏羲"草业科学奖励基金设立仪式暨任继周学术思想研讨会在北京林业大学举行，任继周院士向北京林业大学捐赠50万元、北京林业大学配套100万元设立"伏羲"草业科学奖励基金，以激励广大草业师生开拓进取。多年来，任继周院士已先后捐赠数百万元，设立草业优秀本科生奖、草业青年科技奖、草业科技成就奖等多个奖项，他用自己的实际行动践行着"从社会取一瓢水，就应该还一桶水"的誓言。

我只是受任继周院士影响的无数草业学子中极为普通的一个，但与任院士初见、初识、初知过程中，我不禁为任院士身上胸怀祖国、服务人民的爱国精神，勇攀高峰、敢为人先的创新精神，追求真理、严谨治学的求实精神，淡泊名利、潜心研究的奉献精神，甘为人梯、奖掖后学的育人精神所深深折服。习近平总书记曾说过，祖国大地上一座座科技创新的丰碑，凝结着广大院士的心血和汗水，任继周院士为我们草业学子树立起了标杆，永远指引着我们前行。

生命不息、奋斗不止，与时俱进、永不停歇

代心灵

　　学院成立至今的每一个重要节点都留下了任继周先生的脚步，从担任学院名誉院长、亲笔题写院名及院训"立志立学，立草立业"到为学院学科发展建设提出宝贵意见和建议，从为北林学子作报告、录制寄语到捐助设立"任继周-蒙草"奖学金、任继周"伏羲"草业科学奖励基金，任继周先生一直在默默地用他的力量推动着学院的发展，支持着草业学子走向更广阔的天地。而我也非常有幸地参与学院的每次活动中，感受着任先生忠于真理的科学精神、艰苦奋斗的革命精神、不慕荣利的奉献精神、与时俱进的学习精神，激励着我们草业学子不断前行。

　　任先生是我国草业科学的奠基人之一、现代草业科学的开拓者，他潜心教学、科研和实践，胸怀祖国，心系人民，呕心沥血，勤耕不辍。在耄耋之年，他仍能坚持每天工作与学习，勇敢踏足从未涉及的公众号领域，对世间万物始终保持一颗探索之心。任先生"活到老、学到老、思想紧跟时代"的学习精神、探究真理的科学精神令我为之震撼，也让自己反思汗颜，唯有不断激励督促自己勇敢前行。

　　作为一名草学人，我将以任先生的大师精神为引领，珍惜时光、钻研专业、掌握技能、练就本领，对未知领域始终保持探索之心，不畏艰险、勇往直前。

第三篇

业界新生代，
传承草学魂

任继周院士致辞

尊敬的郝育军司长、张志强校长及各位来宾：

因身体原因，我无法亲身参加这次学术研讨会，与大家畅谈，十分抱歉和遗憾！大家花费时间，有些同道甚至千里之外到此聚会，回顾我的学术足迹，让我感动。机会难得，我想就三个基本问题，谈谈自己的看法，请批评指正。

一、如何用新历史观和文明观认识当代农业（草业）的发展？

历史是过程，文明是尺度。在漫长的历史过程，中国农业经历了传统的农耕文明，现代社会的工业文明，现正处于向后工业文明（生态文明）的转换阶段，既有经验，也有教训。需要我们保留农耕文明精华，汲取工业文明的成果，熔铸构建全新的后工业文明时代的生态文明农业新样态。

回顾历史，可以看到，以耕战思想为基础的农耕文明已经难以与后工业化时代相融合，耕地农业伴随城乡二元结构走到了历史的尽头。草原文明、海洋文明展现了不容忽视的社会推动力。陆海界面将海内陆地农业生态系统与海外农业生态系统实现系统耦合，可爆发巨大产能。此乃全球现代农业发展之趋向。

二、如何建构构建全新的工业文明向生态文明转化的农业结构？

当代农业不仅要在其自身的前植物生产层、植物生产层、动物生产层、后生物生产层诸层面实现共生互补，协同共进，促进其内生性的整体发展；而且要保持开放，与其他生产领域和社会领域良性互动，建立起多元包容的新型生态结构。这种农业生态结构建立的关键在于系统间界面的处理。界面既有系统耦合的正向互动，也有系统相悖的负向互动，这就需要通过协调系统相悖，扩大农业系统耦合效益，使其多层次、广覆盖，以促进农业系统的健康可持续发展，为促进社会和谐发展、建立人类命运共同体作贡献。其中，陆海界面将海内陆地农业系统与海外农业生态系统实现系统耦合，必将生成难以估量的产能，我们要关注全球现代农业发展的趋向。

三、如何重构当代农业中人与自然的道德关系？

当下，中国面临从大陆农耕伦理观到陆海农业伦理观的转变，农业生态系统借助农业伦理学"时、地、度、法"四个维度构成的多维结构，将其结构和功能两部分相连缀，改变了简单扁平的"传统农业"伦理观，在新时代的条件下"道法自然"，尊重自然，以游戏规则抗拒"农业丛林法则"和"工业丛林法则"的干扰。伴随生态文明发生的"游戏规则"必将出现的"生态文明法则"，实现人与自然的良性互动，建立起绿色的和睦关系。

这些粗浅意见，供大家参考。谢谢！

任继周

任继周院士学术思想研讨会

3月25日举行了任继周"伏羲"草业科学奖励基金设立仪式暨任继周学术思想研讨会，会上任继周院士阐述了他的学术思想，给我以深刻体会。任院士提出三点：一是要坚定树立爱国奉献、科学报国的思想。德才兼备，以德为先。二是要脚踏实地，深入实践，结合实际需求凝练科学问题，把论文写在实实在在的草原上。三是要对标国家林草发展战略，对标行业发展方向与需求，以振兴草原发展为己任，瞄准草原生态修复主攻方向，致力于解决草业领域的核心关键技术，共同维护好国家生态安全，共同保障好国家食品安全大局。

以上是任院士在会上提出的主要思想，值得细细揣摩与实践。同时，会上由任继周院士捐资发起的"伏羲"草业科学奖励基金正式设立，这也是为了激励草业青年师生刻苦钻研、锐意进取、开拓创新。任老为我们草业人作出表率，是我们努力奋斗的标杆。

——研草学20班　刘琳絮

草业的热爱与坚守

任继周先生70余年扎根草原，自称"草人"，居所取名为"涵虚草舍"，将伦理学引入草学，开创中国农业伦理学研究的先河。在这个人人焦虑，浮躁的世界，任老先生却始终如一地热爱着这无名无利的草业。任老先生的学术成就难以企及，他对自身事业的热爱却足以指引我们的人生道路。只有将专业与志趣融为一体，真正热爱你的工作，才能获得充实又快乐的人生。

世人对草字的认知有草包、草寇、草草了事、草菅人命等负面形象，他说草是"野火烧不尽，春风吹又生"的顽强坚毅。70余年工作的艰苦，人们的不解，任老先生从未放弃，多年来一直为草的形象正名，为国家对草业的重视奔走呼号，已近百岁高龄仍每日坚持工作6个小时。任老先生对草业的坚守与使命感，推动了草业的进步，推动了草学的发展，作为新时代草业的接班人，我们理应传承好这份责任与坚守，立志立学，立草立业。

——研草学20班　刘　禹

让世界更美好：任继周院士的科研成就

任继周先生是我们中国草学学科的先驱，为我国牧草事业建设作出了杰出贡献。

学习先生的思想、事迹以及精神是我们每个草学人所必需的，特别是先生坚定的政治信仰是最值得我们学习的。先生为了社会主义新中国建设、中华民族的伟大复兴长期扎根于艰苦的草业科学研究最前线，放弃了本可以享受的优渥生活。在先生的带领下，草学学科不断壮大，实现了从无到有的突破，创建了我国第一个野外草原站，将系统、科学的草原管理理论应用至现代畜牧业管理中，使草学研究成为国家建设需要的重要专业学科。此外，还有任先生对工作的不懈坚持也值得我们学习。先生晚年依然心系草学、心系科研，坚持撰写我国农业研究的重要著作《中国农业伦理学导论》，对照草业生态系统原理，考察我国"三农"问题需求，填补了我国农业伦理学研究的空白。

作为一名草学研究生，我们不仅要学习先生先进的科学思想、扎实的知识基础、高尚的精神品格，更应该学习先生为国奉献的理想抱负，时时刻刻铭记要为了人民美好生活而努力，将自己有限的时间投入到无限的奉献中去。

——研草学20班　陈科宇

徜徉跋涉于草学之领域

任继周"伏羲"草业科学奖励基金暨任继周学术思想研讨会于3月25日圆满结束。任继周院士的一生可谓是中国草业科学的传奇之一。他生于耕读之家，长于战争年代，少年时经历了国家贫困、同胞羸弱的艰难时期，但始终怀着改善中国人的营养结构的梦想。他选择了农学专业，报考了冷门的畜牧兽医专业，并在原中央大学攻读牧草学、草原学和动物营养学，师从我国现代草业科学奠基人王栋教授。这表现了他对祖国和人民的深厚情感以及对科学研究的追求和决心。

如今，任继周院士已经近百岁高龄，但他依然身体硬朗，每日坚持工作6小时，在莽莽草业科学世界中徜徉与跋涉。他希冀能够利用有限的余年，全力倾注于草业科学的教学、科研和产业绿色发展。这种坚持和执着令人钦佩。任继周先生的一生，充满了对祖国和人民的深厚情感，对草业科学的热爱和追求，以及对教育事业的关心和投入。

——研草学20班　陈　昂

传　承

任继周先生作为我国现代草业科学的奠基人之一，他将毕生的时间和精力都奉献给了我国草业发展的事业。他就犹如草原上的一株杂草，始终葆有鲜活、顽强的生命力，不断推进着我国的草业教育和科技发展。他还说："人活着的意义要有益于人，能为社会做些贡献，死则是自然规律，是另一种活着，当坦然视之。"花开花落自有时，而任先生心中的草原却生生不息。黄昏虽短，桑榆不晚，现在的任先生仍然发挥着自己的光芒，照亮着我们这些新一代草业人的前行之路。

先生将自己的一生都投入草业科学的事业，并且把发展草业、培养人才作为自己责无旁贷的责任，作为新一代的草业人，我们应该传承任先生的"大师精神"，立志立学，立草立业，在草业领域不断贡献自己的力量，用实际行动致敬任先生。

——研草学20班　王　青

创造奇迹的力量来源

任继周先生是中国工程院院士，他扎根西北七十余载，在西部大地上创造了多个"第一"：建立中国第一个高山草原试验站、研制出我国第一代草原划破机——燕尾犁、主编我国第一本《草原学》教材等。任院士有着对草业事业的热爱，积极的心态，即使最初的环境简陋也是毫不在意且兴奋地说："学校的实验室虽然简单，但我有大自然这个大实验室，是没法取代的，这是研究草原科学的圣地！"

任院士总说自己做的事情很微不足道，但其实这恰恰影响着我们每一个草业人。任院士的经历也告诉我们实践才是硬道理，不要畏惧目前所面临的困境，经过不断的努力和改变终会得到改变。任院士对草业事业的热爱和精神也鼓舞着每一个草业人和科研人要继续前行，不忘初心，方得始终！

——研草学20班　王雪松

立志立学，立草立业

2023年3月25日下午，在任继周"伏羲"草业科学奖励基金设立之际，任继周学术思想研讨会在北京林业大学图书馆会议室举行。彼时正值毕业季的我，正奔波在面试找工作的途中，十分遗憾未能到场参加此次草业界的饕餮盛宴。我在讨论会结束后第一时间观看了任继周院士的视频和书面致辞，先生就如何用新历史观和文明观认识当代农业（草业）的发展、如何建构构建全新的工业文明向生态文明转化的农业结构、如何重构当代农业中人与自然的道德关系三大问题，谈了自己深邃的观点，令我受益匪浅。

任先生这次倾其所有，在北京林业大学设立"伏羲"草业科学奖励基金，这是任先生以"无我"的无私奉献精神为草业科学作出的又一次善举，更是一笔宝贵的精神财富。任院士那时的教诲犹在耳旁，转眼间我已走入毕业季，虽每日琐事缠身，但也始终心怀"立志立学，立草立业"的抱负，希望能够在今后的生活和工作当中实现自己的人生和理想价值。

——研草学20班　周亚星

草人育草，薪火相传

我很荣幸参与了任继周"伏羲"草业科学奖励基金暨任继周学术思想研讨会，更加深刻地学习到了任继周院士的大师思想，那是立志高远、胸怀天下的家国情怀；是心无旁骛、艰苦创业的学术精神；是深耕讲台、诲人不倦的育人品格；是学高为师、提携后人的大家风范和终身学习、奋斗不止的精神。任继周院士是新中国草业科学开创者、草原上的"草业泰斗"，任院士考虑问题一直很有前瞻性，蕴含着深邃的智慧。

我非常荣幸在北京林业大学草业与草原学院第二届青年学术论坛"'藏粮于草'的大食物观——任继周学术思想传承与发展"中获得了研究生组的一等奖，并且于去年获得了"任继周-蒙草"优秀研究生奖学金，作为新一代草人，我一定会奋发图强，承师之志，行师之道，弘师之愿，不辜负任先生之所愿。任先生还是一个乐观坚韧的人，他曾说过自己从不颓唐沮丧，总是精神昂扬，即使是在抗日战争等困难时期，他也坚信社会总会前进，困难是暂时的。在学习生活中，我会遇到或大或小的困难，总会不可避免地感到沮丧，我一定要像任院士学习这种乐观广阔的心态。任先生所展现的个人魅力与优秀品质，值得我们永远学习。

——研草学20班　郭一荻

研"大师精神"，究"草业科学"

自步入草学专业，任继周院士的大名就深深烙印在我们每一个"草人"的心中。虽已近百岁高龄，但是仍然每日坚持工作6个小时，继续在莽莽草业科学世界中徜徉与跋涉。作为我国草业科学的奠基人之一，任老学术上的成就已经不胜枚举，如创办了我国第一个草原系，主持制订了我国第一个全国草原本科专业统一教学计划等。

任老不仅在学术上成果丰硕，对草业后生的培养更是无私付出，这次又在北京林业大学设立"伏羲"草业科学奖励基金，对于培养草业后生无私奉献的精神深深打动我。这不禁让我反思，我们正年轻，拥有健康的体魄和无限的精力，应该抓住机会充实个人素质，把握机遇，迎接挑战，为繁荣草业科学作出新的贡献。

——研草学20班　刘凌云

任继周先生精神学习

　　我所了解到的任先生是90多岁的高龄已从教70余年，将自己的一生奉献到教育事业中。他始终牢记自己的生存目标，多年养成了学习、思考、工作的习惯，闲不住，前面总有做不完的工作，而且去认真地做。任先生始终钻研教学、科研和实践等，胸怀祖国，心系人民，呕心沥血，勤耕不辍，是真正的学者。任先生的两个座右铭分别是"立志高远，心无旁骛，计划引领，分秒必争"和"涵养动中静，虚怀有若无"，正是这样的精神使得任老成为了一个志趣高尚的人。他不怕困难和挫折，不为琐事分心，埋头做好自己的学术。

　　莫道桑榆晚，为霞尚满天。他的学习精神、奉献精神、科学精神，永远激励着草业学人砥砺前行，任继周先生爱国爱党的家国情怀、求真求实的科学精神、严谨严格的优良作风、树人育人的高尚品格、谦逊谦和的人格美德，是我们草学人永远的精神财富。

——研草学20班　张　琦

为天地立心，为生民立命

　　中国工程院院士任继周先生作为我国现代草业科学的开拓者，在投身草地农业教育研究的七十多年里，引领中国草业科学研究团队接续奋斗，克服了许多常人难以想象的困难，为我国草业科学教育和科技立下了汗马功劳。他是一位与草结缘一辈子的科学家，为我国草业科学和有关产业的发展作出了系统性、创造性贡献。任先生把论文写在高天厚土之间，不仅建立了一门学科，更维系了草-畜-人相互依存的生命共同体，为草原生产、生态、生计注入活力。草木知春不久归，百般红紫斗芳菲。

　　任继周院士年轻时便致力于改善国民的营养条件，投身草业，奉献草原，如今，虽已年过九旬，任先生仍不忘当代中国粮食结构的改革。在他看来，"草业在保障我国食物安全与生态安全中具有举足轻重的作用"。任先生的家里挂着很多钟表："这个年龄，我能做多少就做多少，我要珍惜我借来的三竿又三竿的时间。""为天地立心，为生民立命"，他是我们学习的榜样，他的人格魅力更是宝贵的精神财富，值得我们后辈终身学习和践行！

——研草学20班　武胜男

草木之幸

时1924，岁甲子，北山寒，南雁归，历近冬。流年岁乱，山河分崩，不知草木之幸何焉。子诞与齐鲁平原邑，任家悦，名之继周。

继周勤且聪，风雨飘摇之身拥家国昌盛之志。农以修身，习以养性。十年寒窗，考取中央大学，专畜牧。溪流于野，经阡陌，环山岗，披落花，映星汉，汇入黄河，终聚于海。

皇城滩，大马营，继周随其师，步草涉沙，沾露携星，查草木品类之盛，研山水自然之本，首撰《皇城滩、大马营草原调查报告》，草木有幸，谓之始也。天祝藏州，继周建其营，以究草蓄平衡之理。天祝地势极而寒，民生多艰，继周亦不改其色，敝衣草履，安之若素。天山雪满巅，柴门皆憔悴，非此困境，何有春来化水，润养三江?

牧野宽广，史无分类定则，致牛羊无序，管理无章。继周据天象、土石与草木制定新规，以草地发生原理为基，提草地综合顺序分类之法，为后生奉为经典。

年期颐，继周倾其财，设奖"伏羲"以励人。伏羲者，华夏之源也，观鸟兽而演八卦，居山水而授渔猎。继周愿有农者春风拂千里，秋收万两金，牧者骑马纵高歌，豪情天地宽，学者替山河装锦绣，令国土绘丹青。一年植草，以丰粮食；十年养畜，以富族群；百年育人，以壮山河。继周之心迹，草木之幸也? 山河之幸也? 众人闻之涕然。

又年春，海水升腾，乘东风之势，过平原，越高山，降恩泽于草木，桃李芬芳。新绿生于春，与有荣焉!

——研草学21班　张宇豪

平易近人"大先生"

去任院士家中拜访，多是与学院领导一同为任院士在一些大会上的发言录像。任院士年龄已经近百岁，身体不方便每次都亲临会场，录制视频成为任院士传达自己思想的重要途径。无论会议规模大小，任院士每次对待录像的态度都是极其认真的，几乎每一次都会提前准备，在录制过程中也会不断修正自己的表达，这样精进的态度是我在之前从未想到的。此外，任院士对待工作的态度应该说是极其热爱，用任院士的话说，他现在是在抢时间工作，我想任院士可能想要争抢的不仅仅是时间，而是对草学这一生的理解。

任院士在草学领域的学术建树极高，我不敢妄加谈论，但任院士对待青年学子的态度是让我尤为动容的。我是一个半道出家的草学人，曾经和任院士简单提起过自己的研究方向，任院士对于我的研究内容十分感兴趣，并对未来方向提出了很多自己的想法。与任院士交流的过程中，没有丝毫的壁垒，始终是一个老先生在和一个小学生娓娓道来，平等表达观点的过程，而正是这样的如沐春风般的交流，总能在事后给予自己对于草学、对于自己研究以新的思考和认知。

——研草学21班 贾 泽

伏羲画卦后，文字积丘山

随着统筹山水林田湖草系统治理理念的提出，越来越多的人投身于自然科学建设当中。任院士扎根西北70载，围绕草业科学领域坚持科研与教学并举。在20世纪50年代六月飞雪的艰难环境中，有的人觉得苦，他却倾心于丰富多样的自然资源、草原资源，安于大自然的实验室。"我们草人爱的不是红桥绿水的'十里长堤'，而是戈壁风、大漠道，这是我们应融入的生存乐园"，他心中的草原生生不息。

历经数十年科学研究的探索与思考，任院士总结并凝练出"道法自然，日新又新"的治学思想和科学精神，瞄准国家发展战略方向和"五位一体"总体布局，为祖国建设出谋划策，为草业科学的发展作出了卓越贡献。任院士希望青年学子坚持"立志立学，立草立业"，在生态文明建设的主战场中扬帆远航、担当作为。林草科学是人类生存的根本，各个生产层的研究空间广阔，作为生态文明建设的关键环节，战略地位尤为重要。他鼓励年轻人学草、爱草、懂草，充分认识山水林田湖草沙生命共同体系统治理的科学涵意，用自己所学致力于国家生态文明建设战略，为科学发展提供生态保障。

——研草学21班 杨语晗

学习传承任先生草地农业生态系统思想

任继周院士是草学界的大先生，他开创性的工作与先进的思想是我们新一代草学人的精神食粮，每每阅读先生的专著与论文，都能对草业与草原有新的认识与体会。其中任先生的草地农业生态系统思想涵盖草地资源的保护与利用，统筹兼顾草原与其他农业资源以及景观产品与多种生态系统服务，学习该思想能够帮助每一个草业人清晰认识到所学细分专业在大草业中的定位、作用与方向。

任继周先生的草地农业生态系统思想应是草业学子的必修课。对于草业学子，学习传承任先生的草地农业生态系统思想，不仅能够系统全面地认识草业，还能厘清所学二级学科在草业中的定位，从而将个人努力更好地融入草业的发展当中。

——研草学21班　谭友荃

我与"大先生"任继周

通过任继周学术思想研讨会，我对任老的学术成就以及学术思想也有了一定的了解，对此我也深受启发。任继周先生对草业科学乃至农学研究的贡献是全方位的，无论是草坪学、牧草学、草原学还是农业伦理学等领域，任继周先生都是专家。此外，任继周先生也倡导不同学科领域交叉贯通，结合不同学科领域的知识对草业科学乃至农学进行全面且深刻的认识。这一点启发我要全面学习各方面知识，不仅仅是各草业科学领域，对于其他领域如林学、植物学以及我的本科生物学的知识乃至于一些人文领域的知识也是需要学习的，这些对于当下研究都有帮助，且不局限于对当下研究的作用，对于整个人生都是一笔宝贵的财富。

任继周先生不仅关注草业科学领域发展，还关注草产业发展，对国家提出了许多针对草业发展宝贵的意见条陈。这对于我的启示就是，理论要与实际相结合，理论固然重要，但将理论转化为实际的成果更重要，同时在进行理论研究时必须考虑到其现实意义。

——研草学21班　高　堃

任继周学术思想研讨会有感

年届百岁的任继周先生是草地农业科学家，中国现代草业科学的开拓者和奠基人之一，是我国草业科学领域的第一位院士，其无私奉献、投身石漠兴绿的报国之志，潜心科研、坚持著书立说的学术之情，甘为人梯、倾力教育教学的育人之心，值得全体成员学习。

作为当代研究生，首先，我们要坚定树立爱国奉献、科学报国的思想。德才兼备，以德为先。青年人才要以任院士为榜样，继承和发扬老一辈学者科技报国的优秀品质，坚定敢为人先的创新自信，坚守科研诚信、科技伦理、学术规范，担当作为、求实创新、潜心研究，在实现草原高质量发展的实践中建功立业，做疾风劲草，当烈火真金，在以中国式现代化全面推进中华民族伟大复兴进程中贡献青春和智慧。

——研草学21班　樊永帅

学习任继周院士风骨心得

学习了解了任继周院士奋斗的过往，任院士的精神有许多值得我们终身去学习。任继周院士立志高远、胸怀天下的家国情怀，始终将科学事业与国家和人民的利益紧密联系在一起。他深知草地资源对于人类生存和发展的重要性，因此把自己的一生奉献给了草地科学研究，致力于推动我国草地畜牧业的可持续发展。任院士追求卓越，不断探索和创新，在科学研究、人才培养等方面取得了杰出的成果；他勤奋努力，一生勤奋工作，毫不懈怠，十分注重实践和理论相结合，为后人树立了榜样；他诚信正直，以诚信和正直的态度对待科学研究和人际关系，深受同事和学生的尊敬和爱戴；他还具有开放、包容、乐观的心态，积极参与国际交流，引进先进技术和理念。

这些精神值得我们学习，我们可以从中受到启发：在自己选择的领域中，要不断追求卓越，勇于探索和创新；要保持勤奋学习的态度，坚持言行一致，脚踏实地。

——研草学21班　赫凤彩

任继周院士——草原学科奠基人的精神启示

任继周院士是我国草地学科的奠基人之一，长期从事草地研究，对中国草原的发展作出了重要贡献。最让人敬佩的是他一生的奉献精神和创新精神。他致力于解决中国草原的问题，深入研究草原的植被、土壤、气候等方面，通过研究实践总结出了一套行之有效的草原分类方法，为草原的生态保护和可持续利用提供了有力的科学依据。他不仅在学术研究方面有所成就，还关注草原生态环境保护和人口贫困问题，致力于促进草原生态建设和乡村振兴。

任继周院士的精神，对于我们每个人来说，都具有深刻的启示意义。首先，我们要具有创新意识，敢于探索未知领域。任继周院士的草原分类方法，正是基于他自己的实践经验，创新了传统分类方法。我们在学习和工作中，也要勇于尝试新的方法和思路，不断开拓创新，寻找解决问题的新途径。我们要具有奉献精神，为社会作出积极贡献。他的精神和行动，不仅展现了高尚的师者风范，也启示我们应该把个人的理想和抱负融入国家和人民的事业中，积极承担社会责任。

——研草学21班　张　敏

小草大业，大有可为

任继周院士是草地农业科学家，我国草原学界的泰斗，中国现代草业科学的开拓者和奠基人。任院士牢记"国之大者"，胸怀祖国，心系人民，在草原事业中展尽胸中抱负，穷尽毕生心血，鞠躬尽瘁，无怨无悔，视草业科学为生命，把发展草业、培养人才作为责无旁贷的重任，为我国草业科学及相关产业的发展作出了系统性、创造性成就，为我国草业振兴作出了卓越不凡的贡献。

"涵养动中静，虚怀有若无"，这十个字座右铭是对他最恰当的描述。任老对此的解释是："搞草业，我这一辈子是搞这个，没有动摇过，不管多大的风浪。"他总说自己做的事情其实很微不足道，但其实，任老对于草原的研究，恰恰影响着我们每个人的生活。作为一名草地生态方向的研究生，从接触这门学科开始，任院士的精神就深刻影响着我，在传承任继周先生学术思想与治学精神过程中，把情怀融入我们从事的草原事业，致力于国家生态文明建设战略，在国家生态文明和美丽中国建设中肩负使命，为林草事业增光添彩。

——研草学21班　王君文

学习任继周先生思想有感

一望无垠的草地，是"天苍苍，野茫茫，风吹草低见牛羊"的悠然美好，也是"夜闻狼嚎传莽野，晨看熊迹绕帐房"的苍凉孤独。这一片草地，任先生为它付出了毕生的心血，尤其是最近聆听了很多任先生的精神事迹，对他的崇拜之情，更深一层。

任先生身上值得我学习的很多很多，他的身上不仅体现了专业致学的科学家的精神，又有中国传统文化中的浩荡君子之风。在这个快速发展的时代背景下，有着太多的干扰，可能是金钱的诱惑，可能是权力的吸引，"不忘初心"虽然只有简短的四个字，可任先生却用一生来实践着，沉静下来，认真做好一件事情。"不管风浪多么大，我一直坚持建设草原站。"这一份坦然值得我用心学习。

"小草寂静无声地贴着地皮艰难地生长，却把根深深扎到许多倍于株高的地方。"作为新一代的"草人"，任先生是吾辈之楷模。

——研草学21班　马春晖

高山景行——传承任继周"大师精神"和学术思想

任先生少年时为改善中国人的营养结构，毅然选择报考了冷门专业——畜牧兽医专业；中年时车马颠簸、环境艰难，不改其志；现在任先生已经99岁的高龄，仍不忘当代中国粮食结构的改革；"舀社会一瓢水，要还社会一桶"，每天坚持工作和学习；"这个年龄，我能做多少就做多少，我要珍惜我借来的三竿又三竿的时间。"任先生将自己比作"草人"，一是俯下身子，做一个平凡的草原工作者；二是站在国民营养的高度，以发展草业为己任。任先生有两个对他影响深远的座右铭：年少时，"立志高远，心无旁骛，计划引领，分秒必争"；功成名就后，"涵养动中静，虚怀有若无"。这是任先生的座右铭，也是对任先生最恰当的描述。

任先生的大师精神令我景仰，任先生99岁仍在努力探索我国农业前进的道路，作为青年学子又岂能虚度光阴。希望今后能有机会，舀一瓢，还两瓢，尽我绵薄之力，为社会作一些贡献。高山仰止，景行行止，虽不能至，心向往之。

——研草学21班　周雨静

立草立业，继承"草人"精神

任继周院士作为我国草业科学的奠基人之一，不仅见证了草业科学的发展，更是始终引领着草业科学发展的方向。从20世纪中叶以来，经历了牧草学——草原学——草地农业生态学——草业科学的研究发展，构建了新型的草业学科体系，对以往草业科学理论与实践进行了提升与概括，为草业科学新的探索与实践提供了有力的指导。

作为一名博士研究生，我要学习任继周常怀悠悠寸草报国心，凛凛劲草拼搏心，坚定理想信念，勇于创新实践，脚踏实地，努力向下扎根，不断向上生长。草业的发展需要我们拥有过硬的专业知识，通过加强学习能力、动手操作能力、创新能力、挫折承受能力、人际交往能力及吃苦耐劳的精神来增强综合能力，要不辱使命与担当，肩负起草原保护、做大做强我国草产业的重任，为我国草业发展贡献自己的智慧和力量。在博士期间，我也扎身青藏高原草原，亲身体会到草原的辽阔与科研的不易，力争将论文写在祖国母亲的大地上。

——研草学21班　左　慧

借鉴任院士草学研究的精神启示

任继周院士是中国的杰出科学家和人类遗传学研究的奠基者之一。他在长期的科研探索中展现出了坚韧、勤奋、谦逊、创新等良好品质，这些都是我们学习的重要方面。"搞草业，我这一辈子没有动摇过"，这是任继周院士在接受采访时说的一句话。作为我国现代草业科学的开拓者，在投身草业的70多年里，任继周院士为我国草业科学教育和科技立下了汗马功劳。任继周院士在科学研究上始终保持着高度的热情和求知欲，不断深入探究草学和农业科学领域的前沿问题，力求取得新的突破和进展。

作为一名科学家，任继周院士具有高度的责任心和钻研精神。他在自己的研究领域中不断追求新的突破，对待科学实验严谨认真、一丝不苟，同时也十分注重团队合作和知识的分享。我们要学习任继周院士的风骨，不断追求进步和创新，同时保持谦虚和务实的态度，为人类社会作出更多有效的贡献。

——研草学21班　亓慧敏

任继周先生精神观后有感

任继周先生是中国著名的植物学家和植物采集家，也是草业科学领域的专家和大师。作为一位著名的草业科学家，任继周先生一生不懈追求着草业科学事业的发展。他以极其执着的态度，对草本植物资源的采集、收录及分类研究作出了重要贡献。

总的来说，任继周先生对于中国植物，尤其是草业科学研究奉献了毕生精力，也为中国西南地区人民的生计改善作出了巨大的贡献。他的杰出成就，不仅体现了人类科学家的卓越才华和潜能，更是激励着后继者们要不断汲取他的精神财富，发扬任继周先生为"华夏植物第一采"的优良传统，将草业科学推向新的高度。

——研草学21班　金　敖

"草人"的自我修养

"小草寂静无声地贴着地皮艰难地生长，却把根深深扎到许多倍于株高的地方。"草，看似生命脆弱，实则顽强不息，正如唐代诗人白居易在《赋得古原草送别》写道"离离原上草，一岁一枯荣。野火烧不尽，春风吹又生"。作为中国草业科学的奠基人之一、现代草业科学的开拓者，任继周先生把自己比作"草人"，而他的一生，好似从一棵小草到一片草原。"为天地立心，为生民立命；与牛羊同居，与鹿豕同游"，这是恩师王栋教授送给任先生的对联，任先生一直秉持谨记，为此努力奋斗，从立草为业到为草正名，从"草人"到"草王"，"从来草原人，皆向草原老"都是最直接的写照。

"立志立学，立草立业"是任先生对我们草业与草原学院每一位草学生的谆谆教诲，我们应该时时刻刻牢记在心，勤勤恳恳工作到位，老先生的学术思想是我们每一位草学生的必修课，我们要有传承精神，发展力量，要有"草人"的自我修养，为我国草业事业、尽己所能。

——研草学21班　刘亚娇

习先生精神，在实践中发扬草业科学

任继周院士是草地农业科学家，我国草原学界的泰斗，中国现代草业科学的开拓者和奠基人。任院士牢记"国之大者"，胸怀祖国，心系人民，在草原事业中展尽胸中抱负，穷尽毕生心血，鞠躬尽瘁，无怨无悔，为我国草业科学及相关产业的发展作出了系统性、创造性成就，为我国草业振兴作出了卓越不凡的贡献。每每去会议室开会时，也总能看到任先生亲笔题写的"立志立学，立草立业"院训，如今这八个字也深深地印在我的脑海中。

在会议的最后，董世魁院长分别对青年教师和我们青年学生提出"草苑六问"。对于青年学生，我们需要自问：一是从国家层面，如何在新时代国家发展战略中找到草业学子的出路？二是从学校层面，如何正确认识北京林业大学草业学子的优势？三是从个人层面，如何找准自己发展的目标和定位？对于这些问题，遗憾目前我无法作出回答；但我相信，终有一天我可以习得点点先生精神，在实践中找到这些问题的答案！

——研草学21班　伊　然

莫畏前方行路难，何妨吟啸且徐行

最令我感动的是，如此高龄的任院士，每天工作6小时，仍然十分关心和珍视学术体系的传承与发展，总是强调中国草业的发展需要年轻一代的大力推动，中国农业伦理学研究需要更多人的合力拓展，他愿在有生之年与同人、学生一起推进终生热爱的草学事业，直至生命尽头。在年轻人都在认为草学这个学科冷门辛苦而退缩时，他是真的将自己的一生都奉献给了草学的发展上。

而我们作为一个正值青春年少的草业人，学习任先生的"草人"精神，努力奋进，"莫畏前方行路难，何妨吟啸且徐行"，真正把自己塑造成为学草、知草、懂草、爱草的新一代"草人"。

——研草学22班　赖仕蓉

不惧艰险，敢为人先

任继周先生是我国草业科学的奠基人，他以立志高远、胸怀天下的家国情怀为指引，以心无旁骛、艰苦创业的学术精神为基础，以深耕讲台、诲人不倦的育人品格为支撑，以学高为师、提携后人的大家风范和终身学习、奋斗不止的精神为补充，创立了自己的学术传奇。他的思想和精神对于草业科学人才的培养具有重要的借鉴意义。

任继周先生是草业科学领域的伟大先驱，他的学术成就和精神风范为我们树立了崇高的学术榜样，其立志高远、胸怀天下的家国情怀，心无旁骛、艰苦创业的学术精神，深耕讲台、诲人不倦的育人品格，学高为师、提携后人的大家风范和终身学习、奋斗不止的精神将永远激励着我们前行。我们新一代草学人，定会奋发图强，承师之志，行师之道，弘师之愿，立志立学，立草立业。作为草学研究生，在科研路上我们应该脚踏实地，努力创新，向任继周院士学习。

——研草学22班 张 然

草业科学开拓者

任继周院士作为我国草业科学的奠基人之一，不仅见证了草业科学的发展，更是始终引领着草业科学的发展方向。历经数十年教学科研的探索与实践，任继周院士将草地农业科学发展、升华到哲学领域，开辟了农业伦理学研究的先河。其深厚的学术造诣和卓越的贡献得到了广泛的认可和赞誉，他的学术思想对于我们每个人都有着重要的启示和借鉴，学习任继周院士的学术思想，对于我们深入了解草业科学理论和实践，提高我们的科研水平和能力有着重要的意义。

任继周院士的精神值得每个人去学习和追求，给了我们非常可贵的启示和引导。我们需要秉持严谨的科学态度，注重跨学科研究，推崇合作共赢，不断探索创新，相信在不断学习和实践的过程中，为草学领域作出杰出的贡献。

——研草学22班 杨 东

小草也有大成就

一生之计在于勤，勤耕不辍立德行。任继周院士始终扎根中国大地，以发展草业为己任。作为我国现代草业科学开拓者和奠基人之一，他以"惜我三竿复三竿"的"最美奋斗者"精神，为我国草业科学科技、教育、产业发展作出了系统性、开创性贡献。任继周院士对农业伦理学学科发展的重视，体现了老一辈科学家目光长远、重视育人的高尚情操。任院士牢记"国之大者"，胸怀祖国，心系人民，在草原事业中展尽胸中抱负，穷尽毕生心血，鞠躬尽瘁，无怨无悔，为我国草业科学及相关产业的发展作出了系统性、创造性成就，为我国草业振兴作出了卓越不凡的贡献。

高山仰止，景行行止，任先生以长者之风、智者之识、仁者之心，铺就为人、为学、为师之道，值得我们终生学习。任继周院士的这种"大师精神"值得我们继承弘扬和光大：爱国爱党的家国情怀、求真务实的宝贵精神、严谨严格的治学作风、树人育人的高尚品德和谦虚谦和的为人美德。厚植沃土，学养深厚，任先生毕生立草为业，躬身草业教育，百岁高龄仍心系学校和学院发展，呕心沥血、鞠躬尽瘁，是我辈楷模，再一次向任先生致敬！

——研草学22班　张　珂

大师风范　人生楷模

任继周院士是我国草业科学奠基人、著名的草地农业科学家。最近，由他捐赠设立的"伏羲"草业科学奖励基金在北京林业大学正式启动。如今，任院士年近百岁，作为一位长者，仍心怀"国之大者"，关爱青年成长，捐赠设立"伏羲"草业科学奖励基金，更是令人无比钦佩。我觉得这不是一般的基金，而是一个充满智慧和希望的基金。基金由任院士发起、捐赠，但并没有用他个人的名字来命名，从中感受到了任院士的谦虚低调和不计个人得失的高尚情怀。特别是基金以人文始祖"伏羲"来命名，我感到这蕴含着他对青年学子效法先祖、不畏艰辛、开创事业的殷切希望，对我国草业事业生生不息充满着无尽的向往。

面对未来，我对草业事业信心满怀。这种信心并不是盲目自大，而是来自任院士等一批草学先驱们对这项事业的引领，他们不仅开创了我国草业事业，也为青年一代继续奋斗指引方向。特别是从任院士的身上，我看到了他为人为师的光辉形象，给我们树立了学习榜样；大师的精神风范，是我的人生楷模，从中感受到了不断前进的力量。努力吧！珍惜华年，不负大师期望，为祖国的草业事业贡献应有力量。

——研草学22班　马磊超

任继周"大师精神"和学术思想的传承与发展

任继周先生作为我国草业科学的开拓者、奠基者。他不仅将自己大半生的精力都致力于研究草业相关的问题，笔耕不辍，提出的草地农业生态系统概念，还以建设草业学科为己任，培养了众多优秀的草业人，他是我们所有草业人学习和努力的榜样。有人说，任先生如一株青草，葆有纯净、坚毅和旺盛的生命力，兀自生长。在我看来，任先生是如青草般有生命力却不只是兀自生长。是如青草，在浩大的生态系统中凭借自己的坚韧和努力的汲取周围养分让自己能够占据一份生态位，在那个大家都忽视了草业重要性的年代，任先生通过自己的坚持和坚守为我国草业科学及相关产业的发展作出了系统性、创造性成就，让国人逐渐意识到了草业科学的重要性。不只是兀自生长，任先生在面对外界声音时不顾艰难险阻坚定留在艰苦的大西北搞草业，但同时这株"青草"还用自己汲取到的养分滋养他的根蘖，以自身为范，言传身教，培养了一批又一批优秀的草业人。

作为还在成长的"小草"，我们有太多要向任先生学习的地方，我们应该从自身精进专业素养，切实搞有意义的科研，对知识永远敬畏不断探索，做对国家和社会有意义的事，传承好任继周的"草人"精神，汲取着先生点燃的学术之光漫漫前行！

——研草学22班　杨　雪

草原绿火，由此燎原

草原绿火燃之远。任院士研究广博且创新，涵盖了草业科学的方方面面，以系统论的方法搭建了诸多学科的框架，在草原综合顺序分类法、改良草原、划区轮牧的放牧生态学、季节畜牧业、草原生产能力评定的指标"畜单位"、草原生态化学理论体系、草坪研发的理论与技术体系、草地农业生态系统理论体系、农业伦理学等方面都有着重要贡献。任院士培养出了一大批研究生和学术骨干，他们接过的精神火种又在我国草业科学的各处燃烧，他的学生又培育出更多人才，星火灿烂。火烧之后的草原土壤更为肥沃、有生命力，根茎、匍匐茎蔓延，分蘖勃发，新生遍布草原。

任继周院士不仅在科研治学中是我们的标杆，其为人谦逊、勤勉、严谨更是我们做人的楷模，中国草原的绿火正是由此燎原。

——研草学22班　刘思奇

知是行之始，行是知之成

任继周院士，少年以改善国民营养为志，置身于草地学术研究实践七十余载，现在仍每天雷打不动地工作6小时，书房里摆了数只钟表，只因为觉得时间不够用，要督促自己分秒必争。任继周院士研究提出了草地农业系统包括前植物生产层、植物生产层、动物生产层及外植物生产层4个层次。这一理论体现了人与自然协调发展，对自然资源综合利用的思想，是对传统的草原生产和农业生态系统概念的更新和发展，草地农业理论已为中国政府部门及学术界普遍接受，并在南方草地、黄土高原和内陆盐渍地区取得了显著成果。

从任先生身上学到的不仅仅是以上我本次参加任继周"伏羲"草业科学奖励基金暨任继周学术思想研讨会的一些收获和感想。任先生真正地做到了知是行之始，行是知之成，知行合一，此乃大先生也。"百年兰大人"任继周院士，致敬任先生，指引我们前行。

——研草学22班　周春菡

科研路漫漫，唯有务实真

初次在课堂上听到任先生的名字，只当他是一位为中国草业发展作出不朽贡献的老者，经过两天的会议之后，我发现了任先生身上闪闪发光的大师精神，其中最让我敬佩的是他的务实精神。"夜闻狼嚎传莽野，晨看熊迹绕帐房。"当年的任先生在环境恶劣的情况下，坚持着科学研究，以求真务实的态度，完成着一项又一项的突破。如今已近期颐之年的任先生仍然没有停下工作的步伐，即使在实践上受到了身体的限制，可思想上依旧贴近着草地的实情，笔耕不辍。

现在，我已成为一名研究生，在青藏高原这片被称为世界第三极的地方开展着试验。当时刚踏足这片土地的时候，没有抱怨环境恶劣是假的，深知没办法改变，也只能低着头一步一步继续下去，回过头来想想，现在的条件，相比于几十年前的草原工作者，真的有了很大的提高，不用怕狼，不用怕熊，只需要沉下心来，好好做好现有的研究，务实求真。

——研草学22班　李雪琪

传承"大师精神"，发扬学术思想

任继周院士是草地农业科学家，我国草原学界的泰斗，中国现代草业科学的开拓者和奠基人。任院士牢记"国之大者"，胸怀祖国，心系人民，在草原事业中展尽胸中抱负，穷尽毕生心血，鞠躬尽瘁，无怨无悔，为我国草业科学及相关产业的发展作出了系统性、创造性成就，为我国草业振兴作出了卓越不凡的贡献。

作为草业学子，我们要深入践行山水林田湖草沙是生命共同体的系统思想，始终在任继周院士的"大师精神"指引下，面向国家战略需求和世界科学前沿，坚守为党育人、为国育才的初心使命，弘扬大先生的治学精神，培养具有科学精神、哲学素养、充满家国情怀与国际视野的领军人才。努力践行大先生倡导的"草人"精神，躬耕中国草业科技教育沃土，以大先生"从社会取一瓢水，就应该还一桶水"的崇高境界为引领，努力回馈社会，为中国草业事业发展贡献北林力量，用每个人所思、所想、所做的实际行动致敬任先生。

——研草学22班　唐　玉

悠悠寸草心

草，灵性之物。只有融入它的生命里，与它相濡以沫，才能听得见它的声音，读得懂它的语言，看得到它春萌秋萎、枯荣过后的美丽与生机。那是人心与草魂交融的默契与信任，而这样的"默契与信任"，只属于爱草、敬草、懂草的人。

任继周是一个自律的人，尽管已经攀越了一个又一个学术高峰，尽管被誉为中国现代草原科学奠基人之一、现代草业科学的开拓者，尽管有丰富而深邃的人生经历，但他依然保持一颗"虔敬之心"。人们观念的改变需要时间和耐心，在这个过程中，总需要有坐"冷板凳"的先行者。也许这就是一种"草人"的精神高度与大家情怀吧。

"古往人何在，年来草自春。"不与花争艳，不与树比高，遥望远方，葱绿一片。这就是草的品格，草的境界，也是任继周这位伟大科学家的品格与境界的真实写照。天道酬才俊，凡了解任继周的人，一定不会怀疑，他为中国草业科学所作的贡献，必定会彪炳千秋。

——研草学22班　吴明浩

向任院士学习科学精神

任继周院士是我国草业科学的领军人物，他是不畏艰难、敢于创新、忠于祖国、奉献人民的风骨人物。出生于1924年的任院士，经历了抗战和革命的动荡岁月，却始终坚持科学救国的理想，用自己的智慧和汗水，为我国草原的保护和利用作出了卓越贡献。一是勇于创新，敢于探索。他不断开拓新领域，突破新难题，为我国草业科学的发展奠定了坚实的基础。二是勤于钻研，严于求实。他深入一线，亲自调查，不断总结经验、提出假设、验证结论。三是乐于奉献，勇于担当。任院士将自己的一生都奉献给了祖国和人民，为我国草原生态保护和畜牧业发展作出了巨大贡献。

任院士的科学精神是我们学习的榜样，也是我们追求的目标。我们要向他学习，勇于创新、勤于钻研、乐于奉献、敬业爱国，努力实现自己的科研目标，努力发挥自己的价值，努力成为像任院士这般伟大的科学家！

——研草学22班　徐阳菁

任继周"大师精神"学习感想

任继周先生是我国草业科学的奠基人之一。"草人，掌土化之法，相其宜而为之种"，他扎根西北70余年，自比"草人"，为我国草业教育和科技发展立下汗马功劳。他始终坚持科研与教学并举，将科研成果系统化、理论化，并指导传统课程创新和新课程创建。如今任老已近期颐之年，人生如草原般浩瀚，学术"草原"亦百草丰茂。他如一株青草，保持着坚毅和旺盛的生命力、强烈的求知欲和创新精神，不断探索草业科学的新领域和新问题。

任继周先生的风骨体现在对祖国、对人民、对科学的忠诚和奉献，以及对自己、对事业、对后辈的严格和关爱，他的身上体现了专业致学的科学家的精神，又有中国传统文化中的浩荡君子之风，任先生是我国草业科学界的楷模和骄傲，也是我们学习和效仿的榜样。

——研草学22班　宋　晴

奉献草业，弘扬文化——致敬任继周院士

任继周院士是我国草业科学事业的重要代表人物，他始终扎根中国大地，以发展草业为己任。作为现代草业科学开拓者和奠基人之一，任继周院士为我国草业科学的科技、教育、产业发展作出了系统性、开创性的贡献。他所倡导的"惜我三竿复三竿"的"最美奋斗者"精神，不仅是他个人的价值追求，更体现了他对于草业科学事业和中国社会的深刻关注和责任担当。

在我看来，任继周院士的精神和行动是值得我们深思和学习的。面对日益复杂的全球环境和草地畜牧业的多元挑战，我们需要像任继周院士一样，以发展草业为己任，不断探索和创新，提高自身的学术水平和专业能力，并积极践行社会责任，为推动草业科技、教育、产业的长足发展作出自己应有的贡献。

——研草学22班　邢晓语

学术追求与人格魅力——任继周院士的精神风范

任继周院士是我国草学的鼻祖，他为草业科技进步作出了卓越的贡献。他的学术成果被广泛应用于草地畜牧业生产中，促进了我国畜牧业的发展。在这次任继周"大师精神"和学术思想的传承与发展活动中，我们不仅了解了任继周院士的学术思想，更深刻

感受到了他孜孜不倦、追求卓越的精神情怀。

通过此次任继周"伏羲"草业科学奖励基金暨任继周学术思想研讨会文集的学习交流，我们更深入地认识了任继周院士的学术思想和人格魅力，感受到他对草业科学的巨大贡献和精神财富。我们将以任继周院士为榜样，以他崇高的精神情怀和卓越的学术成就为目标，不断努力，为我国草地畜牧业事业的发展作出自己的贡献。

——研草学22班　唐　玉

立草立业，学习任继周院士学习精神

参与任继周"伏羲"草业科学奖励基金暨任继周学术思想研讨会活动，收获良多，感触颇深，任先生不仅俯身做一名平凡的草业工作者，同时站在国民营养的高度，以发展草业为己任，解决实时学科难题，将我国草业学科发展为体系，终身奉献。先生的学术思想与大师精神值得我们年轻草业人传承与发扬。对于我们每一个青年科研工作者而言，我们的研究应当结合国家战略需求，解决急需解决的问题，从生产实践中发现问题，以问题为导向，再将研究成果应用于生产实践中。我们要志存高远，踏实肯干，做好我们的本职工作，不仅可以实现个人理想，也可以服务于社会和国家，实现人生价值，届时也不应忘记回馈社会。

我们草业青年科研工作者应当以任先生为榜样，不仅要心怀理想、高瞻远瞩，而且应当脚踏实地、刻苦钻研、锐意进取、开拓创新，解决好当下我国草业面临的主要问题，提高我国草业科研水平，为建设世界一流的草学科研体系、改善国民与世界人民营养贡献自身力量。

——研草学22班　崔少伟

感悟任先生的大师精神

草，灵性之物。只有融入它的生命里，与它相濡以沫，才能听得见它的声音，读得懂它的语言，看得到它春萌秋萎、枯荣过后的美丽与生机。那是人心与草魂交融的默契与信任，而这样的"默契与信任"，只属于爱草、敬草、懂草的人。任继周先生就是这样一位与草结缘的科学家。任继周先生之所以被称为中国现代草原科学的奠基人之一，是因为他取得多项重大的科研成果。

任继周先生对未来充满希望，特别是党的十九大的召开，标志一个全新的时代已经到来。作为草地农业科学家，任继周感到，他心中藏着的大目标在不远的将来一定会实现，那就是发展草业，改变传统农业结构，让人们从传统的"手中有粮，心中不慌"的思想束缚中解脱出来，通过丰富的食物链，全面提升国民营养，强健国人体魄，让每个中国人在中华民族伟大复兴之路上，不再被粮食安全问题困扰。

——研草学22班　李京儒

任继周：草原人的骄傲

任继周院士，是中国著名的草业科学专家，他的学术成就让人惊叹，但更让人敬重的是他的风骨。在我看来，任继周院士的风骨，恰恰是他无私奉献的科研精神所体现出来的。作为一个任重道远的科学家，任继周院士始终坚守初心，一心研究草业科学，为推进草业科学事业发展贡献了巨大的力量。他的科研成果和创新也得到了国内外同行们的高度认可。然而，让我们更加钦佩的是，他始终保持着谦虚的态度，积极与国内外多位同行学者合作，为推进中外合作科研作贡献。

总之，在我的心目中，任继周院士的风骨，就是他用兢兢业业的态度勤奋工作、用高尚的品质谦卑待人、用自己的学识赋予他人知识的一个典范。他不仅是中国草业科学研究领域的楷模，更是对后人以身作则、树立榜样的典范人物。让我们向任继周院士致敬！

——研草学22班　宋燕妮

坚持与追求：倾听任继周院士心中的科学信仰

任继周这位文化名家的风格和气质既有着知识分子的深沉与高贵，同时又带有一份草原般自由的豁达和洒脱。以他的文学成就和独特的文化背景，来审视草业科学，或许可以为我们的学习带来新的启示。在草业科学的学习过程中，不同的思维方式可以让我们发现不同的观点。也正如任继周的思维独立而深入，富有文化背景和才华。对于草业科学，我们也需要发掘内在的能量和智慧，转换视角，去发现更多的所向和目标，实现自我价值的突破和发展。

在草业科学中，我们同样可以用敏锐的思想去感知和剖析专业的要义。因为草业科学同样是纯粹的科学学科，从更深层次地理解它的来龙去脉，或许能够让我们更好地进入这个领域。因此，无论我们处于任何领域和文化，我们都必须拥有一份对于专业的热爱和心灵上的共鸣，这是最为关键的一点。

——研草学22班　王子玥

学习任继周精神

　　任继周院士作为中国草业科学的开拓者和奠基人，建立了中国第一个高山草原定位试验站，创办了草原专业，又独立发展成为中国农业院校第一个草原系。他创立的草原综合顺序分类法，成功地应用于中国主要的牧业省（区），现已发展成为中国公认的两大草原分类体系之一。他提出的草原季节畜牧业理论，已为中国牧区广泛采用，大幅度提高了生产水平。此外，他还心系草业教育，创建了中国高等农业院校草业科学专业的"草原学""草原调查与规划""草原生态化学"和"草地农业生态学"等4门课程，并先后主编出版了同名统编教材。

　　任先生近百岁高龄仍然坚持每天工作6小时，时刻心系我国草业的发展，躬身草业教育，为我们草业与草原学院的师生树立了榜样，激励着我们时刻刻苦奋进，努力向上，共创中国草原与草业的未来。作为草业与草原学院的一员，我将始终铭记任继周院士的"草人"精神，用任继周先生的事迹勉励自己，从做好每一次实验，发现一个小创新点开始。我相信，在每一位草业工作者的努力奉献下，中国现代草业科学会创建出更辉煌的未来。

——研草学22班　杨晓颖

谁言"寸草心"

　　任继周院士是我国出色的草业工作者，在草叶草学发展领域，任院士创造多项"第一"：他创建了第一个高山草原试验站；创造划破草皮的理论与方法；开创农业伦理学；构建草地农业系统理论等等。多年以来，任院士一直奋斗在草业研究的第一线，即便是现如今90多岁高龄依然每天坚持工作，为我国的草业科学工作接续奋斗。"韶华竟白头，为草不知愁"，纵然田间如此困难，任老依然带领团队攻坚克难，不断推出新的科研成果，出一个成果，就兴起了一方牧业。

　　中国40%的国土面积是草原，草原需要我们草业工作者，现如今国家提出"山水林田湖草"的生态理念，草业学科继续上升腾起新的目标和期望，我们每一年草业工作者都应该把任院士的草学理念继承传递下去，并且发扬光大。"谁言寸草心，报得三春晖"，未来有我们年轻一代继续奋斗！

——研草学22班　种海南

探索草地生态：致敬草学专家任继周先生

任继周先生是我国草地生态学领域的著名专家和学者，他以卓越的学术成就和高尚的学术风范赢得了广泛的尊重和崇敬。作为一名硕士研究生，在参加完任继周先生的思想研讨会之后，我受益匪浅，并深受启发，因此我想以此为契机，谈一谈任继周先生的学术思想和大师精神。

任继周先生的大师精神体现在他对于学科的热爱和执着追求上。他的学术成就得益于他一贯的严谨治学态度和精益求精的学术精神。他注重理论创新和实践应用的结合，推崇勇于探索、敢于创新的精神，不断开拓草地生态学的研究领域。他的工作注重国际交流与合作，提倡跨学科、跨界合作，努力将中国草地生态学推向世界舞台，也为后人树立了典范和榜样。任继周先生的风骨体现在他的人格魅力和高尚情操上。他深刻理解和尊重自然界的规律，关注和保护生物多样性，具有高度的生态意识和责任感。

——研草学22班　梁雪丽

任继周学术思想研讨会有感

任继周院士是一位杰出的科学家，同时也是一位伟大的教育家。他的研究成果在草业科学领域中起着重要的作用，并且深深地影响着后人。而除此之外，还有他非凡的精神情怀和学术思想，令他的学生和以他为榜样的人们受益至今。任继周院士还有一个平易近人的品格与开放、包容的态度。在教育和对待学生上，任教授对待每一个人都充满了真诚和关怀。他在遇到问题时，也时常和学生们交流讨论，帮助学生们排忧解难。他从侧面鼓励着学生们勇于探索，鼓励学生们树立个人志向，尽可能地发挥潜力，以此来开辟未来。

总而言之，任继周院士的精神情怀和学术思想，对于我们这些学习入门科学研究的人来说都有着极大的指引和启示作用。我们应该牢牢地把这种信仰铭刻在心中，永远记住自己的学术初心，踏踏实实地走向自己的人生之路。我深信，在这个历史时代中，有更多的学生能够进一步探索科学的世界，并像任继周先生一样，为人类文明的繁荣和进步踏上自己奋斗的足迹！

——研草学22班　刘维康

专业致学的科学家——任继周院士

在大会开幕式上，任先生就此次大会进行了致辞，在讲话中可以发现任先生对于草业有自己独特的见解，为我国草业与林业的结合表达了自己的喜悦与进一步的期望。任先生称自己为草人，因为任先生像草一样在最底层、扎下根做工作，在99岁的高龄下，任先生仍旧为草学事业无私奉献，在本校设立了"伏羲"草业科学奖励基金，激励一代又一代在草业专业奋斗的莘莘学子。

任先生的书房里挂了很多钟表，"这个年龄，我能做多少就做多少，我要爱惜和珍惜这借来的三竿又三竿的时间"，任先生这样说道。生也有涯，学无止境，任先生最好地诠释了这八个字。任先生现在依旧在知识的海洋中不断探索，为我国的农业和草业继续奉献自己的一份力。任先生的精神值得我们学习和发扬，我相信在不久的将来，我们定会让草在国家生态和其他方面发挥出更大的作用。

——研草学22班　刘月月

任继周院士的"大师精神"

作为我国现代草业科学的开拓者，在投身草业的70多年里，任继周院士为我国草业科学教育和科技立下了汗马功劳。他却一直说自己对社会贡献不够，"舀一瓢水，没还一桶"。今年已经99岁高龄的他，每天坚持工作和学习。为了让自己"分秒必争"，任老的家里挂着很多钟表："这个年龄，我能做多少就做多少，我要珍惜这借来的三竿又三竿的时间。"这些精神都值得我们这些草业后人学习。

任继周院士个人捐资50万元，北京林业大学配套100万元，作为种子基金主要实现两个目标：奖励立足科技、力求创新、力争突破在科技方面成绩斐然的科技专家；按照期待，让更多的诚意壮大基金，培养草业后来者和新一代草原人，更好地发展我国林业草业事业。学校落实捐资支持项目，充分发挥捐赠资金在推动学校草原一流学科建设中的重大作用，激励广大青年学者和优秀学子不负先生的厚望，潜心钻研，踔厉奋发，立志立学，立草立业。这无异于为我们草业人提供了更好的平台和条件投身科研，回馈社会。

——研草学22班　王孟龙

任继周院士先进事迹学习感悟

"古往人何在，年来草自春""不与花争艳，不与树比高"，这是草的品格，草的境界，也是任继周先生的品格与境界。任继周院士时常把自己比作"草人"，"草人"包含两层意思：一是俯下身子，做一个平凡的草原工作者。二是站在国民营养的高度，以开展草业为己任。这既是任继周时刻践行与追求的目标与方向，也是任继周这位伟大科学家的品格与境界的真实写照，更是学生永远学习的典范。

总的来说，任继周院士的思想是我们今天需要学习的重要精神财富。他的座右铭"为天地立心，为生民立命；与牛羊同居，与鹿豕同游"和"涵养动中静，虚怀有若无"都是我们需要在实践中不断践行的精神指南，希望我们能够在今后的工作和生活中，不断学习、不断进步，为实现中华民族伟大复兴的中国梦作出自己的贡献。

——研草学22班　王　悦

任继周先生思想学习感悟

任继周院士是中国草业科学奠基人、中国工程院院士、中国草地农业科学家。曾获中国草学会首届"杰出功勋奖"、"友成扶贫科研成果奖"、CCTV三农人物、"中国资源科学成就奖"，2019年9月被授予"最美奋斗者"称号。即使做了如此多的贡献，这位投身草业七十多年的老先生却一直对着镜头说自己的贡献还不够："社会给我的东西太多了，回报不了，舀一瓢水，没还一桶"。

历史的浪潮将接力棒传递到我们新一代草业学子手上，我们是新一代的奋斗者。立志立学、立草立业、坚守初心、脚踏实地是我们的担当，为天地立心，为人民立命，任继周老先生是我们青年一代的榜样。我们要学习任老的"草人"精神，努力把自己塑造成为知草、懂草、爱草的新一代"草人"。

——研草学22班　袁淑雅

心向往之，行必能至——致敬任继周院士

"小草寂静无声地贴着地皮艰难地生长，却把根深深扎到许多倍于株高的地方。"在先生从事草业科学教学研究的72年，无论顺境逆境，环境多么艰苦，他都坚持自己的理想，潜心研究，呕心沥血、鞠躬尽瘁、教书育人、谦谨至善。作为草业人，我们也应该学习任继周先生忠于真理的精神，不断进行科学探索，寻求真理；突破物质条件局限，无论条件多么艰苦，始终没有动摇心系草原的信心和决心，不慕荣利、甘于寂寞的奉献精神。

对自己来说，认真学习相关知识，在自己的研究领域作出贡献，可能没有那么突

出，但要尽自己最大的努力，做好自己该做的事；在做实验的过程中，要互帮互助，不与别人比地位、比待遇、比享受，喜见别人长处，见贤思齐，与同学一同进步。奋斗是青春最亮丽的底色，而在启航之时就将奋斗定格为人生的总基调，将是青年人一辈子的宝贵财富。作为新一代草业人，我要向任继周先生学习，不仅是他对科研的态度，还要学习他对生活的态度。莫道桑榆晚，为霞尚满天。他的学习精神、奉献精神、科学精神，永远激励着草业学人砥砺前行。

——研草学22班　张胜男

任继周先生——最美奋斗者

任继周仿佛是为草业科学而生，几十年来，一头扎在草原、牧区搞研究，艰苦备尝，乐此不倦。1954年，他在草原类型较为典型的天祝马营沟建起了高山草原定位试验站。这里海拔3000多米，全年无霜期只有一个多月，六月天还结冰，开始两年住帐篷，打地铺，以后才修了几间简易的房屋。就在这样一个艰苦的环境条件下，任继周却坚持科研、教学工作20多年。作为我国现代草业科学的开拓者，在投身草业的七十多年里，任继周院士为我国草业科学教育和科技立下了汗马功劳。

如今，任先生已经98岁的高龄，仍不忘当代中国粮食结构的改革。中国有60亿亩的草地，又有18亿亩的耕地线，中国大量进口国外的玉米和大豆，中国的粮食却高价有剩余，人口粮降低而肉蛋奶需求增加，其中每一个点都是制约中国粮食结构的转型，他上书中央提出的草粮结合的草地农业系统正是解决当下中国粮食结构转型面对的各种问题。2015、2016年中央一号文件也正式提出了粮改饲的粮食生产结构转型，任先生付出的努力，终于有了结果，这其中便是中国科学家信仰的真实写照。

——农艺与种业20班　张晓澎

立草为业，心系民生

提到西北，人们会想起沙漠、戈壁、草原，想起那首古老的敕勒民歌——"天苍苍，野茫茫，风吹草低见牛羊。"但对于任继周而言，除了草原的景色，想得最多的，还是临行前导师王栋先生的亲笔赠联："为天地立心，为生民立命；与牛羊同居，与鹿豕同游"，他深知，那是老师的勉励和要求，也是前辈的期望和重托。面对西北艰苦的环境，很多人都想着离开。但任继周从未有过一丝要放弃的念头。他就这样扎下根来，先后在国立兽医学院、西北畜牧兽医学院、甘肃农业大学、甘肃草原生态研究所、兰州大学草地农业科技学院等单位，从事草业科学的教学与科研工作。这样的经历，让他对中国西部草原的情况逐渐熟悉，他的草原类型学术理论基础也由此奠定。

2019年，任继周先生荣获共和国"最美奋斗者"荣誉称号，这是党和政府对他毕生献身草业科学教育及研究事业的充分肯定，是人民给予他的最高奖励。相信任继周的那种学无止境、奋斗不止的追求科学真理的精神，会激励和鼓舞一代又一代的草业学人奋勇前进。

——农艺与种业20班　张晓旭

传承理念，任院士的科研思维和人生价值

任继周先生不仅是我国草业科学的奠基人之一，也是一位在草学领域的学术思想家。我们要传承和发展任继周先生的"藏粮于草"的大食物观，传承与发展任继周先生的大师精神和学术思想，推进现代草业绿色发展，开阔自己的眼界，将自身所学用于国家所需。我们不仅要学习任继周先生的学术知识，牢记谆谆教诲，也要学习任继周先生的学术思想，为我国草业奉献一份力量。

我们都是草业学人，从接触草业科学的那一刻起，任继周先生的学习精神、奉献精神和科学精神一直引领着我们，激励着我们前行。对于急需人才的这个社会，我们时刻不能放松自己，要不断充实自己，像草一样拥有韧性和不服输的精神，要不断完善自我，不断用知识去充实自己，用汗水去浇灌，才能披荆斩棘，在人生之路上踏踏实实地走好每一步。

——农艺与种业20班　侯志艳

严谨务实——任继周院士的科学研究与技术创新

任继周是中国著名的草地生态研究者。他在草地领域取得了显著成就，在他的杰出贡献中，草业科学奖励终身成就奖无疑是一项重要的荣誉。在任继周获得草业科学奖励终身成就奖的颁奖典礼上，中国草业学会的领导对他的研究成果和贡献给予了高度评价。任继周尤其是在草地生态学领域，他曾经率领团队进行了多年的生态系统研究，深入探究了高寒草地的生态系统结构和功能，发现了草地植物物种多样性、生物量动态变化和温室气体的排放等重要问题。他的研究成果为推动我国草地生态学的研究和发展作出了卓越的贡献，对于保护草地生态系统、改善生态环境具有重要意义。

任继周教授获得草业科学奖励终身成就奖，是对他杰出成就和贡献的高度肯定，也

是对中国草地生态学和生态环境保护事业的重要推动和鼓舞。让我们一起向任继周教授致以崇高的敬意，并为草地生态学和生态环境保护事业的发展作出自己的贡献。

——农艺与种业20班　史海兰

草地的先驱者——任继周

任继周先生是一位敬业奉献、乐于探索、为了草原环境和农民群众能够过上更好生活而不断尝试的杰出人物。他在甘肃天祝高山草原站创建我国第一个高山草原定位试验站，以系统地了解草原变化的规律。此后，他又组建了甘肃草原生态研究所，并为草业科学的研究奠定了坚实的基础。

任继周先生的探索精神和深厚的专业知识为我们树立起一个学习的榜样。我们应该学习他敬业奉献的精神，探索未知领域，为推动我国可持续发展作出积极的贡献。他的理念"从来草原人，皆向草原老"，鼓励我们要爱护我们的草原环境，关注草原生态环境的保护。我们也应该在保护草原这一共同事业中，为民族、为国家、为人类作出自己的努力。

——农艺与种业20班　张慧龙

任继周院士草业梦想的传承与发展

任继周先生作为我国草业科学的开拓者与奠基人，不仅仅是一位工程院院士，更是一位伟大的科学家、教育家、思想家。立志立学，立草立业，正如我们草业与草原学院的院训一样，任继周院士不仅有着一颗对草业这一学科无比热爱的心，更是一步一个脚印踏踏实实地为我国草业科学与草原科学的发展奠定了坚实的基础并指引着前进的方向。任继周院士还提出了农业伦理学，他主张我们不仅要懂草、爱草，同时还要敬草，我们不仅要像一株小草一样扎根于草原、扎根于草业，去研究草原、去热爱草原、去发展草原学科，同时还要尊重自然、尊重草原，要与自然、与草原和谐共生，尽最大的努力去保护草原。

如今，任继周院士的思想、研究以及对草原学科的热爱，不仅只是印刷在了书本上，也不仅只是写在了论文里，也不仅只是像他的汗水一样流在草原上，更是深深地烙印在所有草业人的心头。今天，"伏羲"草业科学奖励基金的设立，更是为草业学子一代又一代的传承保驾护航，使我们能够像一颗种子那样，生根发芽、茁壮成长，将草原发展事业永远进行下去。

——农艺与种业20班　王　涛

一代草人的时代丰碑

草，灵性之物。只有融入它的生命里，与它相濡以沫，才能听得见它的声音，读得懂它的语言，看得到它春萌秋萎、枯荣过后的美丽与生机。任继周就是这样一位与草结缘一辈子的科学家。随着"统筹山水林田湖草系统治理"概念的提出，越来越多人投身于自然科学建设当中，而作为我国首位草业科学领域院士，扎根西北70载，围绕草业科学领域坚持科研与教学并举的任继周先生，逐渐走入大众的视野，草业科学也成为时代的焦点。

数十年兢兢业业，秉初心方得始终。任继周院士在他的人生历程中塑造了屹立于时代的精神丰碑，这丰碑是由赤子心与奋斗志所铸，丰碑上铭刻着誓言与承诺，是他永远的奋斗情怀、奋斗方向和奋斗力量。他将"民生"二字永刻心间，贯穿着过去、现在与未来，他与全体党员一道，不改赤子心、不移公仆情，砥砺奋斗于百年征程，在绝境中开创了胜利，让蓝图变成了现实。莫道桑榆晚，为霞尚满天。任老用严谨的科研精神、苦干的公仆精神树立起一座时代丰碑！

——农艺与种业20班　韦羽茜

毅然追逐科学的真谛

任继周先生不仅是我国草业科学的奠基人之一，也是一位在草学领域的学术思想家。他立草为业，坚持科研与教学并举，提出了发展草坪业和开展草坪学教育的构想，在高等农业院校中实施草坪学教学和人才培养的建议，他把自己的一生奉献给草业科学。

我们要传承和发展任继周先生的"藏粮于草"的大食物观，传承与发展任继周先生的大师精神和学术思想，推进现代草业绿色发展，开阔自己的眼界，将自身所学用于国家所需。我们不仅要学习任继周先生的学术知识，牢记谆谆教诲，也要学习任继周先生的学术思想，为我国草业奉献一份力量。我们都是草业学人，从接触草业科学的那一刻起，任继周先生的学习精神、奉献精神和科学精神一直引领着我们，激励着我们前行。对于急需人才的这个社会，我们时刻不能放松自己，要不断充实自己，像草一样拥有韧性和不服输的精神，要不断完善自我，不断用知识去充实自己，用汗水去浇灌，才能披荆斩棘，在人生之路上踏踏实实地走好每一步。

——农艺与种业20班　栾雅琳

"搞草业"永不动摇

"涵养动中静，虚怀有若无"，是任继周院士喜欢的一句话，这十个字座右铭是对他最恰当的描述。任继周是中国草业科学奠基人、中国工程院院士，今年已经98岁的他一辈子致力于草业研究，是我国著名的草地农业科学家，却称自己为"草人"。"搞草业，我这一辈子是搞这个，没有动摇过，不管多大的风浪。"他总说自己做的事情其实很微不足道，但其实，任老对于草原的研究，恰恰影响着我们每个人的生活。

1956年，当时只有33岁的任继周在海拔3000米的甘肃天祝县乌鞘岭马营沟，建立了我国第一个高山草原试验站。那座任老口中的试验站，其实只有两顶帐篷，"夜闻狼嚎传莽野，晨看熊迹绕帐房。"这首诗句是任老描写的当年的状况。任老在20世纪50年代末，提出了草原综合顺序分类法，任老现在还在坚持每天的工作和学习，而为了让自己做到"分秒必争"，任老甚至还在家里挂着很多钟表，"这个年龄我能做多少就做多少，我要爱惜、珍惜我借来的三竿又三竿的时间。"看到这个视频，是我们这些后辈羞愧的地方，今后自己也要耐住寂寞，提高本领，向任先生学习。

——农艺与种业20班　郝星海

学大师精神，做当代草人

年少时的任先生就立志为改善国民营养而奋斗，一辈子致力于草业、农业战略及农业与社会即农业伦理的研究，不畏艰辛，执着追求，98岁高龄仍笔耕不辍，坚持每天工作6小时以上，为国家、为草业科学发展作出了卓越的贡献。"在这个年龄，我能做多少就做多少，我要珍惜我借来的时间。"任继周先生身体力行，以身示范，为我们新时代的草人树立了学习榜样，我们需时刻提醒自己珍惜每一秒借来的时间，努力奋斗，不负韶华，不辱使命。

历史的浪潮将接力棒传递到我们新一代草业学子手上，我们是新一代的奋斗者，立志立学、立草立业、坚守初心、脚踏实地是我们的担当，为天地立心，为人民立命，任继周老先生是我们青年一代的榜样。没有人可以随随便便地成功，每个人都是在经历大大小小的坎坷磨难后，才能破茧成蝶，脱颖而出，我们要学习任老的"草人"精神，努力把自己塑造成为"知草、懂草、爱草"的新一代"草人"。

——农艺与种业20班　王子滢

学习任继周学术思想研讨会心得体会

2023年3月25日，我通过线上的方式收看了"任继周学术思想研讨会"，学习了任继周先生学术思想，受益匪浅。任继周先生的学术思想主要是道法自然，注重实践，强调科学精神。他认为，草业科学是一门综合性的学科，需要多学科交叉融合，注重实践和创新。他还强调科学精神，认为科学家应该具备严谨的科学态度和精神，注重实验和数据。在草地生态系统的研究中，他强调了草地生态系统的自我调节能力和稳定性，并提出了草地生态系统的"三位一体"理论。

任继周的思想告诉我们，草地资源是宝贵的，需要加以保护和开发。只有充分利用好草地资源，才能够实现可持续发展。同时，他也提出了许多关于草地农业发展的建议，这些建议对于我国草地农业的发展具有重要意义。

——农艺与种业20班　刘余一

智慧的底蕴：深入剖析任继周院士的思维奥妙

3月25日，学院举办了任继周学术思想研讨会。我们了解到，任继周院士是我国草业科学的奠基人之一，他见证了草业科学的发展，引领着草业科学发展的方向，开辟了农业伦理学研究的先河。任先生为我国草业发展呕心沥血、鞠躬尽瘁，始终身体力行，刻苦钻研，是我们学习的榜样。

作为新时代的研究生，我们应该在任继周先生学术思想和大先生精神的带领下，了解国家生态文明建设、美丽中国建设和"山水林田湖草系统治理"的重大战略需求，奋发努力，积极向上，认真学习专业课知识，并将其运用到实践中去，做到刻苦努力，甘于奉献，为祖国的生态文明建设添砖加瓦，奉献出自己的青春力量。

——农艺与种业20班　王若碧

传承大师精神，致敬任继周院士

"伏羲"草业科学奖励基金暨任继周学术思想研讨会圆满结束。让我们深刻认识到了任继周院士是一位草业科学领域的巨匠，也是草业科学事业的奠基人和领航者。在他的身上，我们能够看到一份为科学事业不断奋斗、追求卓越的坚持不懈以及对生命与自然的感悟和敬畏任继周院士的所有著作和研究成果，是对草业科学事业的新的探索和创新。因此我们要主动传承大师精神，致敬任继周院士。不断汲取任继周院士的精神力量，为草业科学的发展作出新的贡献。

我们要以任继周院士的学术态度为榜样，始终以一种探究态度去研究问题，不断追求卓越。我们应该借鉴任继周院士的学术思想，以大师的思路去探究和解决问题，在实践的道路上不断追求新的突破与发展。

——农艺与种业211班　刘明生

"搞草业，我这一辈子没有动摇过"

作为我国现代草业科学的开拓者，在投身草业的70多年里，任继周院士为我国草业科学教育和科技立下了汗马功劳，却称自己为"草人"。任先生对此的解释是："搞草业，我这一辈子没有动摇过，不管多大的风浪。"任先生对于草原的研究，影响着我们每个人的生活，尤其是对我们草业研究者而言。曾看到过一个采访，任老一直说觉得自己对社会做得太少，"舀一瓢水，没还一桶"。其实，这位投身草业研究七十多年的老先生，他的身上体现了专业致学的科学家的精神。年近期颐，仍每天坚持工作和学习。为了让自己分秒必争，他认为的人生意义就是能够一直到生命结束仍可以创造价值。任先生的家里挂着很多钟表："这个年龄，我能做多少就做多少，我要珍惜我借来的'三竿又三竿'的时间。"而作为一名研究草，与草为伴的科研人来说，所谓的科研精神莫过如此，像任老一般，全身心投入到为社会、为国家的奉献之中。

作为青年一代，我们要继承和弘扬任继周院士"草人"精神和科学严谨学术思想，为草原发展贡献出自己的一份绵薄力量，真正做到潜心钻研、踔厉奋发、立志立学，立草立业，弘扬草人精神，不动摇。

——农艺与种业212班　黎鹏宇

学习"草人"任继周精神，以发展草业为己任

任继周院士是草地农业科学家，我国草原学界的泰斗，中国现代草业科学的开拓者和奠基人之一。70多年，任继周先生潜心草地农业教育与科研，立德树人，带领团队为我国草业教育和科技发展开创出多个第一次：创建了我国第一个高山草原定位试验站、我国农业院校第一个草原系；创建了草原分类体系，较国外同类研究早了8年；他提出的评定草原生产能力的指标，被国际权威组织用以统一评定世界草原生产能力；他建立的草地农业系统，提出了草地农业生态系统的四个生产层、三个界面，更加科学全面地展现出草业在我国食物安全、环境建设和草业管理今后发展中的巨大潜力。

任继周先生曾借用《周礼》"草人，掌土化之法，相其宜而为之种"一语，将自己比作"草人"，即一是俯下身子，做一个平凡的草原工作者，二是站在国民营养的高度，以发展草业为己任。"从社会取一瓢水，就应该还一桶水"，已投身中国草业七十余载的"草人"任继周依然停不下来。如今已经年近百岁的任继周先生，现在每天仍然工作6个小时。看不清电脑屏幕，就用投影屏；拿不稳地图，就定制地图版的气球；书房里摆上好几只闹钟，督促自己分秒必争。即便是这样，他还在磨叨，"每天都感觉时间不够用"。任继周院士这种为草原事业穷尽毕生心血，以"无我"的无私奉献精神值得每一个草业学子学习。

——农艺与种业212班　李俊明

任继周学术思想研讨会感想

"古往人何在，年来草自春"这是小草坚韧不拔的品质；"为草不知愁，韶华到白头"这是任继周先生的品格与境界。作为一名"草人"　我从任继周先生身上学到了悠悠寸草报国心，他扎根西北七十余载，在西部大地上创造了多个"第一"：建立中国第一个高山草原试验站、研制出我国第一代草原划破机、主编我国第一本《草原学》教材、创建我国农业院校第一个草原系、主持制订我国第一个全国草原本科专业统一教学计划、成为我国第一位草原学博士生导师……这位中国草业科学的开拓者，为我国与甘肃省的草业科研、教育和生产的发展立下汗马功劳。

作为一名草业人，我要以任继周先生为镜，既要有创新底气，还要有创新朝气，我将投身于科研，不断创新思路，打破思维定式，破旧立新，为草业发展作出更好的贡献。毕业后我也会将理想信念内化于心、外践于行，扎根于祖国最需要的地方，用自己的专业建功立业，以自己微弱的光照亮乡村振兴的最前沿，为实现中华民族伟大复兴贡献自己的力量。

——农艺与种业212班　梁　宏

承大先生精神，做新时代"草人"

阳春三月，春暖花开，在这个充满生机与希望的时节，任继周"伏羲"草业科学奖励基金设立仪式暨任继周学术思想研讨会在北京林业大学胜利召开。这场盛会是推动北京林业大学草业与草原学院在中国生态文明建设之路上锐意进取、开拓创新的"绿色引擎"，是激励无数草学师生在科研实践中不畏艰难、奋勇向前的"动力源泉"。任院士是草业学科的奠基人，他不辞劳苦、矢志报国，始终坚守"为天地立心，为生民立命"，胸怀天下、心系群众的使命，无愧为新时代大先生的楷模。

任院士一生与草结缘，知草、爱草、护草。作为草学人，我们要继承弘扬任继周院士"改善国民饮食结构，让国人更强壮"的远大志向，学习大先生的优秀品格，踔厉奋发、勇毅前行，做新时期的"草人"。

——农艺与种业212班　宋赵有

秉持初心，奋勇前行——观任继周院士学术思想研讨会有感

任继周先生是我国草业科学的奠基人之一，他为中国草业科学事业的发展作出了不可磨灭的贡献。任继周先生于北京林业大学草业与草原学院设立了"伏羲"草业科学奖励基金，并举办了任继周院士学术思想研讨会。任继周先生始终坚持对草业科学的不懈追求。他鞠躬尽瘁的付出，不仅仅为我国的草业科学事业奠定了深厚的基础，同时也激励了一代又一代的后人，让他们感受到学术道路上的苦与乐。

在他的教育实践中，他始终具有高尚的品格和卓越的人格魅力。他的教学方式生动、有趣，不仅能启发学生的思考，而且更能激发学生的了解和爱好。总的来说，任继周先生的卓越精神在今天仍然发光发热。我们可以从他的生平事迹中深刻领会到一种胸怀天下、知识渊博、行为高尚、刻苦钻研的优秀品质与精神。希望大家都能像任继周先生一样，不断追求，不断拓展自己的知识领域，在自己的职业生涯中追求卓越。

——农艺与种业212班　刘泳岐

任继周先生的"草人"精神

在我院于3月25日举行了任继周"伏羲"草业科学奖励基金设立仪式暨任继周学术思想研讨会上，我不仅了解了任继周先生的学术科研经历还有他的"草人"精神。任院士在青年时期就立下改善我国人民营养结构的伟大志向，胸怀祖国，心系人民，在草原事业中展尽胸中抱负，穷尽毕生心血，鞠躬尽瘁，无怨无悔，为我国草业科学及相关产业的发展作出了系统性、创造性成就，为我国草业振兴作出了卓越不凡的贡献。

任院士在北京林业大学设立"伏羲"草业科学奖励基金，激励北林草苑青年奋发图强。任先生是中华传统文化的传承者和奖掖后人的教育家，他以草地畜牧业的鼻祖"伏羲"之名设立奖励基金，足见其对草业事业的热爱和对草业鼻祖的尊崇。"伏羲"草业

科学奖励基金的设立，极大鼓舞了我们这群草院学子，激发了我们学生刻苦学习、奋发向上、投身草业事业的自信。我院学子将深怀感恩之心，志学草业，深耕专业领域，勇攀草业科学高峰，以只争朝夕、不负韶华的奋斗姿态，贡献北林草学智慧，践行把论文写在祖国美好的大地上的校训。

——农艺与种业212班　杨　帅

探索无尽之境：跟随任继周院士的创新勇气

任继周院士是草地农业科学家，我国草原学界的泰斗，中国现代草业科学的开拓者和奠基人。任院士牢记"国之大者"，胸怀祖国，心系人民，在草原事业中展尽胸中抱负，穷尽毕生心血，鞠躬尽瘁，无怨无悔，为我国草业科学及相关产业的发展作出了系统性、创造性成就，为我国草业振兴作出了卓越不凡的贡献。"每天都感觉时间不够用，还想要多发一份光和热。"凭着这份热爱与信念，任继周扎根西北71载，围绕草业科学领域坚持科研与教学并举，成为我国草业科学领域首位院士，是我国草业科学的奠基人之一。

"八十而长存虔敬之心，善养赤子之趣，不断求索如海滩拾贝，得失不计，融入社会而怡然自得；九十而外纳清新，内排冗余，含英咀华，简练人生。"这是他八十岁时写的文章《人生的"序"》，这个序，还在更新。黄昏虽短，桑榆不晚。夕阳斜倚的晚霞，铺洒下来，映照着后来者前行之路。

——农艺与种业212班　杨　哲

知识的探戈舞动在任继周院士的科学智慧中

任继周院士是我国草业科学的奠基人之一，是现代草业科学的开拓者，见证并大力推动了草学学科的成长与发展，为我国草业教育和科技发展立下汗马功劳。

一粒种子可以改良一片草原，也可以改变一个世界，草苑学子就是撒播于全国各地的绿色种子，不久的将来，我们定会破土萌芽、茁壮成长为地球的底色！对此，我心潮澎湃，暗自下定决心。首先，坚定树立爱国奉献、科学报国的思想。德才兼备，以德为先。青年人才要以任院士为榜样，继承和发扬老一辈学者科技报国的优秀品质，坚定敢为人先的创新自信，坚守科研诚信、科技伦理、学术规范，担当作为、求实创新、潜心研究。

一年之计在于春，春风化雨润桃李。春天是充满希望和活力的季节，也是充满挑战的季节，更是我们草业人准备春耕播种的季节。春若不耕，秋无所望；寅若不起，日无所办；少若不勤，老无所归。正春华枝俏，待秋实果茂，与君共勉。

——农艺与种业212班　张　凤

学习"草人"思想，传承草业精神

任继周先生是我国著名的草地农业科学家、中国草业科学奠基人、中国工程院院士。生于耕读之家，长于战争年代，在早年国家贫困时期，任先生就定下了"改善中国人的营养结构"的初心目标。1943年起，任先生师从我国现代草原科学奠基人王栋教授，后带着"为天地立心，为生民立命；与牛羊同居，与鹿豕同游"的师嘱，赶赴兰州国立兽医学院任教，并于1964年在甘肃农业大学畜牧系创办了草原专业。《大学》中讲修身齐家治国平天下，在任老的房间中，挂着一副对联：涵养动中静，虚怀有若无。据任老自己介绍，这十个字是他的哥哥——我国著名哲学家任继愈送他的座右铭，一直激励着他修身修心。

我们作为新一代"草人"，要心系草原，警惕任院士在《杞人忧天，草人忧地》杂文中写到的"四个担忧"：一忧粮食安全再走老路；二忧草业科研作风漂浮；三忧理论误导不走正路；四忧自然、人文不能兼备。牢记绿色是核心，把情怀融入我们从事的草原事业，致力于国家生态文明建设战略，在国家生态文明和美丽中国建设中肩负使命，为林草事业增光添彩。

——农艺与种业212班　宋诗雯

扎根西北寸草心，期颐之年守初心——任继周先生思想学习感悟体会

近百岁高龄的任继周先生，与草原结缘并一辈子致力于草业研究，是我国草业科学的奠基人，也是我国草地农业科学的开拓者。如今期颐之年他仍然笔耕不止、初心不忘，指导后辈发展草业科学，设立基金激励广大草业学子，任先生的大师思想和草业精神是我们毕生所学的榜样。一头是辽阔草原，一头是三尺讲台。任先生把从草原获得的知识、草原智慧与热情代代播散到后来者的心间。改革开放初期，在艰苦的岁月里，任先生以革命家的精神奔向了大西北，在青藏高原严寒恶劣的气候条件和贫穷落后的经济条件下扎进了大草原，在那里他开拓了草业科学。这种精神正是我们年轻一代扎根野外一线，克服外界艰苦环境，刻苦钻研，将论文写在草原大地上的源源动力。

匠心为草，初心为国。任先生98岁的高龄仍然每天坚持工作，他提醒自己分秒必争，他一辈子立草为业，以草人自称。他的研究改变了我国农业结构，改善了我国国民的食物营养，提高了农牧民的经济收入，同时也为我国草业发展开拓了广阔的天地。他的这种大国工匠的匠心精神激励我们要干一行爱一行，迈入了草学的行业，就要树立立草立业，为国为民的思想，以国之大者的情怀去思考问题，以草业的研究精心服务国家需求。

——农艺与种业212班　杨明新

我眼中的任继周先生

任继周，1924年出生，山东平原人，1995年当选中国工程院院士。作为我国首位草业科学领域院士，任继周扎根西北70载，围绕草业科学领域坚持科研与教学并举，是我国草业科学的奠基人之一。在他身上，有多个"第一"：研制出我国第一代草原划破机——燕尾犁，创建我国高等农业院校第一个草原系，主持制订我国第一个全国草原本科专业统一教学计划，成为我国第一位草原学博士生导师……

任先生是我们的学术典范，他不怕苦不怕累的精神和坚持学习的态度都值得我们朝任老看齐，"见贤思齐焉"，任先生是大家当之无愧的榜样。作为一名研究生，任先生的为人处世和学术精神是我科研道路上要一直学习和追求的，脚踏实地，勤勤恳恳，认真对待自己的每件事。

——农艺与种业212班　李思扬

致敬任继周院士——些许感悟

任继周院士作为我国草业科学的奠基人之一，不仅见证了草业科学的发展，更是始终引领着草业科学发展的方向。历经数十年教学科研的探索与实践，任继周院士将草地农业科学发展、升华到哲学思考领域，开辟了农业伦理学研究的先河。任先生为我国草业发展呕心沥血、鞠躬尽瘁、教书育人、谦谨至善，为我国草业事业源源不断输入人才。此外，他的"大师精神"尤为值得我们继承弘扬和光大，主要体现在爱国爱党的家国情怀、求真务实的宝贵精神、严谨严格的治学作风、树人育人的高尚品德和谦虚谦和的为人美德等五个方面。

这种"大师精神"应该永远被我们新一代乃至接下来每一代的草业人高举和继承，不断弘扬光大。作为草业学科的一名研究生，我们要学习任先生尊重自然规律、为民服务、不断创新和交叉贯通的学术思想，争取作出自己的贡献，散发自身的能量。

——农艺与种业212班　邢　森

投身草业，争做合格"草人"

任继周院士是我们草业科学的开拓者，他70多年投身草业，称自己为"草人"。任先生说："搞草业，我这一辈子没有动摇过，不管多大的风浪。"他时常说自己做的事情微不足道，但其实，任先生对于草原的研究，影响着我们每个人的生活。"农区是以粮为纲，牧区就是搞原始放牧，这么搞，咱们的农业翻不了身"。在实地调研的过程中，任继周深感我国农业结构存在问题，但在当时"草地农业"的想法无人问津，任继周由此开始筹办研究所，专门研究我国农业的生态问题。

"任先生的第一堂课，不是讲授具体的专业知识，而是告诉我们草原学是干什么的、学了有什么用，能使人强烈感受到草原学的魅力所在。"任继周的学生、中国工程院院士南志标教授回忆道，他的许多学生选择追随他的步伐，一生扎根于草业科学的广袤"草原"。任先生90多岁的高龄却还是感觉时间不够用，想为草业科学的研究多发一份光和热。我认为我们应当发扬任先生为草业科学研究乐于奉献的精神，草原是我们每一个人的，我们要努力争做合格的"草人"，跟随任继周先生努力奋斗，为社会的发展作出贡献。

——农艺与种业222班　王紫琦

吾辈"草人"志存高远，仰望"大师"坚毅前行

小草寂静无声地贴着地皮艰难地生长，却把根深深扎到许多倍于株高的地方。

——题记

在任继周"伏羲"草业科学奖励基金暨任继周学术思想研讨会上，任继周院士的事迹深深地感染了我们。任继周院士是我国著名草地与草业专家，他在草地科研领域作出了杰出贡献，成为了我国草地学科发展的重要推动者。我深刻感受到了任继周院士的使命担当和卓越精神。

我们作为新时代的草学生，应当汲取任先生的宝贵经验。社会风云难以捉摸，个人的处境同样纷纭多事，要自觉做"涵养"功夫。不管世事多么乱，不要使它吹皱心中的一池春水，保持心境的澄澈、平静，才能充分发挥自己的能量，过好生活，做好工作。还要有开阔的胸襟，接纳万物，心境和平、宁静，愉快地接纳新事物。学习任继周先生

勇于开拓的精神，勇于创新，勤奋求实，以大无畏的开拓勇气投身草业科学的发展。

——农艺与种业222班　魏伦达

弘扬"草人精神"，务实"藏粮于草"

"古往人何在，年来草自春""不与花争艳，不与树比高"，这是草的品格、草的境界。任继周先生也时常将自己比作"草人"，"草人"包含两层意思：一是俯下身子，做一个平凡的草原工作者。二是站在国民营养的高度，以开展草业为己任。这既是任继周先生时刻践行与追求的目标与方向，也是这位伟大科学家的品格与境界的真实写照，更是学生永远学习的典范。

任继周先生在草地农业和生态环境保护方面的研究成果，为我国农业和生态环境保护事业作出了重要贡献。他的思想和理念在今天仍然具有重要的指导意义，我们应该继承和发扬这些优秀传统，为实现可持续发展和生态文明建设作出更大的贡献。

——农艺与种业222班　范腾飞

持之以恒，追求梦想

任老创建了草地农业生态系统学。1956年，任继周创建了我国第一个高山草原定位试验站——甘肃天祝高山草原站。在实地调研的过程中，任继周深感我国农业结构存在问题，但在当时"草地农业"的想法无人问津，任继周由此开始筹办研究所，专门研究我国农业的生态问题。1981年，甘肃草原生态研究所成立，任继周由此开始描绘草地农业系统的蓝图。此后数十年，任继周潜心草地农业研究，开创了草原分类体系、创造了划破草皮、改良草原的理论与实践，创建了草地农业生态系统学，为草业科学的研究奠定了坚实基础。

在做草原调查的过程中，任继周经常接触农牧民，他的思考领域也逐渐延伸到"三农"问题。之后，任继周还带领团队在黄土高原、贵州展开实践，帮助大批农牧民走上脱贫致富之路，成为我国扶贫模式之一。近几年，任老又关注了"三农"问题，编写了《中国农业伦理学导论》上下册，年近98岁的老先生每日还在工作6个小时，令我们敬佩。作为一名甘肃人，我深知恶劣的自然条件，在那个年代，艰苦的环境下，任老的行动感动了我，我相信作为每一位草人，都应该时刻记住那些日子，更加努力学习，报效祖国，发展草业，振兴草业。

——农艺与种业222班　杨轶博

小草大智慧

2023年3月，草业与草原学院举办了任继周院士学术思想研讨会。任继周是中国工程院院士，他扎根西北七十余载，在西部大地上创造了多个"第一"：建立中国第一个高山草原试验站、研制出我国第一代草原划破机——燕尾犁、主编我国第一本《草原学》教材……70多年来，任继周走过甘肃的每一块草原，一年跑破一双翻毛的皮靴。任继周潜心草地农业研究，开创了草原分类体系，创造了划破草皮、改良草原的理论与实践，创建了草地农业生态系统学，为草业科学的研究奠定了坚实基础。

任继周还带领团队在黄土高原、贵州展开实践，帮助大批农牧民走上脱贫致富之路，成为我国扶贫模式之一。任继周等学者创造性地提出时之维、地之维、度之维、法之维多维结构的农业伦理学体系，尝试从哲学伦理道德的高度，寻求中国农业兴旺发达和永续发展之路，更好地服务于我国农业、农村发展和现代农业建设的需要。

——农艺与种业222班　赵慧娜

发奋图强，立志学草

任继周院士是草地农业科学家，我国草原学界的泰斗，中国现代草业科学的开拓者和奠基人，国家草业科学重点学科点学术带头人。作为北林草学院的学子，非常深切地感受到大师不仅是有物质上的支持，更是精神上的激励和鼓舞。我一定会更加努力学习任院士尊重自然规律、为民服务、不断创新和交叉贯通的学术思想；学习任院士的开创精神，终身学习精神和科学报国、回报社会的美好品质。

通过参加本次学术论坛，我深刻感受到自身还有很多的不足。老师同学们都比想象的还更加优秀，听取他们的报告使我受益匪浅，在以后的学习中，我将坚持积极地参与到各种学术交流活动中去，从而不断提高自己的科研水平和科研能力，要想在学术上有所成就，我必须从思想上更加明确自己的目标，要坚持不懈地努力学习。

——农艺与种业222班　孔梦桥

"草人"精神为吾辈领航

在任继周"伏羲"草业科学奖励基金设立之际，有幸聆听了学院举行的任继周学术思想研讨会，它为后来青年者传递了不竭的精神动力，感慨颇深。作为一名渺小的新绿，对以"草人"自居，投身草业70多年的任继周先生的模范事迹已经非常熟悉，但每次看到任先生相关的采访，他身上体现出的那种专业致学的科学家精神和中国传统文化中的浩荡君子之风无一不让我心生敬佩。少年立鸿鹄之志，并为之奋斗终身，为国立命，为民立心。在这个浮躁的时代，任先生给我们年轻人做了最好的榜样。

只讲奉献，不屑索取。在任继周先生功成名就之时，国内外高薪聘请的机构比比皆是。但先生只心系国家和民族的健康发展，他用毕生的科学研究和教育教学，急国家之所急，想人民之所想，以无数的努力与实践，反哺社会，奉献社会，心有大我，家国天下。珍惜时下的每寸光阴，保持严谨治学的工作态度。虚怀若谷，掌握的知识越多，越应该保持对自然的敬畏。知识不是骄傲的本钱，保持谦虚严谨，才能在科研的道路上持之以恒。怀抱一颗感恩之心，回报国家，回报社会。这是任先生给我的启发。

——农艺与种业222班　刘秀蕾

"涵养动中静，虚怀有若无"

任继周院士是我国现代草业科学奠基人之一，是新中国草业科学开创者。先生心存大爱，70年来潜心草地农业科学研究，为我国的草业发展立下汗马功劳。年轻时，任先生以优秀的成绩选择了所谓的"冷门专业"，放弃了出国深造的机会，一心只为让中国人获得更好的营养和拥有更好的体魄；上了年纪后，任先生又以"珍惜借来的三竿又三竿的时间"的精神坚持工作，将自己的所有回馈给国家和民族。这不禁让我想到金庸老先生所书"侠之大者，为国为民"，像任先生这样能真正做到"为天地立心、为生民立命"的科研工作者才能被称为国士无双，也是我们年轻人在学习和科研上最好的榜样。

时至今日，98岁高龄的任先生仍保持每天写作6小时，与时间赛跑，将毕生所学尽可能多的留给世界，以平淡的心境，铸就一个行业的传奇。以自身的躬身笃行激励每一个草业人，"从社会取一瓢水，就应该还社会一桶水"，脚踏实地，心存感恩。作为一名青年草业学子，我们应以任先生的事迹作为促进自己提升、深化自身认识、推进科学研究的催化剂，在以后的学习和科研工作中发扬他不畏艰苦勇攀高峰的精神，在生活中向任先生学习其"虚怀有若无"的品德，争取为我国的草业事业作出自己应有的贡献。

——农艺与种业222班　古丽努尔·买买提依明

引领时代的先锋：任继周院士的创新思维与视野

任继周先生是我国草业科学的奠基人之一，是中国现代草业科学的开拓者和奠基人之一。非常荣幸作为一名研究生的身份参与这个思想研讨会，学习任先生的思想，通过对任先生思想的学习，坚定了我对草业科学研究的决心。从本次研讨会中，我认识到任继周先生对事业、对集体高度的责任感。

任先生说：我早已"非我"，所有的东西都是社会的。对自己过去70多年的工作，任继周先生这样说道："基本没有浪费时间，总体上是满意的，但缺点比满意要多，失败更多于成功。我曾经面对许多误解和无知，我要是心眼小一点的话早活不成了，受的那些委屈，碰的那些钉子，全当精神垃圾，统统忘掉了。""莫道桑榆晚，为霞尚满天"他的学习精神、奉献精神、科学精神，永远激励着草业学人砥砺前行。

——农艺与种业222班　张雪梅

追寻梦想：任继周院士的科学人生与成就

任继周先生是我国著名的草学家，他对草地生态系统和草地植物的研究取得了许多重要成果，对草地生态保护和草地资源开发利用提出了许多有益的建议。在学习任继周先生的学术思想中，我深刻体会到了草地生态系统的复杂性和多样性。草地是生物多样性最丰富的生态系统之一，包含着大量的植物和动物物种。而草地的生态系统也非常脆弱，受到环境变化和人类活动的影响很大。为了保护和恢复草地生态系统，我们需要深入了解草地生态系统的特点和规律，寻找适合草地生态系统的保护和恢复措施。

在学习生活中，也始终将任继周先生的学术思想贯穿其中。我不断提高自己的科学素养，努力掌握草地生态系统的研究方法和技术，积极参与草地保护和恢复的实践活动。我相信，在任继周先生的学术思想的指导下，我一定能够为草地生态系统的保护和恢复作出自己的贡献。

——农艺与种业222班　周溥丁

探索未知的勇气，科学挑战与突破

任继周院士作为我国现代草业科学奠基人之一，70余年来，先生潜心草地农业研究，带着团队勇攀科学高峰，立下了汗马功劳。任继周睡帐篷、钻草窝，与虱子、臭虫同眠，用杀虫剂溶液浸泡衣裤制作"毒甲"，晒干就穿上进草原，一待就是几十天，在如此艰难困苦中创建了我国第一个高山草原定位试验站——甘肃天祝草原站。在不断地探索实践中，任继周提出了草原综合顺序分类法。

当听到90多岁的老先生每天还依旧工作6小时，每天都感觉时间不够用，总还想着要多发一份光和热。我就觉得自愧不如，这让我意识到自己作为一名草业人，尤其是已经读到了研究生阶段，更应该学习任继周院士的这种精神。勇敢刻苦，自律自强。我对任继周先生的科学报国、开拓创新、终身学习、回报社会感到敬重与钦佩。在今后的学习生活中，我会更加主动自律的学习，认真阅读文献，积极学习做实验，敢于创新，勇于创新，立身草业，开拓奋进。对于董世魁老师总结的任继周学术思想的"任学六性"（创新性、开拓性、历史性、时代性、务实性和层次性）牢记于心，并在今后的学习生活中努力做到这六性。

——农艺与种业222班　塔文妍

执着足迹，任继周院士的科学研究与创新成果

自我上大学以来，就开始慢慢地从许多方面加深了对任继周院士的了解。我的本科老师们都常说任先生的努力和付出大力推动了草学学科的成长与发展，培养了像老师们一样的一大批高素质的草原科技人才。任院士牢记"国之大者"，胸怀祖国，心系人民，在草原事业中展尽胸中抱负，穷尽毕生心血，鞠躬尽瘁，无怨无悔，为我国草业科学及相关产业的发展作出了系统性、创造性成就，为我国草业振兴作出了卓越不凡的贡献。

他言传身教，为人师表，是一名真正一心为草业发展不断努力的好老师。任先生这次倾其所有，在北京林业大学设立"伏羲"草业科学奖励基金，这是任先生以"无我"的无私奉献精神为草业科学作出的又一善举，更是一笔宝贵的精神财富。我相信在"伏羲"草业科学奖励基金的设立之后，一定会极大地鼓舞我们学院的青年教师和优秀学子，我个人也逐渐加深了刻苦学习、奋发向上、投身草业事业的自信。一心为自己的专业努力，向优秀、无私的任继周院士学习，以任院士为榜样，用心科研，不畏艰难，为我国草业的发展贡献自己的绵薄之力！

——农艺与种业222班　赵力军

日新又新，砥砺前行

道法自然，日新又新。道法自然，是出自《道德经》的哲学思想，"道"就是"自然而然"。自然不仅是大道的特性，也是自然的属性。"苟日新，日日新，又日新"选自中国儒家经典——《礼记·大学》，用在科研方面，激励我们需要不断创新发展。学习任老先生像草一样，在最底层，最不起眼的地方，好好地扎下根做工作，道阻且长，行

则将至。

　　我们作为学习草业的研究生，需要紧随时代的发展，学习现代信息技术，武装自己的头脑，提高真本事。春不耕则秋无望，告诫我们做一粒好种子，在实验中认真对待，在学习中虚心求教，在生活中踏实向前。不必被卷进时代的洪流，但一定有所志向，乐观积极，充满生命力，时刻准备着接受时代的挑战。"莫道桑榆晚，为霞尚满天"。任老先生孜孜不倦刻苦求学终身学习的精神、国民情怀无私奉献的大爱精神、虚怀若谷紧随时代发展的精神，永远激励着我们这一代又一代的草学人不忘初心，砥砺前行。

——农艺与种业222班　舟明洁

品任院士学术思想，践行绿色报国理念

　　在北京林业大学草业与草原学院的主持下，有幸聆听了一场关于任先生的学术思想报告，这场报告让我获益匪浅。让我最为震撼的是，任老先生在99岁的高龄依然保持着工作状态，依旧勤恳地奋战在草业学科的第一线，他用自己的智慧和汗水来为草业学科发展保驾护航，几十年如一日的坚守，这需要坚定的意志品质和对学科的热爱，以及对于祖国和人民的热爱才能作出的壮举。他把自己的一生都奉献给了他所热爱的草业学科，奉献给了祖国和人民，用自己的实际行动践行了对于祖国和人民的誓言！

　　任院士一生淡泊名利，专心于学科的研究工作当中，他把自己的劳动所得慷慨的捐献出来，为了激励和鼓舞后来学者继续攀岩草业学科的高峰，做好学术传承，很高兴地看到，在任老先生的身后，他的一批批学子站了出来，接好了科研的传承棒，并在自己的领域作出了不菲的成就，相信在任老先生的引领下，草业学科未来的发展一定会更好！

——农艺与种业222班　王萌韬

草人的使命与担当

　　"我们草人爱的不是红桥绿水的'十里长堤'，而是戈壁风、大漠道，这是我们应融入的生存乐园。"这是任老先生使我印象最深的一段话。任老先生一生奉献，用实际行动向我们青年学子诠释了，草是绿色社会和绿色地球的底色，草的重要性不言而喻，"藏粮于草"需要高度的重视，作为北京林业大学草业与草原学院的一名研究生，我们务必要坚持"立志立学，立草立业"。同时，作为一名新时代的青年，我们需以志为先。既要仰望星空，也要脚踏实地，既要放飞梦想，也要砥砺前行，任老先生高度重视生态文明建设，广袤无垠的草原是生态文明的重要孕育地和实践地。

我们应该充分利用自身的学科优势，持续深化学习，积极接受所学专业赋予的生态文明教育，积极了解生态文明建设的基本理念，深入学习生态文明建设的基本内涵，推陈出新生态文明建设的实践方法，深刻理解生态文明建设与自身学习、工作及生活的相关性，积极参与、主动实践，为推动生态文明建设发挥自己的力量，做生态文明创新的推动者。努力在生态文明的制度建设、科学研究、成果应用等方面作出应有的贡献。

——农艺与种业222班　王庆璞

老骥伏枥

任继周院士犹如一座灯塔，照亮每一位草学人的来时路。任院士在少年时期体弱多病，看到身边人面黄肌瘦、体弱多病，他便立下"科学报国"的大志，大学毕业后他放弃优厚的待遇，扎根西北70余载，他耐得住寂寞，甘愿做一个"草人"，将草学这个"冷板凳"坐热。任继周院士犹如一股清泉，倾其所有反哺社会。他说"从社会取一瓢水，就应该还一桶水"，耄耋之年，任老掏出全部家当在多所高校设置奖学金，不断激励奋进的草学人前进。同时，任老依然坚持每天工作6小时，他总是说，每天都感觉时间不够用，还想要多发一份光和热。

这几年来，我有幸和任院士接触几次，每次都为任老的精神与品格动容，作为草学研究生，我们应继承和发扬任老的学术思想，同时更应该脚踏实地，深耕草学领域，为我国草学事业的建设而添砖加瓦。

——农艺与种业223班　董　爽

悠悠寸草心

作为草学院的一份子，有幸现场参与任继周"伏羲"草业科学奖励基金设立仪式暨任继周学术思想研讨会，任院士的众多学生也从各地赶来，纷纷献上对任院士的感恩与敬仰，每个人的发言无不让人热泪盈眶！

任继周常怀悠悠寸草报国心，坚定理想信念，努力向下扎根，不断向上生长。20世纪50年代初，新中国刚成立，百废待兴，任继周放弃了大城市工作的机会，义无反顾奔赴满目疮痍、匪患未绝的西北高原，把自己的青春献给了草原、高原。不论何种境况下，从来没有动摇过坚持追求的信仰，开辟着一个一个新的天地，创造着一次又一次神奇。正是因为有这样一位笔耕不辍的百岁老人，才有了我国草业今日的勃勃生机，我们要踩在巨人的肩膀上，创造出更多的奇迹！

作为一名入党积极分子，一定时刻铭记任院士的高尚情怀和奉献精神，不断鞭策自己，以只争朝夕、不负韶华的姿态投入今后的科研工作中。

——农艺与种业223班　耿艳慧

学习任继周"草人"精神与学术思想，争做优秀草业人

3月25日北京林业大学草业与草原学院主办了任继周"伏羲"草业科学奖励基金设立仪式暨任继周学术思想研讨会。任继周先生在《土地深层的乐章》中写道："小草寂静无声地贴着地皮艰难地生长，却把根深深扎到许多倍于株高的地方。"正如任先生的学生时代，生于耕读之家，长于战争年代。经历了国家最为贫困、羸弱时期的任先生，在青年时期就立下宏愿，立志要改善中国人的营养结构。作为21世纪新时代的青年，我们更应该怀抱梦想、脚踏实地，敢想敢为、善作善成，立志做有理想、敢担当、能吃苦、肯奋斗的新时代好青年，不负韶华，让青春为草学、为生态文明建设、为新时代中国特色社会主义建设的实践中绽放出绚烂之花。

"渐多足音响空谷，沁人陈酿溢深潭。夕阳晚照美如画，惜我三竿复三竿。"鲐背之年，任先生情系北林草学院，时刻关注学院发展，并亲自为学院师生题写院训"立志立学，立草立业"。作为草学院学生，我们要时刻牢记任先生的谆谆教诲，在今后的学习生活中身体力行，践行这八个字的院训，争做优秀草业人。

——农艺与种业223班　顾启元

传承草人精神，做草业接班人

任继周是中国草业科学奠基人、中国工程院院士，今年已经98岁的他一辈子致力于草业研究，是我国著名的草地农业科学家，却称自己为"草人"。"草人"这个名字十分贴切，不仅从事草业，更是有小草的精神。在艰苦的环境下能够顽强地生存下去，深深扎根于土地，纵然是春去秋来、纵然是寒冬酷暑，"草人"依然像小草一样向阳生长，以摇曳的身姿生长于大地之上，不畏他人的眼光，只是静静的生长和绽放！我感觉，他在将自己定义为"草人"的时候，他的心就如同夜空中的一轮朗月，明朗而清澈。

"涵养动中静，虚怀有若无"是任老的哥哥——我国著名的哲学家任继愈送给他

的座右铭，这十个字在晚年一直激励着任继周。任老说："搞草业，我这一辈子是搞这个，没有动摇过，不管多大的风浪。"先生一辈子搞草业从未动摇，这样坚定地做好一件事的精神，值得每一个草业人学习。他总说自己做的事情其实很微不足道，但其实，任老对于草原的研究，恰恰影响着我们每个人的生活。投身草业七十多年的"草人"任继周先生，身上专业致学的科学家精神和浩荡君子之风，将令我永远敬佩和学习。

——农艺与种业223班　何金雨

坚守西部从教70余年的国宝级院士——任继周

任继周院士年轻时致力于改善国民的营养条件，投身草业，奉献草原，70多年来，为我国草业科学教育和科技立下了汗马功劳，现已99岁高龄，仍在坚持学习和著作。任继周院士专业从事草业科学教学与研究，是我国草业科学领域战略科学家。他创立了草原气候—土地—植被综合分类法，为当前世界唯一适用于全球的草地分类系统；提出了草原季节畜牧业理论，为广大牧区采用，获得巨大经济效益；创立了评定草原生产能力的新指标"畜产品单位"，结束了世界各地不同畜产品不能比较的历史，为国际权威组织采用。

"涵养动中静，虚怀有若无"，这十个字座右铭是对他最恰当的描述。任继周是中国草业科学奠基人、中国工程院院士，他一辈子致力于草业研究，是我国著名的草地农业科学家，却称自己为"草人"。草，灵性之物。只有融入它的生命里，与它相濡以沫，才能听得见它的声音，读得懂它的语言，看得到它春萌秋萎、反复枯荣后的美丽与生机。那是人心与草魂交融的默契与信任。而这样的"默契与信任"，只属于爱草、敬草、懂草的人，扎根西部70年，将毕生心血献给了祖国的草原和草业事业，任继周的爱草、敬草、懂草是任何其他人所难以企及的。

——农艺与种业223班　景雨晴

感悟"草人"大师精神，传承白发少年初心

他说"我想用自己的所学，让国人强壮起来"，他说"这个年龄，我能做多少就做多少，我要爱惜、珍惜我借来的三竿又三竿的时间"，他说"小草寂静无声地贴着地皮艰难地生长，却把根深深扎到许多倍于株高的地方"，字字铿锵，句句洪亮。他是中国草业科学奠基人、中国工程院院士、中国草地农业科学家任继周先生。然而，众多闪耀的头衔背后，任先生却更喜欢借用《周礼》"草人，掌土化之法，相其宜而为之种"一

语，将自己比作"草人"。"草人"包含二层意思：一是俯下身子，做一个平凡的草原工作者。二是站在国民营养的高度，以发展草业为己任。

有幸，成为一名草学学子，有幸，承蒙任继周"伏羲"草业科学奖励基金的鼓励与恩泽。我将时刻谨记任先生对我们的教诲，学习先生的学术思想，领悟先生的大师精神，传承先生的"草人"之心，珍惜我所拥有的"三竿又三竿"的时间，踔厉奋发，锐意进取，把自己的青春投入到国家草学科研事业当中，努力做一名合格的新一辈"草人"。

——农艺与种业223班　李贺洋

中国草业科学奠基人任继周：
"涵养动中静，虚怀有若无"

草，灵性之物。只有融入它的生命里，与它相濡以沫，才能听得见它的声音，读得懂它的语言，看得到它春萌秋萎、枯荣过后的美丽与生机。任继周就是这样一位与草结缘一辈子的科学家。"涵养动中静，虚怀有若无"，这十个字座右铭是对他最恰当的描述。任继周是中国草业科学奠基人、中国工程院院士，今年已经98岁的他一辈子致力于草业研究，是我国著名的草地农业科学家，却称自己为"草人"。

任老一直说觉得自己对社会做得太少，舀一瓢水，没还一桶。但其实，这位以草人自居，投身草业七十多年的老先生，他的身上体现了专业致学的科学家的精神，又有中国传统文化中的浩荡君子之风。他认为的人生意义就是能够一直到生命结束，还有做不完的工作。

——农艺与种业223班　梁星星

为草不知愁，韶华到白头

3月25日，学院开展了任继周"伏羲"草业科学奖励基金设立仪式暨任继周学术思想研讨会。任继周是中国草业科学奠基人、中国工程院院士，是重庆南开中学1944届校友。今年的他已经98岁高龄了。他一辈子致力于草业研究，为我国草业作出了诸多贡献，却谦虚地认为自己做的事情微不足道，至今仍分秒必争潜心写书。

形容任继周先生的一句话就是"为天地立心，为生民立命；与牛羊同居，与鹿豕同游"。在任继周先生身上，我感觉到了任继周先生对草业的热爱，他的精神也同样感染了我。在今后的学习生活中，我会更加努力学习文化知识，提升自己的能力，从小事做起，不遗余力，更不吝于将自己的时间、精力献给草业的科研、创业事业的实践中去。并且作为一名共产党员，时刻把个人理想与祖国的命运、个人奋斗与民族振兴、个人选择与党的号召深深地融为一体，时刻履行着一名共产党员的职责，积极投身草原草业事业，为草原草业振兴奉献青春力量，扎根于祖国最需要的地方。

——农艺与种业223班　王建宇

愿河山绿

任继周先生七十余年来潜心草地农业教育研究，培养了大批人才，为中国草业教育和科技发展立下汗马功劳。很荣幸也很幸运能够成为北京林业大学草业与草原学院的一名在读研究生，在此机会上，能够参与此次任继周学术思想研讨会。任继周先生说过，"我们草人爱的不是红桥绿水的'十里长堤'，而是戈壁风、大漠道，这是我们应融入的生存乐园。"他觉得在这里，自己的专业与志趣融为一体，工作与生存融为一体，自我与环境融为一体，获得的是生命的净化、充实和乐趣。

任继周先生视草业科学为生命，把发展草业、培养人才作为责无旁贷的责任，以及他勇于开拓、勇于创新的大无畏精神是我们每一个草业人都应该学习的。作为新草业人，应结合学院的教学思想，"立草立业，立志立学"，将自己融入有灵性的草之中去，聆听它的声音，读懂它的语言，与草做朋友，用心去感受感知草业的生命力，为草业发展添砖加瓦。

——农艺与种业223班　肖　倩

弘扬任继周院士"大师精神"

参加完任继周"伏羲"草业科学奖励基金暨任继周学术思想研讨会，我收获满满。任继周院士作为北京林业大学草业与草原学院名誉院长，长期心系广大师生，亲笔书写"立志立学，立草立业"院训，对学院发展寄予深切厚望，先后8次亲临我校或线上寄语师生，指导草学学科发展和草业人才培养方向。99岁的任继周，素来将自己比作"草人"，他常常教育年轻党员和自己的学生，要俯下身子做一个平凡的草原工作者，站在改善人民群众营养结构的高度，以发展草业为己任。

这位中国草业科学的奠基人之一、现代草业科学的开拓者，为我国草业科研、教育和生产的发展立下汗马功劳。同时我也了解到他的许多学生选择追随他的步伐，一生扎根于草业科学的广袤"草原"。在未来的学习生活中，我们作为北林学子要学习和弘扬任继周院士的"大师精神"。

——农艺与种业223班　杨　蕊

追寻真理的破晓先锋——任继周院士

任院士作为现代草业科学的奠基者、我国草业科学的奠基人之一，用自己的一生书写了草原上极具影响力的篇章，"藏粮于草"的理念超前且极具深刻意义。我国草业的发展尚未达到快速阶段，传统农业大国的经营理念仍需进一步转变。近年来，优质饲草严重短缺，在对草产品有较大需求的牛羊市场上这一问题亟待解决。现代畜牧业要想得到更大力的发展，就需要有大量的优质饲草和粮食。因此，草业的发展堪称重中之重。

从生态角度看，草种质量关乎草原生态保护的效率。我国草原面积广阔，但大部分草原呈中度及重度退化状态，急需大量优质草种进行保护修复。目前的情况是我国草种自给率低、缺口较大，国产草种质量差，主要表现在发芽率低、杂草种子多、含检疫对象比例高；另一方面，草业种质资源保护和品种繁育不平衡，草业良种选育侧重于牧草，主要服务畜牧业发展，专门用于生态修复的具有较强抗逆性的草种很少。因此，要想因地制宜地修复草原，必须大力发展国产草种，乡土草种仍然是修复退化草原的最优选择。

——草业191班　郭　戍

任继周先生奋进的足迹，波澜壮阔

初识任继周先生是在大一初入学时，非常荣幸在北林讲堂聆听任先生的教诲，惊讶于他年近百岁依然思维清晰，话语掷地有声，面对我们这些年轻学生略显幼稚的提问，他也耐心细致地为我们解答，当时被先生的大家风范深深折服。任先生依旧在为草业学科发光发热，在相关领域建言献策，拿出积蓄设立奖学金，在他身上我看到了一位科学家的高尚情怀。

任先生所提出的"藏粮于草"的大食物观，从全新的角度构建我国粮食安全，减少饲料粮消耗，发展牛羊为主的草食家畜，这也意味要对草业发展高度重视起来，要培育优质品种，重视种业发展，使畜牧的基础草业有可持续发展性。任继周先生对于草学的贡献已不仅仅是通过科研推动学科发展，更是无数草业人心中的精神灯塔，在他的指引下践行着"草人"精神，我们都如同小草一样平凡，做着世间最朴实的工作，但是却也有自己的一份使命。

——草业191班　李　江

任老思维如瀑，傲立科学之巅

我国的粮食安全问题是一个结构性问题。牛羊生产的肉奶食品，与粮食直接生产成食品在能量和蛋白质水平是同一个层面的概念。从这个意义上讲，优质牧草也是一种"粮食"，是粮食安全的重要保障。因此，要确立大农业、大粮食概念，减少饲料粮消耗，发展以牛羊为主的草食家畜。藏粮于草、藏粮于草食动物，是改变调整我国粮食安全战略的重要途径。

草原具有"四库"功能，草业在保障我国食物安全与生态安全中具有举足轻重的作用。要转变思想观念，高度重视生态草业在保障粮食安全、食品安全、生态安全方面的重要作用，将草原生态保护与草牧业发展和牧民生计统筹安排，协调发展。立草为业，像重视农业一样重视草业，像重视基本农田一样重视基本草牧场。完成观念转变的同时，也要培育优质品种，促进草业可持续发展。综上所述，我们要大力推进现代草业绿色发展，实现"藏粮于草"，不仅可以保障我国的食物安全，同时可以促进生态安全、社会安全和民族安全。

——草业191班　熊心玥

任继周院士——探索未知的勇敢领路人

作为一位学生，我有幸参加了任继周院士的学术思想研讨会，深刻感受到了任继周院士的大师风范和学术思想的独特魅力。在这次研讨会中，我对任继周院士的精神情怀和学术思想有了更深刻的理解和认识。首先，任继周院士的学术思想强调创新和实践。他一直坚持"理论创新，科技创新，管理创新"这一理念，并通过实践不断推进科技创新和转化。这启示我们，作为年轻的研究者，我们要时刻保持创新的思维方式和实践精神，将理论知识转化为实际应用。其次，任继周院士注重团队建设和人才培养。他曾说过："一个人的力量是有限的，要想取得真正的成就，就要依靠团队的力量。"这告诉我们，作为一个科研工作者，我们要注重团队合作，鼓励人才成长和培养，为科技创新作出更多的贡献。

任继周院士强调科技创新要服务于国家和人民，要为人类福祉作出更多的贡献。这启示我们，作为一名研究者，我们应该始终保持社会责任感和使命感，将科技成果转化为社会价值和利益，为人民群众的生活和健康作出更多的贡献。总之，任继周院士的精神情怀和学术思想为我们树立了很好的榜样和示范。我们要以他为榜样，注重科研创新和团队建设，将科技成果转化为社会价值和利益，为我国科技事业和人民群众的福祉作出更大的贡献。

——草业192　陈雨翀

创新之舟，驶向成功

　　任继周先生是中国草业科学奠基人、中国工程院院士，他一辈子致力于草业研究，是我国著名的草地农业科学家，却称自己为"草人"。任老对此的解释是"搞草业，我这一辈子是搞这个，没有动摇过，不管多大的风浪。"他总说自己做的事情微不足道，但其实，任老对于草原的研究，恰恰影响着我们每个人的生活。任继周先生提出了草原综合顺序分类法，理清了气候、土壤、植被三者的顺序及关系，使草原分类问题迎刃而解。这一综合分类方法精确、稳定，已成为唯一可以覆盖全世界的草地分类方法。他提出了评定草原生产能力的指标——畜产品单位。这一指标体系的提出，结束了各国各地不同畜产品无法比较的历史，后来被国际权威组织用以统一评定世界草原生产能力。

　　周代的官职中有"草人"，《周礼》记载"草人掌土化之法以物地，相其宜而为之种"。任继周先生说，自己研究了一辈子草，就是个"草人"。70余年来，"草人"任继周先生是把全部的精力和热爱都倾洒给草原和农业。

——草业201班　符曼琳

任继周学术思想学习感悟

　　"藏粮于草"，生于战争年代的任先生，将自己的一生奉献给牧草乃至草原事业，开创了农耕之外的草地农业体系，消除饲料、牧草产量不足带给我们的隐忧。他常常自称为"草人"，就像白居易诗词中的"野草"，生于艰难困苦却执着生长，如一株青草，葆有纯净、坚毅和旺盛的生命力。20世纪70年代的过度放牧，破坏了草原及牧场生态，引起草产品产量下降。由此，任先生立志打破我国农牧业分割的格局，开设了"草地农业生态系统"课程，开始草业的教学和研究。他顶着社会对草业科学的偏见，从伦理学方面思索牧草农业存在的问题，探讨草业与社会的关系。

　　"前人种草，后人受益"，作为学生，我们享受着舒适的科研环境和先进的实验设备，享受着时代赠予我们的发展机遇。当代草业人，应该接续任先生的薪火，铭记他的开拓创新精神，坚持推广草业科学，利国利民，造福后代。

——草业201班　张艺泷

任继周先生学术思想学习感悟——新时代下草业人的使命与责任

在昨天进行的任继周先生学术思想研讨会上，同学们都认真听讲并了解到了新的学术动态与科研进展，我也收获颇丰，深有所得。任继周先生作为我国草业的领导人，为我国草学事业的发展作出卓越的贡献，在他的影响下，一代代的草业人不辞劳苦，努力研究，让我国的草业发展走上了一条又快又好的道路。我作为一名即将投入到草学事业建设的大学生，也会以任继周先生的学术思想为指导，努力学习，提升自己的科研知识，好早日为我国草学事业的发展献出自己的一份力。

作为草学的一位大学生，我们要养成吃苦耐劳的优良品质，能上得了实验桌，下得了午时田，能将所学所得运用于日常生产生活之中。草业人的品质，是我们能受益一生的优良品质，就像那一棵棵小草，虽然弱不禁风，但能在艰苦的环境中破土而出，生根发芽，最后组成那绿色的壮丽山河。相信在今后的奋斗事业之中，我们新一代的草学学生能以任继周先生的思想为指导，灵活运用所学知识，严谨进行科学实验，为中国草业事业的发展作出更多的新研究，把祖国绘成一片绿色的大地，让中国的草业研究更上一层楼。

——草业201班　李思远

小草立大志，不负好时光

"青青寸草，悠悠吾心"，任继周先生自牧草和动物营养学开始求学路，立志改善国民营养结构，亲身经历并亲自推动了"牧草学—草原学—草地农业生态学—草业科学"的学科发展，是我国现代草业的重要奠基人。吾家吾国的节目中，我第一次看到了99岁高龄的任先生竟然仍在以每天6小时的高强度工作着，"偷得三竿又三竿"。爱国爱党的家国情怀、求真务实的宝贵精神、严谨严格的治学作风、树人育人的高尚品德、谦虚谦和的为人美德，谁也不会吝于将更美好的赞誉加于任先生身上。任先生设立的"伏羲"奖学金以华夏民族人文先始伏羲为名，意在草原上，意在草苑中，我们草业学子就是绿色种子洒遍漫漫国土，未来定会破土萌芽、茁壮成长为绿色中国的底色。

千字碎语，不足以表达对任先生的景仰与敬佩，先生为生民立命，不改本色，让我对家国情怀有了真正的思考和勇气，现在的浪潮所挟，我在平日里考虑的便是今后怎么发展更好，追逐热点，短平快作出成果，家国情怀便不过嘴上好好学习，为伟大复兴添砖加瓦，但是任先生身体力行的教导令我思考应当敢于坐"冷板凳"，突破别人没做的问题，这是很难的，但我会时刻鞭策自己，别忘了任先生的教诲。

——草业201班　李天乐

学习任老笔耕不辍，谱写科学乐章

　　草学领域的第一位院士、98岁高龄的任继周先生是我国草业科学的奠基人之一，他将草原扩展到草业，一字之差，却将草地纳入整个农业生态系统，草业科学的学科框架正式形成，中国草业科学的空白也得以填补。"中国早期的草业教育如小儿学步，蹒跚前行，艰难万状。"中国工程院院士任继周在为《中国草业教育史》作的序中说。在以任先生为首的众多草业人的努力与时间的累积之下，草业科学整个体系逐步完善，全国现在开设草业科学专业的高校有33所，同时，多所高校在2018年习近平主席"山水林田湖草系统治理"的理念提出后成立草学院，是草业科学发展历程中里程碑的存在。

　　"没有大树就没有历史感，没有草坪就没有时代感。"任继周院士的这句话令我心里的感动、激动与振奋久久不能平息。草原固然是很重要的，是我国生态中不可缺少的一个部分，但草坪对于国人而言它更贴近我们的生活，并且当一个国家的经济发展到一定程度时，我们对草坪的需求就更大了，而草坪作为城市绿地之一同时也反映了我们对生活质量的要求，因此我们对草坪的要求也更高了。也是在以任继周先生、韩烈保教授等草坪学科的专家学者的不断努力之下，2022年我院申报的草坪科学与工程专业获批并公开招生，使得草学院的学科体系更加完善，学生专业方向也更加明确。

——草业201班　李泳珊

千锤百炼的科研磨刀人——任继周院士

　　任继周院士设立的任继周"伏羲"草业科学奖励基金设立仪式在我校顺利举行，从1950年开始，任继周开启了扎根西北的人生。他认为，通过路线勘察的方式了解到的草原始终是表象，只有开展定位研究才能系统地了解草原变化的规律。任继周等学者创造性地提出时之维、地之维、度之维、法之维多维结构的农业伦理学体系，尝试从哲学伦理道德的高度，寻求中国农业兴旺发达和永续发展之路，更好地服务于我国农业、农村发展和现代农业建设的需要。

　　我从代表老师发言中深深地体会到了"活到老，学到老"，任院士在耄耋之年还能坚持不断地学习，不断地与时俱进。任院士会思考，5G时代对人们生活的影响，5G对农业对草业的发展会有什么影响，这是我三年以来从来没有思考过的问题，不免有些惭愧。"伏羲"草业科学奖励基金作为种子基金，寓意深远，将会发挥更大作用。任院士视草业科学为生命，把发展草业、培养人才作为责无旁贷的重任，他勇于开拓、勇于创新的大无畏精神值得我们每一个人学习！在今后的学习中，我也会更加奋进！为草业科学奉献自己的一生！

——草业201班　刘瑜璠

创新的启示者，科学的引领者

一生之计在于勤，勤耕不辍立德行。任继周院士始终扎根中国大地，以发展草业为己任。作为我国现代草业科学开拓者和奠基人之一，他以"惜我三竿复三竿"的"最美奋斗者"精神，为我国草业科学科技、教育、产业发展作出了系统性、开创性贡献。上星期，开例会时，在杨颖老师的带领下学习了任继周思想座谈会，其中提到了，任先生99岁高龄，依旧每天工作6小时，我还记得有老师做汇报说，每天晚上12：00将一天的汇总发给先生，第二天早上六七点依旧能够收到任先生的回信，细想来作为青年人，理应充满活力朝气。近日，99岁的任继周注册了微信公众号，取名为"草人说话"。他是中国工程院院士、我国草业科学奠基人，与草打了一辈子交道，自称"草人"，很难想到我99岁时，我是否还能像先生一样努力跟上时代的脚步，不与社会脱节。甚至我是否能生活自理，更甚者我是否还健在这还是个问题。所以说大家不愧是大家，所以我们才要向任先生学习，学习他的这种精神，这种品质。

任先生的超前的思维也是难能可贵的，他想的总是会比我们长远，想必他总是在思考，在不断地学习，汲取各样的知识，我们要向他学习！

——草业201班　宋启航

"伏羲"有感

作为一名草业学子，高山仰止，任先生身上有几点令我最为深刻。

第一点是任先生所思所虑格局之大，可谓忧国忧民，深刻关切草业领域的发展困境、前景、与其他学科之交叉融合，以及如何更好地服务于党和国家生态文明建设、粮食安全等重大战略问题。作为草学界的泰斗，草学领域内两位院士之一，任先生对于引导和鼓励行业发展义无反顾。特别是重视产业的转化和学生的培养——任先生的弟子及后学们现大多为我国草业领域内的中流砥柱。可能是"屁股决定脑袋"，与之形成对比的是，年轻人们似乎更为关注自己的前途和现实生活的问题，愚私以为过早地考虑"买房"这样的生活问题，不利于取得惊艳的学术成就。

第二点是任先生为所立志向奋斗终身的信念和毅力。20世纪40年代，任先生就读于畜牧兽医系畜牧专业时便早早地树立起改善国民营养的雄心壮志，爱国主义热烈而纯粹。其后数十年，任先生以行动践行着自己的拳拳赤子心。他提出的畜产品单位、草原季节畜牧业理论、草业科学的4个生产层3个界面的基本科学框架等理论，至今仍是我国乃至世界草学领域的一块丰碑。如今，近百岁高龄的任先生仍然坚持每天工作数个小时，真正做到了为心中的理想和事业奋斗终身。

行文至此，波澜不一。

珠玉在前，后学砥进。

"伏羲"，服兮，俯兮。

——草业201班　孔金超

智慧的光辉，永远的传承

七十余年，任继周院士始终扎根祖国大地，以发展草业科学为己任，他是我国现代草业科学的开拓者、奠基人之一，为草业发展穷尽毕生心血，鞠躬尽瘁，为我国草业发展作出了卓越不凡的贡献。立志高远、胸怀天下的家国情怀；心无旁骛、艰苦创业的学术精神；深耕讲台、诲人不倦的育人品格；学高为师、提携后人的大家风范和终身学习、奋斗不止的精神……这是任继周先生的"大师精神"。高山仰止，任先生是一代又一代草业人的楷模，是我们终身学习的对象，是我们为学、为事、为人的榜样，是我们的引路人。苟日新，日日新，又日新。七十多年来，任先生始终勤耕不辍、胸怀祖国、心系草业，每天坚持工作数小时，这样终身学习的精神，是吾辈应当一生追求和践行的。少若不勤，老无所归。任先生少年立志振兴草业，不忘初心。我们作为青年学子，是生力军，更是草业发展未来的主力军，义不容辞、责无旁贷，应当有远大之志，只争朝夕、不负韶华，才能一往无前，勇攀草业科学高峰，在我国生态文明建设中增添一抹草业之绿。

任先生的学术思想中，既有其创新与开拓性，更具有其务实性，正如习近平总书记在二十大报告中对广大青年的寄语：怀抱梦想又脚踏实地，敢想敢为又善作善成。作为草业学子的我们应当去思考，在新时代国家发展中如何找到草业学子自己的出路，如何找到自身的定位与目标，如何脚踏实地的同时开拓创新，又如何发挥自身的优势，为我国草业事业发展贡献自己的力量。相信我们都是一颗颗赓续薪火的绿色种子，践行和传承"草人"精神，成为疾风劲草，练就过硬本领，发愤图强，不懈奋斗。

——草业201班　宿逸然

任继周院士——成就与谦逊并存的典范

任继周"伏羲"草业科学奖励基金设立仪式在北京林业大学举行，任继周院士向我校捐赠50万元我校配套100万元设立"伏羲"草业科学奖励基金，以激励草业师生刻苦钻研、锐意进取、开拓创新。2018年北京林业大学不失时机地设立了草业与草原学院，开创了林业院校全面涉草的先河。他指出，因为草业科学是农业科学的一个重大分支，能够在国家林业和草原局直属领导下的北京林业大学举办意义重大，对北京林业大学的特殊定位，先生心存更高的期待，作为一名大三的草业学子，我感到十分的骄傲，我们中国的草业有这样的大师领导，我们草业学子不断进步，是我们草业人的荣幸。

任先生现在已经快接近100岁的高龄还能每天工作6小时，这让我感到十分敬佩，在现在科技发展电子产品无处不在的时代，我们很多学生每天的学习时间都不足8小时，任先生对科学的热爱，对知识的无限渴望，值得我们草业学子每一个人去学习。任先生特别关注学生的成长，全国各地的与草有关的教育业或其他行业都有他的学生，作为中国草业的泰斗，他把自己科学家和教育家两个身份同等重要的对待，就像任继周先生《土地深层的乐章》中的一句话"小草寂静无声地贴着地皮艰难地生长，却把根深深扎到许多倍于株高的地方"。

——草业201班　唐靖晖

胡风汉雨，新花绽放

很荣幸参加了这次任继周先生大师精神和学术思想的传承与发展——任继周"伏羲"草业科学奖励基金暨任继周学术思想研讨会，任继周先生发表致辞表示希望各位学者能够更加积极投身草原草业事业，为草原草业振兴奉献青春力量。在参加本次大会前我就对任院士有过一些书面的了解，近期最引我注意的就是任老先生创建个人公众号"草人说话"，并且发表多篇内容。任先生99岁高龄，却能保持清晰的头脑作出这一创新，为草业科学继续作出自己的贡献，同时也激励了我作为青年人对时光的珍惜，对自己目标的坚定。

"我们草人爱的不是红桥绿水的'十里长堤'，而是戈壁风、大漠道，这是我们应融入的生存乐园。"任老已近期颐之年，人生如草原般浩瀚，学术"草原"亦百草丰茂。但他依然如一株青草，葆有纯净、坚毅和旺盛的生命力，兀自生长。在任继周思想研讨会中，很多青年教师进行发言分享，台下的教授们对其进行评价和指正，为老师们明确了研究方向，也让我对草业科学的研究有了更多方向的了解，也让我明白了学无止境的道理，我们不能一味地在舒适圈里，要做更多创新思考，脚踏实地地做事。正如任继周先生说的："千曲黄河穿荒沙，忽现沃野望无涯。麦黄豆绿苜蓿蓝，胡风汉雨开新花"，我们要为草正名，重视小草，在"胡风汉雨"下早日新花绽放。

——草业201班　杨珺佳

学习草学思想，感悟"草人"精神

任继周先生扎根于祖国草原，为我国的食物安全发展与草原生态、草坪事业作出了卓越不凡的贡献。任继周先生作为中国草业科学发展的先锋者，潜心科研教学七十余载，建立了我国第一个高山草原定位实验站——甘肃天祝草原站，开展了多项研究；创立了甘肃农业大学草原系；建立了草原综合顺序分类法，作为国际上第一个适用于全世界的草地分类系统，还有其他种种成就，都彰显了任继周先生为我国草业事业发展付出的青春与汗水。直到现在，任继周先生仍然关心我国草业发展，把握我国草业发展动向，为后来的科研人提供经验，坚持编写农业伦理学相关书籍，填补在教学的空白，并推动草地农业发展，指出了未来农业与草业、牧业的发展方向。

任继周先生始终保持着一生求学的精神，坚守着解决我国食物问题、发展我国生态事业的志向，并全身心地投入草学学科发展之中，并培育了一代代的草学人，将草学精神不断传承，也为我国后代草业发展培养了一代代人才。任继周先生自称"草人"，扎根草业，这种始终如一的精神，激励着我们在学科道路上坚定前行；他关心民生，关注生态，始终立足于我国发展的实际问题，将科研与国家发展需要相结合，值得我们在未来的科研工作中始终坚守；他心系草业发展，不断著书，培育人才，这种发扬与传承的精神，必是我们将来应当追寻的目标。

——草业201班　张雨泉

高山仰止，才华无限

任继周院士作为中国草业奠基人之一，不仅见证了草业科学的发展，也始终引领着草业科学的发展方向。任继周院士也提出了很多在草业方面的理论，给我国草业研究弥补了很多的空白。任继周等学者创造性地提出时之维、地之维、度之维、法之维多维结构的农业伦理学体系，尝试从哲学伦理道德的高度，寻求中国农业兴旺发达和永续发展之路，更好地服务于我国农业、农村发展和现代农业建设的需要。总结任继周院士5个方面的"大师精神"值得我们继承和弘扬：爱国爱党的家国情怀、求真务实的宝贵精神、严谨严格的治学作风、树人育人的高尚品德、谦虚谦和的为人美德。这是一名老草业人对草业对后辈的谆谆嘱托。任老院士已经九十多岁高龄，但他依旧保持着良好的生活习惯和学习习惯。每天工作6小时，继续编写书籍。这极大地鼓励了作为一名青年大学生的我继续对草业学习。任老在如此高龄仍然能够笔耕不辍努力工作，而我们在如此大好的青春年华更应当向这些老先生老前辈学习，积极向他们靠拢和努力，为草业事业贡献自己的一份微薄之力。

任继周院士曾说过："一定要把营养搞好，才能有一个健康的民族。"正因为这样一句话，他毅然决然地选择了草业作为一生奋斗的事业。作为草业学子，我们也应当以任继周院士的精神为指向标，认真践行草业新时代新担当，成为新一代能肩抗大任的草学人。

——草业201班　折　旭

草业科学界的泰斗

"生愿郑重申明，于明年进修期满后，保证赴兰，绝对秉承吾师指示，于进修期间不兼做研究生或兼营任何副业，专心攻读牧草及有关科学，以期确有所进益，以报吾师厚望于万一。"是任继周院士专门复信盛彤笙教授，以表信仰的豪言壮志，他生于耕读之家，长于战争年代。少年时经历了国家贫困、同胞羸弱的艰难时期；19岁那年，体重只有45公斤的他，以高分报考了原中央大学的冷门专业——农学院畜牧系草原专业。从草原到草业，一字之差，却将草地纳入整个农业生态系统，草业科学的学科框架正式形成。中国草业科学的空白就此填补，我国草原保护与有效利用在日后逐步被提高到战略高度，食物结构改变的需求得以更好满足。任继周的名声更大了。但于他而言，神州的草，离不了华夏的土。

任继周的世界，简单而丰富，如草原一般。夕阳斜倚的晚霞，铺洒下来，映照着后来者前行之路。人民不会忘记您，您种的草地数也数不过来，通过种草改善的土地资源更是数不清，通过您种草得益于畜牧业发展所形成的效益，更是无法计算。黄昏虽短，桑榆未晚。厚植沃土，学养深厚，任先生毕生立草为业，躬身草业教育，百岁高龄仍心系学校和学院发展，呕心沥血、鞠躬尽瘁，是我辈楷模，再一次向任先生致敬！

——草业202班　毕佳昕

"草"的品格

"古往人何在，年来草自春""不与花争艳，不与树比高"。这是草的品格、草的境界。任继周也时常将自己比作"草人"。"草人"包含两层意思：一是俯下身子，做一个平凡的草原工作者。二是站在国民营养的高度，以开展草业为己任。这既是任继周时刻践行与追求的目标和方向，也是任继周这位伟大科学家的品格与境界的真实写照，更是学生永远学习的典范。

作为新时代的我们也要像任继周一样，把理想信念内化于心外践于行，扎根于祖国最需要的地方，磨炼意志，增长才干，建功立业，以自己微弱的光照亮乡村振兴的最前沿。

——草业202班　董俊廷

无畏坎坷，拓荒科学路

在这次任继周先生的思想研讨会上我们深刻学习到了任继周先生的高深思想。任继周先生时常把自己比作"草人"。草人包含两层意思：一是俯下身子，做一个平凡的草原工作者。二是站在国民营养的高度，以开展草业为己任。这既是任继周先生时刻践行与追求的目标和方向，也是任继周这位伟大科学家的品格与境界的真实写照，更是学生永远学习的典范。学习任继周常怀悠悠寸草报国心，坚定理想信念，努力向下扎根，不断向上生长。20世纪50年代初，新中国刚成立，百废待兴，任继周放弃了大城市工作的机会，义无反顾奔赴满目疮痍、匪患未绝的西北高原，把自己的青春献给了草原、高原。

先生每时每刻都把个人理想与祖国的命运、个人奋斗与民族振兴、个人选择与党的号召深深地融为一体，时刻履行着一名共产党员的神圣职责，不管何种境况下，从来没有动摇过坚持追求的信仰，开辟着一个一个新的天地，创造着一次又一次神奇。作为一名年轻党员、异地选调生，我也要像任继周一样，把理想信念内化于心、外践于行，扎根于祖国最需要的地方，磨炼意志、增长才干，建功立业，以自己微弱的光照亮乡村振兴的最前沿。

——草业202班　曹瑜伟

壮丽征程，雄心无限

提起任继周院士，他大概是每个草业学子最为熟悉、最为敬仰的一位大家。在草学的三年学习经历中，我想九旬高龄却仍精神健硕的任院士印象已经深入了我们每个人的心中，这次任继周"伏羲"草学科学奖励基金暨任继周学术思想讨论会更是带着我们再一次感悟任继周院士求实的科学素养和高尚的精神内涵。任继周院士作为我国草业科学研究的先驱，在漫漫人生路中为我国草业科学和相关产业发展以及草业学科教育都作出了十分重要的贡献。他创建了我国第一个高山草原定位实验站；提出了食物安全战略构想；构筑了新型的草业科学框架……数不胜数的成就无不来源于任继周院士爱国的情怀和坚定的信念。

生逢其时，从未为饥饱问题发过愁，难以想象食不果腹的滋味。这样的美好生活也正是来自于像任继周院士这样的一批能人的孜孜不倦与坚定不移。认识任继周院士的时间太晚，他俨然成为一位老者，但英雄永不迟暮。去年观看《吾家吾国——任继周院士专访》时，最令我印象深刻的是，哪怕已经是九十几岁的高龄，任继周院士依然能够做到与时俱进，学习电脑使用，著书立说，将自己的思想与知识永远地留在文字之中。他说他的时间是有限的，他只能更加珍惜，争分夺秒。这句话给我十分深刻的震撼之感，而作为一名青年，学习任继周院士为国为家、克己奉公、求知若渴、终身学习的精神将是我一生的命题。

——草业202班　陈菲菲

科学的启迪者，社会的贡献者

这次两天的会议让我对任继周院士又有了更深的认识，也更加地钦佩老先生。自从2020年在机缘巧合下来到北京林业大学草学院读书学习，我通过各种渠道了解认识了草学的创始人任继周院士。当听到老先生在19岁那年以高分报考了原中央大学的冷门专业——农学院畜牧系草原专业，是因为看到老师同学们都吃不饱、身体瘦弱，想通过学习这个专业改善国民营养时，我再次在惊讶中钦佩。钦佩老先生是如何在19岁的年龄有如此大格局的，钦佩老先生能那么坚定地选择自己的人生目标、并找对应该学习的方向的。而在后来的时间里，老先生也的确在莽莽的草业科学世界之中，徜徉了近80年。谁又能想到，年少时的"吃不饱"，竟然是任继周先生涉足其间的重要原因。

而如今已经99岁的任继周先生，虽然活动范围基本上被圈定在方丈之间的书房里，面对着一张大投影屏，他每天仍然要工作6小时。老先生说，自己三竿又三竿的时间是借来的，要珍惜。老先生的世界是如此简单而丰富，如草原一般。他的人生也就像他改写的诗一样："从来草原人，皆向草原老"。老先生的事迹与精神，值得我们一代代草业人学习的，是我们最好的榜样！

——草业202班　高如意

思想的飞翔，科学的奇迹

在感受到任继周老先生的精神情怀后，感慨颇多。是啊，草，在许多人眼中认为是柔弱的象征。但老先生却不这么认为，反倒认为草是一种刚强坚韧的存在。草，没有鲜花那样绚丽的色彩，并不能吸引人们的目光。但草却全然不顾，每时每刻都认真释放着自己那绿色的朴素之美。草，它淡泊名利，愿在石缝里经受风吹雨打，也不愿像那些名花贵草在人们的娇养下享福。小草随时可能会被大火烧焦，或是被从天而降的大雨打弯了腰，但是一切灾难都会过去，当灾难过去的时候，小草依然会把嫩绿的一面展现给路人。

小草并不像挺拔的大树那样高高地耸立着，也不像美丽的花儿娇艳地盛开着。高山上、悬崖下、石缝中甚至在冰冷阴暗的角落，都有小草的踪影。他不会畏惧环境的恶劣，也不畏艰难险阻，依然用翠绿装点地球，使世界变得更加富有生机。小草是这样，人亦是如此。世界上有许多生命源于顽强，有许多生命因顽强而辉煌。

——草业202班　徐什末

任继周院士：青年草业人的榜样

在刚踏入大学的校门，聆听学院的新生开学典礼，我就被"任继周"这个名字深深吸引，这是怎样一位前辈让大家在那么多年依旧满怀感恩地提及，在草业这一行业有着怎样的贡献，才能成为一国之院士。后来，我才了解任继周院士不仅是我国草地农业科学家，更是我国草原学界的泰斗，也是中国现代草业科学的开拓者和奠基人。

我也了解到任继周先生的中学时代的故事，他立志让国人吃得更好，因此主修畜牧学，意识到草的重要性，后来转修牧草学，在自己的领域不断开拓创新，发展了草原科学，才到了今日成型的草业科学。他在这个过程中不断地升华，找到了草业方向，并坚持了下去。立志立学，立草立业，我们青年学子需要把草业的板凳坐热。选择了草业科学，就是选择了孤独寂寞，选择了艰苦奋斗，选择了开拓创新，但也是选择了成就与前进，我们需要不断学习领悟老一辈学术的思想，高举草地农业的大计，薪火相传，这样才能驱动草地农业的发展。

——草业202班　温莫智

秉持坚定的信念勇往直前——任继周院士座谈感想

年届百岁的任继周先生是草地农业科学家，中国现代草业科学的开拓者和奠基人之一，是我国草业科学领域的第一位院士，其无私奉献、投身石漠兴绿的报国之志；潜心科研，坚持著书立说的学术之情；甘为人梯，倾力教育教学的育人之心值得全体成员学习。

20世纪50年代初，新中国刚成立，百废待兴，任继周放弃了大城市工作的机会，义无反顾奔赴满目疮痍、匪患未绝的西北高原，把自己的青春献给了草原、高原。任继周坚信马列主义在中国的巨大开展，坚信马列主义对于新中国教育界、科学界的指引，坚信祖国在中国共产党的领导下必将取得国富民强、人民安居乐业的巨大成就，坚信马列主义就是真理，从而毫不犹豫地确定了毕生追求马列主义这一真理的宏大志向。先生每时每刻都把个人理想与祖国的命运、个人奋斗与民族振兴、个人选择与党的号召深深地融为一体，时刻履行着一名共产党员的神圣职责。我们应该学习任继周常怀悠悠寸草报国心，坚定理想信念，努力向下扎根，不断向上生长。

——草业202班　徐梓萌

智慧的火花，点燃未来——"任继周学术思想研讨会"心得体会

上周我有幸在线上观看了任继周"伏羲"草业科学奖励基金暨任继周学术思想讨论会，为任继周老先生对科研、对生活的精神所触动万分。感受到了任继周老先生的品格、精神与科研态度。从分享会中各位老师、长辈们的讲述中，我了解到任继周先生是一位热爱生活、热爱钻研、坚持不懈的人。他提出的"划破草皮、改良草原"理论，具有深远的现实意义，同时也体现出他作为一个农学人不断思考、认真琢磨的精神。他对一切事物都有着好奇心和追求，他对世界一切新鲜的事物都抱有好奇与热爱，这些都值得我们每一个人去体会、去学习的。

通过本次思想讨论会，我从他的身上学到了努力钻研、认真刻苦、不断上进、坚持不懈的科研精神，也同时意识到了无论何时都要热爱生活、发现生活，保持对生活的热爱和期待。在未来的生活和学习道路上，我会一直牢记从任继周老先生身上所学到的态度与品格，努力学习、热爱生活，为祖国绿色大地的繁荣生机作出自己的贡献。

——草业202班　张　楠

任继周院士精神情怀和学术思想学习报告

年届百岁的任继周先生是草地农业科学家，中国现代草业科学的开拓者和奠基人之一，是我国草业科学领域的第一位院士，其无私奉献、投身石漠兴绿的报国之志；潜心

科研，坚持著书立说的学术之情；甘为人梯，倾力教育教学的育人之心值得全体成员学习。任先生重视理论研究与实践应用，潜心教学科研73年间，大力推动了草学学科的成长与发展，培养了一大批高素质的草原科技人才。言传身教，为人师表，他是中华优秀传统文化的忠诚继承者和发展者，是关心草原莘莘学子成长成才的教育家。

任院士倾毕生积蓄设立"伏羲"草业科学奖励基金，展现了他视草业科学为生命，把发展草业、培养人才作为责无旁贷的重任，科学报国、回报社会的高尚情操。草业科学的发展亟须大无畏的开拓勇气，与会人员认为，要学习任院士勇于开拓、终身学习和勤奋求实的精神，从实际中发现问题、解决问题，推动科学的进展。我们要继承和弘扬任继周院士"草人"精神和科学严谨学术思想，为推动草原草业高质量发展贡献力量。

——草业202班　张　睿

辛勤耕耘，收获科学果实

任继周院士是中国草业科学奠基人、中国工程院院士，中国草地农业科学家。任老先生长期从事草地研究，开辟了"农业伦理学"研究领域，他创立了草原综合顺序分类法，创编了草学专业的多门课程。扎根草原70余年，他总自称"草人"，夫人李慧敏曾笑称，"他这一生全为了他的草，脑子里也像长满了草！"如今任老已近期颐之年，人生如草原般浩瀚，学术"草原"亦百草丰茂。但他依然如一株青草，葆有纯净、坚毅和旺盛的生命力，兀自生长。任老先生辛勤工作、奉献一生的精力给草原。时至今日，98岁高龄的任老依旧保持着每天数小时的工作，尽毕生之力推动草业再往前走一点。在此次座谈研讨会中，任老先生更是捐出数十万给草业与草原学院，为我校草学院的科研学术发展提供支持，也是为未来我国草业发展的接班人作出鼓励。

任老先生投身生态事业数十年，为我国草业建设立下了汗马功劳，先生的大师精神也值得我们草业学子学习和传承。任继周老先生对待科研求真务实、严谨严格，在草原试验站扎根数年，提出创立了草地分类系统等多项重大成果；任继周老先生爱国爱党、树人育人，不仅在学术研究上颇有建树，还为我国培养了大批专业人才。本次研讨会上，多名从事草业专业研究的教师和学生做了相关汇报，相信未来会有越来越多的优秀人才加入草业研究，为我国可持续发展的绿色事业添砖加瓦。

——草业202班　郑睿楒

科学大师，光耀天下——"任继周学术思想研讨会"心得体会

在任继周"伏羲"草业科学奖励基金暨任继周学术思想研讨会上，我有幸作为一颗小小的螺丝钉，参与了全程。任先生的致辞与终身成就集锦的视频我都观看了很多遍。但是在现场时还是会忍不住鼻子一酸。人的一生，如何才能像任继周先生一样灿烂精彩，一路生花。任继周先生是具有不朽的生机与蓬勃活力的人，他至今还能坚持工作和学习，想在未来的时间里再完成一项伦理学的工作；他也能对这个世界始终抱有热爱与好奇，想运用5G，想了解元宇宙。

任继周先生的开拓精神正如他创造的理论"划破草皮、改良草原"一样，是超出常人的思想并富有实践意义的。从会上发言的先生们的描述中，我了解到任继周先生平时生活中的有趣和可爱。他有着与那个年代不符的前卫的思想，愿意接受卢欣石教授为学生；他热爱生活，关心同学，在傍晚会约学生一同散步，在工作时看到可爱的小羊会喜爱地抱起。他不仅自己要做一个妙人，毫不吝惜将自己的思想与性格展露给其他人，让身边的人都能受他的感染，或能受其激励或能增长眼光。连我这个与任继周先生遥远得不像话的人都能在这一场短短一上午的会议中受到震动，任先生的人生具有的力量已经在我心中留下了抹不去的印记，激励着我终身学习，努力去做一个有蓬勃生机的人。

——草业202班　杨馨妍

无尽勇气，攀登科学高峰

观看"任继周学术思想研讨会"，我了解了七十余年来，潜心草地农业教育研究的任继周，为我国草业教育和科技发展立下汗马功劳。他创建了我国第一个高山草原定位试验站、创建了我国农业院校第一个草原系；他提出食物安全战略构想，摆脱了草地农业与耕地农业的"纠缠"，构筑了新型的草业科学架构；他成功建立了草原分类体系，较国外同类研究早了8年；他提出的评定草原生产能力的指标——畜产品单位，结束了各国各地不同畜产品无法比较的历史，被国际权威组织用以统一评定世界草原生产能力；他创造了划破草皮改良草原的理论与实践，使我国北方草原生产能力提高1倍，并得到广泛推广应用；他建立的草地农业系统，在我国食物安全、环境建设和草业管理方面展示了巨大潜力。此后数十年，任继周潜心草地农业研究，开创了草原分类体系、创造了划破草皮、改良草原的理论与实践，创建了草地农业生态系统学，为草业科学的研究奠定了坚实基础。

观看这次思想研讨会，我感悟到这位以草人自居，投身草业七十多年的老先生，他的身上体现了专业致学的科学家的精神，又有中国传统文化中的浩荡君子之风。他认为的人生意义就是能够一直到生命结束，还有做不完的工作，这激励着我们以同样的心态对待学习。

——草业211班　陈闻玥

砥砺前行，创新之路——任继周院士讲话心得

"德才兼备，以德为先"任继周院士一直秉持着这样的理念。作为草业科学的奠基人和开拓者之一，任老一直坚持著书立说，多年来沉淀着草学理论知识，并倾其身心投入于建设草学领域新征程。此次，任老又倾其所有在北京林业大学设立"伏羲"草业科学奖励基金，这既是代表着他对我们草业学子的深切希望，希望我们能击楫中流，继承以科技报国的优秀品质，又是期望草学领域能在这个时代赓续绵延。

听过任老的讲话后，作为一个草业人如何扎根于大地，顺应国家对于山水林田湖草沙的战略来对草学领域有所贡献是我着重思考的一个问题。目前我们的知识储备远远不足，因此我们必须脚踏实地的学习专业领域的相关知识，同时更要融入实践之中，为国家全面化的推进奉献我们的青春与智慧。最后，对于任继周老先生的支持与教诲，我们所能回馈的就是延续老先生对草业的奉献精神，精准把握生态文明的机遇，在这样一个新时代中不负先生的期待，用自己的力量为我国草学事业贡献自己的一份力。一粒种子可以改良一片草原。我们草业学子也力争播撒于全国各地，争取将绿色铺洒于整片大地。

——草业211班　范文迪

任继周院士精神情怀和学术思想

任继周先生是草地农业科学家，中国现代草业科学的开拓者和奠基人之一，是我国草业科学领域的第一位院士，其无私奉献、投身石漠兴绿的报国之志；潜心科研，坚持著书立说的学术之情；甘为人梯，倾力教育教学的育人之心值得全体成员学习。他指出草业科学是农业科学的一个重大分支，能够在国家林业与草原局领导下的北京林业大学举办意义重大，对北京林业大学的特殊定位，自己心存更高的期待。他希望北京林业大学能够发挥林业科学和草业科学各自的优势，加快两大学科交叉融合，推动林与草这两个学科密切结合，在林草融合方面开展更多的研究，形成自己独特的优势与特色。

数十年兢兢业业，秉初心方得始终。任继周院士在他的人生历程中塑造了屹立于时代的精神丰碑，这丰碑是由赤子心与奋斗志所铸，丰碑上铭刻着誓言与承诺，是他永远的奋斗情怀、奋斗方向和奋斗力量。他将"民生"二字永刻心间，贯穿着过去、现在与未来，他与全体党员一道，不改赤子心、不移公仆情，砥砺奋斗了百年征程，在绝境中开创了胜利，让蓝图变成了现实。莫道桑榆晚，为霞尚满天。任老用严谨的科研精神、苦干的公仆精神树立起一座时代丰碑！

——草业211班　方思凯

暨任继周学术思想研讨会有感

任继周院士年轻时致力于改善国民的营养条件，投身草业，奉献草原，70多年来，为我国草业科学教育和科技立下了汗马功劳。任继周院士是草业与草原学院的名誉院长，一直关心和支持着学院的发展，他为学院写下"立志立学，立草立业"的院训，捐助设立"任继周-蒙草"奖学金，任继周"伏羲"草业科学奖励基金。如今学院各项事业发展蒸蒸日上，任院士的学识和品格始终鼓舞和激励着我们保持前进。

一代人有一代人的使命，先生为我们开创了一个属于草人的时代，作为新一代的草人应与先生一样，要俯下身子做一个平凡的草原工作者，站在改善人民群众营养结构的高度，以发展草业为己任。依靠这个科技高速发展的时代，以扎实的基础知识武装头脑，以先进技术武装自己，去解决草业发展的新问题、新挑战。

——草业211班　孙立恒

追求卓越的科学领袖

通过聆听研讨会上各位前辈们的发言，我了解了更多任继周院士为草学作出的巨大贡献，并且深深地敬仰任继周院士身上闪耀的思想品格。其中，任院士关于学习的态度对我深有启发。任院士信念坚定、心无旁骛。先生少年立志，便一生不改初心，潜心研究。73年扎根西北、不畏困难、专心而坚定地致力于草原和草业事业，在祖国山川草地留下足迹和汗水，留下创新科学的理论和思想。"从一而终"，在人心浮躁的社会中又有多少人能做到呢？这种对事业真心实意而坚定不移的热爱，敬佩的同时我也更应该思考自己如何坚守热爱。

任院士影响了许许多多的人，培养了许多草学界优秀的人才，前辈们为草业建设砥砺奋进，积累了丰硕的成果，比起各位前辈，我与草业相识的时间实在是短。但是，我相信我和许多同学们的心中早已埋下任院士大师精神的种子，并且在主动汲取阳光水分、吸收知识与精神，努力生根发芽并渴望成为遍布祖国的绿茵。愿我们能承前辈们的光芒，让草业延续且创新，为其增添活力，在新时代中继续闪耀。

——草业211班　费婷婷

观任继周院士学术思想研讨会有感

任继周，中国草业科学奠基人、中国工程院院士、中国草地农业科学家。在此次任继周"大师精神"座谈会上，通过聆听任继周先生的相关事迹和后辈草业人之间的故事，我感悟很深。首先是任继周先生的家国情怀。我们作为新时代草业人，应积极响应国家可持续发展战略的号召，做生态文明的建设者、践行者。其次是任继周先生的终身学习精神。先生今年99岁高龄，但仍然坚持每天学习6小时，坚持看书、了解实事、学习运用新科技新的通讯设备，先生从来没有停下学习的步伐，正值青年的我们更应该对未知和新知识保持探求欲和不懈地学习，以此来充实自我紧跟时代的步伐。

任继周院士学术思想研讨会中，令我印象最深刻的是他对草业学科的开创性和系统性研究，以及提出的新时代草业人所需要的创新性。任先生创立了全国第一个草原系不断深耕艰苦创业并联系草地和农业和畜牧业，系统性学科群建设。草业科学是一个值得我们去探索的新兴行业，我们面对生态、畜牧等变化性均需要我们进行不断探索创新开拓发展。

——草业211班　付鸿莉

学习任院士思想，做新时代草业人

任继周院士是我国草原学界的泰斗，也是中国现代草业科学的开拓者和奠基人，任先生胸怀祖国，心系人民，在草业事业中展尽胸中抱负，穷尽毕生心血，鞠躬尽瘁，无怨无悔，用无悔的青春，为我国草业振兴作出了卓越不凡的贡献。

草原，是人类文明早期的发源地。任院士以期颐之年，倾毕生积蓄，在我校设立"伏羲"草业科学奖励基金，是以实际的物质，激励北林草苑青年奋发图强，是将任先生的精神化作薪火由新时代草业青年赓续。任先生是中华传统文化的传承者和奖掖后人的教育家，他以草地畜牧业的鼻祖"伏羲"之名设立奖励基金，足见其对草业事业的热爱和对草业鼻祖的尊崇。而任先生不断创新发展的探索精神，激励着一代又一代草业学人，踔厉奋发，勇毅前行。

而我们作为新时代的草业人要学习任先生的思想，坚定树立爱国奉献、科学报国的思想，德才兼备。同时也要脚踏实地，深入实践，结合实际需求凝练科学问题，寻求科学的解决方法。以我们所学习到的知识与精神，在中国式现代化全面推进中华民族伟大复兴进程中贡献青春和智慧。

——草业211班　赖　克

心怀天下，笃定科学梦

任继周先生是中国现代草业科学的开拓者和奠基人，为我国草业科学的振兴与发展作出了卓越的贡献。在任老的故事里，他自己就是个青藏高原上的"土人儿"，在六月飞雪的青藏高寒高原的艰苦环境下开展草原调查。改造药店小杆秤当天平，自制铸铁水管作采集杖，夜里把水剂瓶揣进怀中防冻裂，睡帐篷、钻草窝，与虱子、臭虫和各种毒虫同眠，征途迢迢，先生说自己"除了牦牛，别的能骑的动物都骑过"。在那个年代，先生怀着营养救国的志向选择了学畜牧，"草原在哪里，我就去哪里！"先生又请缨前往甘肃省兰州市的前国立兽医学院任教，从此扎根西北半个多世纪。先生有着立志高远、胸怀天下的家国情怀；心无旁骛、艰苦创业的学术精神；深耕讲台、诲人不倦的育人品格；学高为师、提携后人的大家风范和终身学习、奋斗不止的精神，是我们每个人都应敬佩学习的榜样。

"涵养动中静，虚怀有若无"这十字座右铭是对先生最恰当的描述。先生始终关切草业科学的发展，本次为我校设立"伏羲"奖学金，是为草业科学作出的又一大无私奉献，也是给予草业人的一大精神财富：对进行草业工作与学习的鼓励与支持，增强投身草业的自信与热情。感谢任继周先生对我校的支持，相信在一代代草业人的努力下，草业科学能发展壮大，充分发挥出其光彩。

——草业211班　龙欣怡

立草于志，伏羲于心

任继周先生是草地农业科学家，中国现代草业科学的开拓者和奠基人之一，是我国草业科学领域的第一位院士，曾获新中国成立60周年"三农"模范人物，新中国成立70周年"最美奋斗者"，"全国优秀共产党员"等荣誉称号。任先生虽已年近百岁，但仍然不断学习，每天坚持学习6小时。这种终身不断学习的精神值得我们所有人的敬佩与学习。我国的草学事业与外国相比，还有极大的进步空间仍需不断提高技术。我们作为草学工作者，更应该传承先生的这一精神，不断努力，不断进取，不断提升。

此外，先生的开创精神也是我们学习的重要思想之一。任先生是我国草业科学的开拓者和奠基人，在他的学术思想引领下和全国草业学界同人的共同努力下，我国草业科学取得了飞速的进展。但就研究内容的开拓性、研究视野的开阔性、研究成果的创新性和研究体系的系统性、完整性而言，则当属任继周先生，迄今为止，尚无人企及。我们草业学科，就需要的是这种发散思维，不断开创与创新才能成就一番成果。

——草业211班 陆 爽

学习任继周精神，做新时代"草人"

任继周院士是草地农业科学家，我国草原学界的泰斗，中国现代草业科学的开拓者和奠基人。任院士牢记"国之大者"，胸怀祖国，心系人民，在草原事业中展尽胸中抱负，穷尽毕生心血，鞠躬尽瘁，无怨无悔，为我国草业科学及相关产业的发展作出了系统性、创造性成就，为我国草业振兴作出了卓越不凡的贡献。

任先生提出在北林设立"伏羲"草业科学奖励基金，以激励草业青年师生刻苦钻研、锐意进取、开拓创新，激发了学生刻苦学习、奋发向上、投身草业事业的自信，激励师生传承任继周的"草人"精神，以任院士为榜样，继承和发扬老一辈学者科技报国的优秀品质，坚定敢为人先的创新自信，坚守科研诚信、科技伦理、学术规范，担当作为、求实创新、潜心研究，在实现草原高质量发展的实践中建功立业，做疾风劲草，当烈火真金，在以中国式现代化全面推进中华民族伟大复兴进程中贡献青春和智慧。

任先生以长者之风、智者之识、仁者之心，铺就为人、为学、为师之道，值得我们终生学习。今天在春种的季节里，让我们埋下种子，我们这些林草融合的草业种子将会撒播在全国乃至全球各地，破土萌芽、茁壮成长、立草为业、薪火相传。

——草业211班 罗立为

灵感涌流，科学闪耀

任继周院士作为我国草业科学的奠基人之一，不仅见证了草业科学的发展，更是始终引领着草业科学发展的方向。亲笔书写"立志立学，立草立业"院训，对学院发展寄予深切厚望，先后8次亲临学校或线上寄语师生，指导草学学科发展和草业人才培养方向。他谈到在任继周先生学术思想和大先生精神的带领下，草业与草原学院全体师生踔厉奋发、力争一流，对标国家生态文明建设、美丽中国建设和"山水林田湖草系统治理"的重大战略需求，取得一系列成绩。

任继周院士谈到几点希望。一是要坚定树立爱国奉献、科学报国的思想。二是要脚踏实地，深入实践，结合实际需求凝练科学问题，把论文写在实实。三是要对标国家林草发展战略，对标行业发展方向与需求，以振兴草原发展为己任，瞄准草原生态修复主攻方向，致力于解决草业领域的核心关键技术。我们要坚定树立爱国奉献、科学报国的思想，德才兼备。同时也要脚踏实地，深入实践，结合实际需求凝练科学问题，寻求科学的解决方法。以我们所学习到的知识与精神，在中国式现代化全面推进中华民族伟大复兴进程中贡献青春和智慧。

——草业211班　齐雯潇

体会任院士卓越成就背后的勤奋与毅力

上周末，我有幸观摩了任继周学术思想研讨会，令我感悟良多，任院士已近百岁高龄，他的一生波澜壮阔，他的精神我们永远铭记，哪怕他现在保持的优秀习惯，都值得我们深入地反思、学习。任院士的一生，是不断学习的一生，也是真正学者的一生。每天坚持学习6小时，主动接触新事物，积极研究新理论；任院士的一生，是奉献的一生，任院士立下报国之志，在新中国成立初期的艰苦环境下毅然投身荒漠，为祖国的生态治理与发展奉献自己的青春；任院士的一生，是纯粹的一生，也是奉献的一生，任院士著书立说，为草业科学的发展作出创造性的贡献，为草业科学的人才培养贡献一份重要力量。

吾家吾国，个人命运与国家紧密相连，不负家国，不负此生。任继周院士将自己的生命融入到祖国山川与社会发展中，坚守初心，潜心研究，开辟出现代草业的新天地。我将铭记任院士的精神，学习任院士的优秀习惯，反躬自省，脚踏实地，做一个合格的草业人！

——草业211班　吴　铮

掀起科学热潮的思想巨人

年届百岁的任继周先生是草地农业科学家，中国现代草业科学的开拓者和奠基人之一，是我国草业科学领域的第一位院士，其无私奉献、投身石漠兴绿的报国之志；潜心科研，坚持著书立说的学术之情；甘为人梯，倾力教育教学的育人之心值得全体成员学习。我院于3月25日举行了任继周"伏羲"草业科学奖励基金设立仪式暨任继周学术思想研讨会，与会人员从不同角度总结和阐释了任继周院士的学术思想，特刊发部分发言，以飨读者。

他总结五个方面"大师精神"值得我们继承弘扬和光大：爱国爱党的家国情怀、求真务实的宝贵精神、严谨严格的治学作风、树人育人的高尚品德和谦虚谦和的为人美德。学习任先生尊重自然规律、为民服务、不断创新和交叉贯通的学术思想。他见证了草业与草原学院的快速发展，学院在草业生态文明建设各个方面取得了突出工作成绩，这是继承和发扬"大师精神"和对任先生的最好致敬！他指出北京林业大学草业与草原学院举办"任继周学术思想研讨会"，传承任继周先生的大师精神与学术思想，为草业同人和学院全体师生提供互学互鉴、融合创新的学术交流平台，开拓学术视野和创新意识。研讨会坚持科技创新的"四个面向"，服务国家重大战略需求，对国家林草行业人才培养、科技创新具有重要意义。

——草业211班　热孜叶木

草业科学汪洋的远航者

任继周院士是我们草学专业的前辈，更是我国草原学界的泰斗，是中国现代草业科学的开拓者和奠基人。年届百岁的任院又捐资发起了"伏羲"草业科学奖励基金，大先生当真是做到了"从社会取一瓢水，就应该还一桶水"，努力回馈社会。作为草业科学专业学子，我们要学习任继周精神，推动草原草业高质量发展。我认真地思考了几天，我想我们需要从任继周院士身上学习两点精神：一是终身学习，终身自律，不断进步。任先生近些年来关注于农业伦理学，几部研究著作大部分是任先生一字一句在电脑上敲出来的。二是要想办法促进社会进步，正如上文提到"从社会取一瓢水，就应该还一桶水"，任先生的经历是这点的真实写照。青年时的任先生考入原中央大学畜牧兽医系畜牧专业，任先生怀揣改善国民健康的远大理想，在草原牧草方面下功夫钻研。这种持之以恒不断钻研的精神使我惭愧。

面对大师我总是惭愧的，总是在优秀的他们身上看到我不具备的素质，思来想去，还是要不断学习，要努力提升自身实力，正所谓，打铁还需自身硬，有自己的能力，对他人、对社会、对国家有作用，这也算实现自身价值了。

——草业211班　沈其瑜

涓滴成海，寸草成原

一生之计在勤，一日之计在晨。任继周院士以勤为桨，让草业这艘船在洪流中不断前行，为我国草业科学科技、教育、产业发展作出了系统性、开创性贡献。先生在兰州大学等四次捐资设立奖学金，这次在北京林业大学设立"伏羲"草业科学奖励基金，这都是为了推动草业科学发展。院士以伏羲之名设立奖励基金，也饱含对草业事业的热爱。"道法自然，日新又新"也表达了遵守自然规律、在探索中创新发展的治学理念，激励着草业学人，踔厉奋发，勇毅前行。先生之心，在励在新。

在任继周院士的"大师精神"指引下，草业与草原学院全体师生将深入践行"山水林田湖草沙是生命共同体"的系统思想，面向国家和世界，践行大先生倡导的"草人"精神，努力回馈社会，为中国草业事业发展贡献北林力量，用每个人行动感恩任先生。我们草院学子应加强自身建设培养。我们以任院士为榜样，继承和发扬老一辈学者的品质，坚定自己的信念，诚信、守理，敢于担当。担当作为、求实创新、潜心研究，用自己的努力和勤奋为实现中华民族伟大复兴贡献青春和智慧。

——草业211班　王伊乐

勇于开拓，勇于创新

任继周先生是草地农业科学家，中国现代草业科学的开拓者和奠基人之一，是我国草业科学领域的第一位院士。任继周先生指出草业科学是农业科学的一个重大分支，希望北京林业大学能够发挥林业科学和草业科学各自的优势，加快两大学科交叉融合，推动林与草这两个学科密切结合，在林草融合方面开展更多的研究，形成自己独特的优势与特色。

任先生是我国草业科学的开拓者和奠基人，在他的学术思想引领下和全国草业学界同人的共同努力下，我国草业科学取得了飞速的进展。但就研究内容的开拓性、研究视野的开阔性、研究成果的创新性和研究体系的系统性、完整性而言，则当属任继周先生，任先生所具有的高尚的爱国情操、浓重的产业情怀和无私的奉献精神。他视草业科学为生命，把发展草业、培养人才作为责无旁贷的重任。要学习任继周先生勇于开拓的精神，要勇于创新，草业科学的发展目前亟须大无畏的开拓勇气。要学习任继周先生勤奋求实的精神，深入实际，从实际中发现问题，解决问题，推动科学的进展。

——草业211班　吴佳昕

春播希望传承师风，山河远阔催生劲草

草，灵性之物。只有融入它的生命里，与它相濡以沫，才能听得见它的声音，读得懂它的语言，看得到它春萌秋萎、枯荣过后的美丽与生机。任继周就是这样一位与草结缘一辈子的科学家。日前，任继周"伏羲"草业科学奖励基金设立仪式在北京林业大学举行。中国工程院院士任继周向我校捐赠50万元、我校配套100万元设立"伏羲"草业科学奖励基金，以激励草业师生刻苦钻研、锐意进取、开拓创新。在两日内，我们从任继周"大师精神"座谈会、任继周学术思想研讨会、"藏粮于草的大食物观"任继周学术思想传承与发展为主题的第二届草业与草原青年学术论坛三个板块，共同致敬任先生。

春播希望传承师风，山河远阔催生劲草。相信种子，守望岁月，静待花开。最后，请允许我再次对"伏羲"草业科学奖励基金种子基金的捐赠者任继周院士及家人、北京林业大学、任院士的学生一牧科技公司董事长马志愤先生表示深深的谢意！祝任先生身体健康，福寿延绵，祝大家工作顺利，身体健康，万事顺遂！

——草业211班　杨路遥

在辽阔的草原大地上谱写青春绘卷

在聆听完诸多优秀的老师以及学长学姐们的报告之后，我发现我眼中的草原变得广阔了许多。原来，平坦的草原下埋藏着这么多大大小小的学问值得我们去探索思考。从昆虫到动物，从气候到土壤，从水分到肥料，学术论坛中的草原给了我这位从未到访过草原的大学生大大的草原震撼。

与此同时，我也深刻感受到了老师们以及学长学姐们对于科研工作的认真与坚持，正如副院长所说的，我们草院的实验室常常是彻夜通明，多少愿意为了草原奉献青春的青年人们在这里发光发热，又有多少举世瞩目的成就在这里达成，这极大地鼓舞了我们对于草学学科的热情，激励我们为草学事业添砖加瓦。在会上，老师们多次提到了我们的名誉院长任继周院士，他虽然因身体问题不能到场，但伴随着"伏羲"奖励基金的设立，他勤奋刻苦，为草学事业奋斗终身，始终如一的精神依旧传达到了每一位在场的草院学子心中。我相信，我们草学的未来是光明的，是对国家、对人民有巨大益处的。

——草业212班　姜乐天

勇做前行的"草人"

在任继周院士的宣传栏中，写着院士说过的这样一段话："我们草人爱的，不是红桥绿水的'十里长堤'，而是戈壁风、大漠道，这是我们应融入的生存乐园。"这彰显的是任继周先生无私奉献、投身石漠兴绿的报国之志。任继周院士作为我国草业科学的奠基人，始终引领着草业科学发展的方向。在任继周学术思想研讨会上，郝育军司长为我们总结了任继周院士的"大师精神"，即爱党爱国的家国情怀、求真务实的宝贵精神、严谨严格的治学作风、树人育人的高尚品德和谦虚谦和的为人美德。这些精神，应当被每一个草业学子发扬光大。

作为一名普通的草业学子，任继周院士的经历让我感触颇多。期颐之年的老先生，每天仍会保持6个小时的学习时间，还创建了自己的公众号。我们定会以任继周院士为榜样，坚定树立爱国奉献，科学报国的思想，坚持终身学习，不断提升自我，寻找自身与外界的差距，不断前行，坚定敢为人先的创新自信，深入实践，勇做前行的"草人"，为中国林草事业贡献属于我们的青春与智慧。

——草业212班　刘佳璇

任继周学术思想讨论会心得

任继周院士是草地农业科学家，是我国草原学界的泰斗。一界之泰斗，其影响与作用是巨大的，是该领域内所有学者的榜样，指引大家前进的方向。任先生重视理论研究与实践应用，便也鞭策着大家重视。他对草学的支持不仅体现在学术上，还体现在捐献设立奖学金对青年人才的支持上。毫无疑问，他是草业的先行者，他同样期待着优秀的同行者，期盼着卓越的超越者，他有学之大者的气魄与胸怀，并不闭门造车以自己垄断学界，而是潜心教学科研73年，毫不懈怠，大力推动了草学科学的成长与发展，培养了一大批高素质的草原科技人才。有人靠言语证明成就，而任先生用毕生行动践行着。

当我们步入北京林业大学，踏入草业与草原学院，我们便直接或间接，潜移默化地受到了任先生的影响。我们学习着继承并不断创新的知识，我们享受着"蒙草""伏羲"奖学金的荫庇，我们渐渐接受绿色，习惯绿色，享受绿色，喜欢绿色所代表的花草树木。当我们走在路上，外出游玩，我们下意识地关注起身边的绿地，俯身辨识草种，观察草坪生长状况。我们为草地茁壮茂盛而喜，为草地枯黄衰败而忧。我们尚未亲身去过草原，还不能真正理解草原，但我们已经满怀期盼。用知识武装自己，用手脚去真正实践，把论文写在祖国大地上。

——草业212班　沈文静

智慧引领，世界瞩目——任先生精神学习

在上周六，我在线上观看了任继周"伏羲"草业科学奖励基金设立仪式暨任继周思

想研讨会会议，通过对任继周院士精神情怀和学术思想的学习，我有了许多感触。大师精神可以从五个方面总结，那就是：立志高远、胸怀天下的家国情怀；心无旁骛、艰苦创业的学术精神；深耕讲台、诲人不倦的育人品格；学高为师、提携后人的大家风范和终身学习、奋斗不止的精神。任先生的精神让我意识到，家国情怀永远不是过去式，而是进行时。对我们当代青年而言，我们更应当将个体发展的涓涓小溪汇入国家富强的滔滔浪潮，树立高远理想，努力奋斗，从小我出发，为祖国复兴事业添砖加瓦。

身为当代青年有做到每天坚持学习吗，毛主席说过："学习是一辈子的事。"虽然我们在随着时间的推移而老去，但是只要你有一颗学习的心，你的躯体虽然老去，但是你的内心并不老！任先生正是这样的一位令人钦佩的人，在未来的学习生活中，我也要向任先生学习，任先生的话也让我意识到学习是一个长期的需要付出辛劳的过程，不能心浮气躁，浅尝辄止，而应易先后难，由浅入深，循序渐进，水滴石穿。作为新时代的新青年，我们更应终身学习，去粗取精、去伪存真，联系实际，知行合一，通过理论的指导、利用知识的积累，来洞察客观事物发展的规律，为自己的祖国贡献绵薄之力。

——草业212班　王怡婷

科学探索的坚韧战士——任先生精神学习

草树知春不久归，百般红紫斗芳菲。在草业科学的推动下，中国的草原上1.5万余种植物，与人间烟火、如云牛羊交相辉映，构成神州大地最迷人的风景。被誉为"草业袁隆平""绿色守护神"的任继周一生都在为自己年少时的那个改善国民膳食结构的理想而努力着，从未改变初衷，甘愿坐冷板凳，甘愿做铺路石。任继周（1924—），山东平原人。草业科学专家，我国现代草原科学奠基人之一。1948年毕业于原中央大学畜牧系。自1950年起，一直在甘肃农业大学和甘肃草原生态研究所从事草业科学的教学与科研。先后担任甘肃农业大学畜牧系、草原系系主任，甘肃农业大学副校长，甘肃草原生态研究所创建人、第一任所长。1995年当选为中国工程院院士。

"草原在哪里，我就去哪里！"任继周的思想，深深地打动了我的心，今天认真学习了任继周学术思想的研讨会，更深刻地理解了任继周大先生对于草业科学的意义。

——草业212班　朱　迅

浅谈任继周院士的学术精神

任继周院士是我国草业科学奠基人，他说过："做草业很苦，但我很幸福"，从这里能明显的反映出他心无旁骛、艰苦创业的学术精神。读中小学时，他在鲁鄂川渝等地辗转。当时读书条件非常艰苦，就连课本也是倒茬使用。彼时，任继周体弱多病，身边的青少年也大多如此。忍饥挨饿的同胞们营养不良、面黄肌瘦的情形，让他暗下决心报考畜牧专业：改变国人膳食结构、让国人更加强壮。很难想象，在读书条件如此艰苦的地区，任继周院士依然能凭借着一股劲读到大学，在青藏高原观测站建站初期，任继周每周前3天在兰州教学，后4天到试验站工作。从火车站到马营沟，山路蜿蜒崎岖，河水冰冷刺骨。为了不耽搁上课时间，他凌晨4点钟就得起床赶火车。就是在这样艰苦的条件下，任继周在全国率先开展了草地改良研究。

我认为作为新时代的大学生，作为一名草业人，我们就应该发扬这种不怕困难，一心只为搞学术造福人民的精神，我们在以后的学习实践中，肯定不乏遇到困难我们更应该有这一种学术精神。学术精神除了是一种理性精神，还应当是一种无私奉献的精神。这一点往往被一些学者所忽略，需要特别强调。学术研究所探究的真理，总是具有一种无上的崇高性和神圣性。真理之所以具有崇高性和神圣性，是因为真理关乎人类社会的福祉。从这个意义上说，学术研究是在为人类社会谋福祉，学术精神是一种造福于人类的精神、一种为人民服务的精神。就像任继周院士所做的一样，为中国草业研究奉献终身。

——草业221班　查彭泽

"为天地立心，为生民立命；与牛羊同居，与鹿豕同游"

"与牛羊同居，与鹿豕同游"，任继周先生的足迹，遍历了我国的各类草原，从湿润到干旱、从低海拔到高海拔，横跨长江流域、黄河流域，还有内陆河流域的荒漠地区。他在青藏高原东缘海拔3000米的马营沟建立我国第一个高山草原定位试验站时，曾记录到"夜闻狼嚎传莽野，晨看熊迹绕帐房。"足见任继周先生的工作之艰苦。但也正是这般苦苦求索的精神，让任继周先生前无古人地站在中国草业科学领域的最前沿。

一言蔽之，任继周先生对人民的博爱之心，对治学工作分秒必争的心态，对科研事业苦苦求索的态度，无一不为我辈之楷模。作为我国现代草业科学的开拓者，他历经世纪铅华，仍怀青衿之志，奋楫笃行，潜心草业科学教育研究事业。而我们草业科学的学生们，作为任继周先生栽下的棵棵"桃李"，势必要"为往圣继绝学，为万世开太平"，为我国草业科学事业的发展结出累累硕果。

——草业221班　阿依夏木·阿布力米提

风华绝代，拓荒科学界

作为一名大学生，我有幸参加了任继周先生的学术思想研讨会，从中收获了很多启发和感悟。他具备爱国爱党的情怀，对国家和人民充满热爱；同时也具备保卫精神，时刻谨记自己的责任和使命。他的学风作风严谨严格，从不妥协，这也造就了他在学术上的伟大成就。他更是一个树人育人的高尚人物，他用毕生所学传承和培养后人。此外，他还拥有谦和的待人品格，与人为善，心怀感恩，这也是他成功的重要原因之一。

草业科学作为一门独立的学科，具有很强的引导作用，可以为草木业的发展提供更多的思路和方案。韩烈保对任继周先生的草坪科学学术思想进行了深入的探讨，我认为，这样的探讨有利于我们更好地理解和应用任先生的思想。最后，侯扶江对草地农业生态系统进行了一点认识，这也给我们提供了更多的启示和思考。在听取讲座后，我深刻认识到实践是科学思想形成的前提和基础。只有在实践中，人们才能深入了解问题、寻找问题的解决方案，形成一套行之有效的系统思想。任继周先生提出的70多项先进思想，包括在草坪科学、草地农业生态系统等领域的研究成果和实践经验，无不体现了科学思维、深刻认识问题和创新精神的重要性。这些思想和经验为我们今后的学术研究提供了重要的参考和指导。

——草业221班　陈宣妤

任继周学术研讨会心得体会

"虽然草业科学取得长足进展，但总体进展缓慢，我们的学术核心思想——草地农业系统远未取得社会充分理解，该系统的落实更渺茫难期。"献身草原近半个世纪，任继周觉得自己承受着时代的谴责。"检查自己，既'空'又'松'，几乎走上了学术的死胡同。"任继周常以华罗庚先生"树老忌空，人老忌松"的名言自省，同时不忘勉励自己，"感恩时代赐予的宽恕与困厄，以'打脱牙和血吞'的坚韧，跨越学术低潮。"晚照斜晖无限好，这株"草"好像有着无尽的生命力。如今，虽已近百岁高龄，但他身体依然硬朗，面对着一张大投影屏，每日坚持工作6个小时，继续在莽莽草业科学世界中徜徉与跋涉。他说，"人活着的意义要有益于人，能为社会做些贡献，死则是自然规律，是另一种活着，当坦然视之。"花开花落自有时，而他心中的草原生生不息。

——草业221班　丁垚

超越自己，突破科学边界

任继周院士，中国工程院院士，兰州大学草地农业科技学院教授，北京林业大学草学院的院长，中国现代草业科学的开拓者和奠基人之一。年近百岁的任继周院士，身体依然硬朗，每天坚持工作打字6小时，继续在莽莽草业科学中徜徉学习，皓首穷经。任继周院士及他的家人没有选择将这一笔钱留在其他用处，而是将这50万元设立为"伏羲"草业科学奖学基金，体现了任继周院士科学报国、回报社会的高尚情操，体现了他无私奉献、舍己为公的高尚品质，体现了他心系国家事业的忠贞。他一生都在默默奉献，十几年如一日地在戈壁、大漠上工作，不畏严寒，不畏环境之恶劣，那是因为心里的信念以及对草的执着支撑着他，让他有了坚持下去的决心。

任继周院士为我院设立的"伏羲"草业科学奖励基金，激励更多的草业学者在学习之路上刻苦钻研，锐意进取，开拓创新。这也让我更加坚定了自己努力学好草业科学这一专业的决心，在未来之路上，将坚定不移走好这一条路。

——草业221班　杜丹丹

立志立学，立草立业

任继周先生被誉为草业科学的奠基人，他在中国率先开展建立了一整套草原改良利用的理论体系和技术措施，研制出了中国第一代草原划破机——燕尾犁。该理论与技术体系现普遍应用于占中国草原总面积约1/3的青、藏、川、甘等高寒牧区。任继周先生后续又研究提出了草地农业系统包括前植物生产层（自然保护区、水土保持、草坪绿地、风景旅游等）、植物生产层（牧草及草产品）、动物生产层（动物及其产品）及外生物生产层（加工、流通等）等4个层次。这一理论体现了人与自然协调发展，对自然资源可持续利用的思想，是对传统的草原生产和农业生态系统概念的更新和发展，草地农业理论已为中国政府部门及学术界普遍接受，并在南方草地，黄土高原和内陆盐渍地区取得了显著成果。我们现在所学的一门极其重要的课程"农业伦理学"也是先生所开辟的研究领域，为草学事业带来了不可估量的价值。

一直在想一个问题：到底怎样才能实现自己人生的价值？开学初，有幸听了任先生为我们讲的第一课，先生的话语中时常流露出对草业未来的担忧。今年先生拿出自身积蓄设立了"伏羲"奖学金，以此激励草业人不断奋进。99岁了，最担心事情依然是国家的未来，这份铭刻于心的家国情怀着实令人钦佩。人的明悟真的是在一瞬间，突然，我有了人生中第一个真正意义上的方向——传承草业人之精神，打破落后之僵局。追逐任老的脚步，我也要为国家作出一番事业来！这就是我人生的价值所在，草业路漫漫，既踏入，终不悔！

——草业221班　祝昌邦

勇攀高峰的科学旅人

任继周老先生是中国现代草原科学奠基人之一，国家草业科学重点学科点学术带头人，创立了草原气候—土地—植被综合分类法，开创了将大气因素列为草地分类系统的先河。他对中国草业教育贡献卓著，是中国最早的草业科学博士生导师对规范中国草原科学研究生培养工作，提高整体培养质量起到了具有历史意义的重要作用。是现代草业科学的开拓者。60年来，他潜心草地农业教育研究，培养了大批人才，为中国草业教育和科技发展立下汗马功劳。

在战火纷飞的岁月中，任继周度过了他的少年时光。适逢抗战，少年任继周跟随家人颠沛流离、辗转大半个中国来到四川，继续求学，先就读于四川江津国立九中，后在任继愈的支持下转入著名的重庆南开中学。七十多年后，任继周回忆道："初中的时候，我在国立九中，是个难民学校，收容沦陷区来的人。那有个池塘，池塘的西侧三间房子是图书馆，我那时候好奇，什么书都看，先是做完了图书馆里的数学、英语习题集、《代数难题三百解》等，然后读四书五经。"被誉为"草业袁隆平""绿色守护神"的任继周一生都在为自己年少时的那个改善国民膳食结构的理想而努力着，从未改变初衷，甘愿坐冷板凳，甘愿做铺路石。作为草学院的一名学生，更要积极学习任继周先生的伟大精神，努力学习，发扬草业科学。

——草业221班　韩　彤

不辞辛劳，为科学默默奉献

任继周院士是我国草业科学的奠基人之一，食物安全和生态安全的战略科学家，其主要贡献在于：他提出了食物安全战略构想，摆脱草地农业与耕地农业的历史纠缠，提出草地农业系统，力促耕地农业转型和草地农业发展。任继周院士把自己的一生，都用于去倾心聆听草的声音，去发现草的灵魂，去学习和理解草的语言，他一直在探寻的路上，去探寻一棵棵小草的春生秋亡，与夏繁冬萎的秘密，就是这样一个美丽的秘密，藏着一棵棵小草的奇妙与生机。

他是如此的喜爱这片大地上的小草，他看淡生死，一心只为扎根于草原，就仿佛这一根根小草是他牵肠挂肚的家人，是蓦然回首的佳人。作为我国首位草业科学领域院士，任继周扎根西北70载，围绕草业科学领域坚持科研与教学并举。他研制出我国第一代草原划破机——燕尾犁，创建我国高等农业院校第一个草原系，主持制订我国第一个全国草原本科专业统一教学计划，成为我国第一位草原学博士生导师……可以说为了我国的草业发展倾尽了毕生心血。就如我们新一代草业人翘首以盼的那样，看着祖国这大好河山，看着大地上生机勃勃的场景，如此一棵棵绿草，岂不让人留恋？

——草业221班　李林宸

致敬伏羲大师任继周

任继周院士是草地农业科学家，我国草原学界的泰斗，中国现代草业科学的开拓者和奠基人。任先生重视理论研究与实践应用，潜心教学科研73年间，大力推动了草学学科的成长与发展，培养了一大批高素质的草原科技人才。言传身教，为人师表，他是中华优秀传统文化的忠诚继承者和发展者，是关心草原莘莘学子成长成才的教育家。任先生在兰州大学等四次捐资设立奖学金，这次又倾其所有，在北京林业大学设立"伏羲"草业科学奖励基金，这是任先生以"无我"的无私奉献精神为草业科学作出的又一次善举，更是一笔宝贵的精神财富。

我们要树立爱国奉献、科学报国的思想，德才兼备、以德为先，以任院士为榜样，继承和发扬老一辈学者科技报国的优秀品质，坚定敢为人先的创新自信，坚守科研诚信、科技伦理、学术规范，担当作为、求实创新、潜心研究，在实现草原高质量发展的实践中建功立业，做疾风劲草，当烈火真金，在以中国式现代化全面推进中华民族伟大复兴进程中贡献青春和智慧。

——草业221班　李厚阳

知山知水，知草立人——记任继周先生

任继周院士是我国草业科学的奠基人之一，是现代草业科学的开拓者。在当初，为了我国未来的出路，为了改变中国的食物结构，使中国人民吃得饱。任先生选择了当时颇为空缺的牧草学，也读上了原中央大学。为了学好它，任先生前往莫斯科留学。在当时的环境中，任先生是唯一一个获得此次机会的草学人，当时还受到了周恩来总理的亲自接见，也坚定了任先生一心学草报国的决心。在从未学过俄语的情况下，任先生凭着自己的努力，在第二年就拿下了第一的优秀成绩。

当然，这一切，只为报国。他"虚怀若有无"的那句诗正是他即使人生跌宕起伏，也要做好涵养自身的工作，使自身平静清澈，心境平和，接纳万物的真实写照。而现在，任先生为了将教育事业继续传承下去，为了让草人能够在中国留下自己的痕迹。任院士设立了"伏羲"基金，这是任先生对于立人的信念，更是为了报国的衷心。任先生所具有的高尚的爱国情操，无私的奉献精神，尊敬自然的治学态度，责无旁贷的自我认识，视为己任的研究精神，在今天的我们是最应该学习的。我们作为新一代的草业人，终身学习和天道酬勤是任院士对我们的期望，热爱祖国和道法自然是我们应该铭刻的行事标准。我们正处于新时代，是回报社会的最好机会。而任先生的物质和精神上的支持，对于草业的巨大贡献，正是大师为我们在铺路。我们也应该通过自身的科研，对祖国作出贡献来致敬任先生。

——草业221班　鲜于张宸

坚定信仰，引领科学方向

通过观看本次研讨会，我又一次感受到任继周院士身上有着许多值得我们学习的伟大精神。在科研工作上，他兢兢业业，艰苦奋斗；在教育事业上，他鞠躬尽瘁，呕心沥血……我们重温了任继周院士的成就，回顾了他一路以来的艰辛与刻苦。我在他身上看到了伟大的科学家精神，这种精神，正是国家当前所提倡的，正是学术界所推崇的。年届百岁的任继周院士是草地农业科学家，中国现代草业科学的开拓者和奠基人之一，即使是在百年高龄，他依旧坚守在科研一线。他视草业科学为生命，把发展草业、培养人才作为责无旁贷的重任，科学报国、回报社会的高尚情操。

经过这次会议，我深知草业科学的发展亟须大无畏的开拓勇气，也看到各方人士在草业科学领域作出的卓业贡献，我看到草业科学有着广阔的前景，呼唤着我们这一辈人的参与和努力。因此，我们也要学习任院士勇于开拓、终身学习和勤奋求实的精神，刻苦学习，提高自身本领与素养，尽自身绵薄之力，为祖国，为国家作出自己应有的贡献。

——草业221班　林诗翔

开创未来的科学守望者

年届百岁的任继周先生是草地农业科学家，中国现代草业科学的开拓者和奠基人之一，是我国草业科学领域的第一位院士，其无私奉献、投身石漠兴绿的报国之志；潜心科研，坚持著书立说的学术之情；甘为人梯，倾力教育教学的育人之心值得全体成员学习。在听取任继周先生的胡学生讲话后，我深刻认识到先进的科学思想是实践的前提。在实践中，人们才能深入了解问题、寻找问题的解决方案，形成一套行之有效的科学思想。任继周先生提出的70多项先进思想，包括在草坪科学、草地农业生态系统等领域的研究成果和实践经验，无不体现了科学思维、深刻认识问题和创新精神的重要性。这些思想和经验为我们今后的学术研究提供了重要的参考和指导。

任继周给后学们重要的启迪在于以下几个方面：其一，忠于真理的科学精神，对"以粮为纲"的反思。其二，突破物质条件局限，展现革命达观情怀。其三，不慕荣利、甘于寂寞的奉献精神。莫道桑榆晚，为霞尚满天。他的学习精神，奉献精神，科学精神，永远激励着草业学人砥砺前行。

——草业221班　鲁媛婷

智慧永续，科学传世华章

"我和谁都不争，和谁争我都不屑，我爱大自然，其次就是艺术"诗人兰德的这一名句，恰当地描述了我心中的任继周先生。任继周先生一生耕耘在草学领域，其中建树不必多言。最让我难以忘怀的是任先生淡泊、专注、无我的精神。"草是见缝插针，不与人争。我这一辈子是能做什么就做什么，也不跟人争。"任先生，创建草原系，耄耋之年开创农业伦理学研究的先河。任先生不求名利，甘坐数十年冷板凳。

学习任先生科学报国回报社会的无我精神。"要真正从思想上把'小我'融入'大我'，把'他人'视作'他我'这是最要紧的，不要总想着我、我、我。"任先生将一生奉献给科研事业，晚年设立"伏羲"草业科学奖励基金，捐款数百万。我将无我，而是与时代同步伐，和国家共命运。

——草业221班　史欣卉

梦想的舞台：任继周院士的坚持与奉献

任先生对草业的坚持与严谨，对后辈的诲人不倦与激励，对国家的奉献值得我们每一个草业学子乃至每个科研人学习、尊敬。任先生把一生都奉献在了祖国的大西北，奉献给了人民。可以说任先生学习和工作中作出的决定都是立志高远、心怀国家的。最初，任先生报考学习了冷门农学院畜牧兽医专业，目的就是改善中国人民的营养结构。

之后，任继周院士与草原结缘，"为天地立心，为生民立命；与牛羊同居，与鹿豕同游"。任先生可以说是新中国草业科学的开创者，是草原上的"大先生"。可以说中国的草业发展见证了任先生的学术成就，任先生的一生与中国的草业科学发展齐头并进。

作为一名草业学子，在我所学习热爱的领域有这样一位"大先生"指引我前行，无疑我是幸运的，是站在巨人的肩膀上的，任继周院士在过去的70多年间不断创新、开拓草业领域，为我们斩去了许多来路上的荆棘，我是幸运的。在未来我还会进一步学习践行任继周院士的精神与学术思想，在专业课的学习上认真打好基础，未来在科研领域脚踏实地，继续开拓草业科学的未知或者是不完善的领域，为国家的绿色、创新发展尽一份绵薄之力。我希望未来可以深入祖国边疆和西北腹地，将沙漠变绿洲，尽一份草业人的责任。

——草业221班　辛思慧

创新的引领，科学探索与突破

参加了任继周学术思想研讨，会上听到了任院士一生致力于为我国草学学科建设大受激励。在莽莽的草业科学世界之中，他已经徜徉了近80年。年少时的"吃不饱"，是任继周涉足其间的重要原因。如今任老已近期颐之年，人生如草原般浩瀚，学术"草原"亦百草丰茂。但他依然如一株青草，葆有纯净、坚毅和旺盛的生命力，兀自生长。

正因为有任继周先生这样的前辈、大家，在这条道路上开疆拓土，草业事业才得以发展、进步，欣欣向荣。学院现在正沿着这条道路大步前进，先生的渊博学识和高尚品格鼓舞着我们，让我们鼓足干劲、脚踏实地，如先生所言"舀社会一瓢水，要还社会一桶"，用知识和汗水，向社会作出更多贡献！

——草业221班　许宇航

毅力的光芒，任继周院士的奋斗精神赋予我力量

年届百岁的任继周先生是草地农业科学家，中国现代草业科学的开拓者和奠基人之一，是我国草业科学领域的第一位院士。"每天都感觉时间不够用，还想要多发一份光和热。"尽管已经97岁高龄，但任继周说，草业科学研究路途漫漫，不能停下脚步。七十余年来，潜心草地农业教育研究的任继周，为我国草业教育和科技发展立下汗马功劳。

我相信在北京林业大学草业与草原学院的怀抱里，在各位老师的带领下我们一定会

在草业领域创出一片天地，弘扬任继周先生以及像任继周先生一样一直在草业领域默默付出的导师们的精神。最后，祝任先生身体健康，福寿延绵，祝大家工作顺利，身体健康，万事顺遂！

——草业222班　拜尔娜·芒力科

悟"伏羲"之意，献绿色事业

通过观看"伏羲"草业科学奖励基金设立仪式的直播和参加任继周"大师精神"的座谈会，我在倍感荣幸的同时，也被任先生的情怀与学术思想所折服。我深深感念任先生的淡泊名利与回报社会的情怀，景仰任先生开拓创新和坚守奉献的学术思想。

伏羲为开创之意，任先生也一直坚持开拓创新，将所有的时间精力都奉献给了草业，先生创建了我国农业院校第一个草原系，创建了草业科学学科，创立了唯一可用于世界草原分类的草地分类系统，扎根西北，潜心研究草原70余年。我要向任先生学习，致力于研究草业，用绿色点缀祖国大地，不断进行创新科研，不断拼搏努力、奋勇向前，将美好的青春奉献给绿色事业！

——草业222班　葛嘉嘉

智慧火花，跨越时代的创新启示

2023年3月25日下午，任继周院士学术思想研讨会在北京林业大学举行，我有幸参加了此次研讨会，在研讨会上，我认真学习了在相关专业领域卓有建树的9名知名专家分别进行任继周先生学术思想认识、中国农业伦理学、草牧业、草地农业生态系统、草坪科学、草原综合顺序分类体系以及草地放牧系统单元等多层次、多维度的学术报告，受益匪浅！

任继周院士是草地农业科学家，我国草原学界的泰斗，中国现代草业科学的开拓者和奠基人，任继周院士扎根草业，为我国草业发展作出了卓越的贡献。通过各位专家学者们对任继周院士大师精神，任继周院士思想的解读，让我对草业科学这个专业有了更加清晰的认识，有了更深的热爱，以及对任继周院士更加的敬佩。我们最应该学习的，最应该感谢的就是任院士科学报国，回馈社会的精神，任院士倾尽家中积蓄，捐资400余万元，在5所高校及山东省设立草业科学奖励基金、优秀中小学生助学基金。我们要永远记得任院士的捐资善举！

——草业222班　葛齐嘉

持久的心声：任继周院士赋予科学无尽的力量

2023年3月25日下午，在任继周"伏羲"草业科学奖励基金设立之际，"致敬大师"系列活动之二——任继周学术思想研讨会在北京林业图书馆会议室举行。我很荣幸在线上参加了本次学术研讨会，受益匪浅。在会上，任继周先生发来了书面致辞，先生聚焦于如何用新历史观和文明观认识当代草业的发展、如何建构构建全新的工业文明向生态文明转化的农业结构、如何重构当代农业中人与自然的道德关系三大问题，谈了自己的观点。将林业管理系统与草业管理系统相结合，在大学中体现林草系统，意义重大。

身为一名草学专业的学生，身为一名新时代的草业人，我有使命，也有责任接住接力棒，学习老一辈科技工作者严谨治学的态度，躬亲实践的精神，积极进取，努力实践，将精彩论文书写在祖国的大地上。愿我之所学，我之所为，能够为我国的草学发展添砖加瓦，为社会生态文明建设贡献力量！

——草业222班　靳紫嫣

学习继承任继周院士的思想

任继周院士将草地农业科学发展、升华到哲学思考领域，开辟了农业伦理学研究的先河。任先生为我国草业发展呕心沥血、鞠躬尽瘁、教书育人、谦谨至善，是我辈楷模，向先生致敬！学习任先生尊重自然规律、为民服务、不断创新和交叉贯通的学术思想。他见证了草业与草原学院的快速发展，学院在草业生态文明建设各个方面取得了突出工作成绩，这是继承和发扬"大师精神"和对任先生的最好致敬！

我们要继承任继周大师的爱国情怀，一切为国为民；继承大师的求真务实精神，充实自己不做"假大空"；继承大师严谨严格的求学风格，做事要细致入微，不能马马虎虎；继承大师的树人育人的品德，体贴后辈关照晚辈，做一个有博爱之心的老师；继承大师的谦虚品德，为人戒骄戒躁，真正的大师都怀揣着一颗学徒的心。

——草业222班　李承泽

坚韧的力量，草业科学奇史上的传奇

任继周表示，感谢北京林业大学对草业科学的支持，草业科学是农业科学的一个重大分支，在维护国家食物安全方面起着不可或缺的重要作用，草业兴对促进草原牧区乡村振兴也起着积极的促进作用。希望各位学者，特别是青年学者积极投身草原草业事业，为草原草业振兴奉献青春力量。

郝育军司长总结五个方面"大师精神"值得我们继承弘扬和光大：爱国爱党的家国情怀、求真务实的宝贵精神、严谨严格的治学作风、树人育人的高尚品德和谦虚谦和的为人美德。学习任先生尊重自然规律、为民服务、不断创新和交叉贯通的学术思想。他见证了草业与草原学院的快速发展，学院在草业生态文明建设各个方面取得了突出工作成绩，这是继承和发扬"大师精神"和对任先生的最好致敬。任继周院士视草业科学为生命，把发展草业、培养人才作为责无旁贷的重任。我们要学习任继周先生勤奋求实的精神，深入实际，从实际中发现问题，解决问题，推动科学的进展。

——草业222班　李新宇

立志立学，立草立业

聆听了本次任继周先生精神学习大会，我不由得感叹任继周先生的学术之卓越、作为之崇高、精神之珍贵！在任继周先生之前，低矮的小草，并不受人注视，常被视为农学的一个小小部分，可谓明珠蒙尘。而任继周先生的"慧眼识珠"才让草学正式揭开了小草在新中国生态文明历史上的拼搏史。任继周先生在教育事业上孜孜不倦、细水长流的作为。任继周先生不仅自己在草学领域登上学术高峰，更培育了一代又一代的草学接班人。"十年育树，百年育人"，任继周先生在教育事业上的无私和成就亦令人触动！任继周先生生命不止、学习不停的终身学习精神。即使任继周先生的身体状况已不似几十年前般青春，但他仍然如从前一般敢想敢为、善作善成，他的终身学习精神感召着草学后辈们前仆后继，攀登草学高峰。

正如北京林业大学草业与草原学院的院训所言：立志立学，立草立业。全体草人都应紧随任继周先生的脚步，树立高远的志向，立稳学科的根基，立于草学的辽原，创立宏伟的事业！

——草业222班　谢晓艺

智慧的风采：任继周院士的科学智慧与洞察力

作为草苑"大先生"，任继周老先生严谨的治学态度与爱国爱党、求真务实的精神值得每一个人去学习。本场研讨会，不仅让我对任继周老先生的学术生涯、精神风采有了新的认识，更为我以及在座同学树立了"仰之弥高"的榜样，从而生发新的动力。聆听讲座，我也收获了很多的专业知识。我了解到一部分任继周老先生的研究贡献，包括定位研究的想法、草原分类方法、畜产品单位、草原季节畜牧业理论与草地农业生态系统的理论体系等。我对放牧和草原退化的关系也有了更深刻的认识，草地退化并不是草原放牧与否的问题，而是草原放牧管理不当的问题。我加深了对任继周先生所提出的草地农业生态系统理论的主要结构的了解，其具体分为前植物生产层、植物生产层、动物生产层与后植物生产层。

我还了解到专业命名的由来经历，任继周先生多次教导要以"草业科学"来命名，并且对"草业"作出定义，赋予其产业的概念。这让我认识到，草业科学是一门人与自然的科学，在专业的学习中，我们不仅要基于生态规律，更要将眼光投向人群，探寻草业科学在当代社会中的价值意义，追求生态效益、经济效益与社会效益的统一。

——草业222班　徐新雨

大情怀者，以草为业

3月25日下午，在任继周"伏羲"草业科学奖励基金设立之际，"致敬大师"系列活动之二——任继周学术思想研讨会在北京林业图书馆会议室举行。这次研讨会，汇集了草业专业业内各大领军人物，他们在这次研讨会中详细地阐述了他们富有内涵的草业精神。任老先生虽然年近百岁，但是从来没有放弃过接触时事，尽管已经是功成名就，但他仍然不断地学习新事物，他开通了自己的公众号，将自己理解的草业学科和草业精神传播出来。我们的任老先生，每天都坚持工作6小时，活到老学到老！

作为草业学科的新鲜血液，这个研讨会给我带来了极其深刻的感受。我觉得作为新时代青年，要做到以下几点：一是要坚定树立爱国奉献、科学报国的思想。德才兼备，以德为先。二是要脚踏实地，深入实践，结合实际需求凝练科学问题，把论文写在实实在在的草原上。三是要实时关注时事，关注草业行业的新发展，深入研究不断探索。

——草业222班　余　杰

体验任继周院士精神的学术探寻与探索

任继周是中国工程院院士，他扎根西北七十余载，在西部大地上创造了多个"第一"：建立中国第一个高山草原试验站、研制出我国第一代草原划破机——燕尾犁、主编我国第一本《草原学》教材、创建我国农业院校第一个草原系、主持制订我国第一个全国草原本科专业统一教学计划、成为我国第一位草原学博士生导师……作为我国首位草业科学领域院士，任继周扎根西北70载，围绕草业科学领域坚持科研与教学并举。他研制出我国第一代草原划破机——燕尾犁，创建我国高等农业院校第一个草原系，主持制订我国第一个全国草原本科专业统一教学计划，成为我国第一位草原学博士生导师……可以说为了我国的草业发展倾尽了毕生心血。任继周是我国首位草业科学领域院士。国内的一些地区以及国外高校和科研机构纷纷向他发出邀请，但都被他一一拒绝，他说："我的草原生态研究所就在兰州，我哪里也不去。"

就如我们新一代草业人翘首以盼的那样，看着祖国这大好河山，看着大地上生机勃勃的场景，如此一棵棵绿草，岂不让人留恋？

——草业222班　韩翔宇

学习感悟

任院士为了美丽中国贡献自己的力量。在打造的科技人才平台下，理论和实际结合的大方向下，林草结合，学院成立了许多专业课，也引进了大批人才，重组二级学科，草业科学专业扩大方向，加入了农业伦理学研究。令我佩服的是先生的境界，这一切都是先生终身自律和学习的结果，我们要学习任先生科学报国，回馈社会的精神。我们要回馈社会，为社会添砖加瓦，构建美好明天。回馈社会是任先生正在实践的，任先生为北京林业大学的学院捐资，加大引进人才，奖励学生设立奖学金，激励人才，关心呵护后辈。

当我们面对挑战的时候，不畏艰难，迎难而上，为祖国作贡献，拥有一种情怀，一种精神，一种能力，提高自己的个人水平，为祖国的大好河山建设，为中国的发展贡献自己的力量，为国泰民安，山河锦绣。希望青年都行动起来，我们一起向未来。

——草业222班　方鑫玉

立志立学，立草立业

任继周先生是我国农业科技事业的开拓和奠基人之一，以其在草业科学领域的卓越贡献和领导人才培养，深受广大草原科技工作者的敬仰和爱戴。近日，我校举办了任继周"伏羲"草业科学奖励基金设立仪式。任继周"伏羲"草业科学奖励基金的设立是对草业科技人才的肯定和激励，是对任继周教授一生铸就的草原精神的传承，是对我国草业科技事业的进一步发展和推进，同时也是对草原传统文化的保护和发展，因此其设立意义深远。我相信，在这样的奖励基金设立的引领下，中国草业科技会更上一层楼，也为我们今后的科研和学习提供了更为广阔的发展空间，在共同的努力下，草原管理和可持续发展的前景一定会更加广阔和美好，对于建设美丽中国起到更大的促进作用！

——草业222班　彭千芯

科学的狂想曲在任继周院士的学术世界中徜徉

"涵养动中静，虚怀有若无"，任继周——一位一生致力于草原研究的老先生，是我国著名的草地农业科学家、中国工程院院士。任老今年已99岁高龄了。任老不仅是我国草原农业研究的开拓者，也是我国草原学教育的奠基人之一。在1964年的时候，他就已经在甘肃农业大学创办了草原专业，成为我国大学里的第一个草原系。而直到现在，任老依然在为我国草原学教育的研究书写着。任老说，这个年龄，我能做多少就做多少，我要爱惜和珍惜我这借来的时间。他一直在忙碌的事情就是写一本教材，这是我国第一本有关农业伦理的教材，他现在最担心的事情就是有一天他不在了，而书却还没写完。

任老先生说，越是到了晚年，他就越懂得"从社会取一瓢水，就应该还一桶水"的道理。"为天地立心，为生灵立命"是99岁的任老始终坚持的使命。在我眼里，任老身上既有专业治学的科学家精神，又有中国传统文化当中的浩荡君子之风。

——草坪22班　陈厚运

志存高远：探究任继周院士心中的学术志向

参与任继周院士思想研讨会后我的感触颇深，作为草坪科学与工程专业的22级新生，我深刻感悟到了草学泰斗任继周院士的伟大精神并从任先生的讲话中汲取力量，立志立学，在树立高尚品德的同时努力学习专业知识，向任先生学习，把建设草学作为奋斗目标。

任继周院士的讲话旁征博引，深入浅出，他的精神更是深深感触着我。任院士作为我国草学事业的开创人之一，不仅见证了草业科学的发展，更是为草学发展把正航向，推动着草学事业发展。任院士具有的"大师精神"是我们每一位草业人应该学习的，任院士有着爱党爱国的家国情怀、求真务实的宝贵精神、严谨严格的治学作风、树人育人的高尚品德和谦虚谦和的为人美德。我们要以任院士为榜样，尊重自然和社会发展规律，不骄不躁，树立大的格局、大的胸怀。牢记任老院士的嘱托，推进学科创新和交叉融合建设，真正成为草学事业发展的建设者、推动者！

——草坪22班　郑丁元

国之大者怀寸草之心——任继周学术思想研讨会心得

这次思想研讨会聆听了任院士和多位先生的发言，有具体的基础科学问题的深刻探讨，也有关乎学科发展和未来走向的高屋建瓴的建议。任院士就如何用新历史观和文明观认识当代草业发展，构建全新工业文明向生态文明转化的农业结构、重构当代农业中人与自然的道德关系，谈了自己深邃的观点。作为一名大一的学生，我想我应该像任院士一样树立爱国奉献，科学报国的思想，加强理论学习，提高自身的理论素质，努力寻找研究的突破口。我在之前的学习过程中时常会心思浮躁，这种感觉尤其体现在论文的读写过程中，在今后的学习生活中，我将更加注重将理论与实践相结合，多俯下身来，怀着求真务实，严谨谦虚的态度将科学论文写在祖国大地上。

"桃李不言，下自成蹊"。任院士捐出毕生积蓄设立"伏羲"草业科学奖励基金，令我既震惊又感动，我好像看到一位老者艰难地托举起一座山，我知道那是草业人的山，但我看见老者是面带微笑的，是满怀憧憬的。一代代草业学子也必定不负所托，立志立学，立草立业。

——草坪22班　沙梦溪

对任继周院士精神的体会

草原是人类文化早期的发源地。我拜读过任先生的《中国农业系统发展史》，书中写道："人类文明的第一缕曙光，来源于史前时期的原始草地农业，这是农业系统的本初形态。"数千年草原文化和农耕文化的交融演进，在华夏大地形成了灿烂的中华文化。作为华夏民族人文先始的伏羲，代表了中华文化的始祖。在草原大国设立以"伏羲"命名的草业科学奖励基金，寓意十分深远。一粒种子可以改良一片草原，也可以改变一个世界，草苑学子就是撒播于全国各地的绿色种子，不久的将来，我们定会破土萌芽、茁壮成长为地球的底色！

任先生为我国草业发展呕心沥血、鞠躬尽瘁、教书育人、谦谨至善，是我辈楷模，向先生致敬！先生一生培根，传道，铸魂，我们新一代草人，定会奋发图强，承师之志，行师之道，弘师之愿，立志立学，立草立业。

——草坪22班　赵莹莹

任继周院士的精神情怀和学术思想

本人于3月24日至25日两天时间聆听了任继周院士学术思想研讨会论坛，在思想与觉悟上深有启发。高龄99岁的任继周先生每天仍坚持工作，吾辈青年又怎能不奋发图强！作为一名大学生，我可能需要很长时间才能理解这六性的真正含义，但是我不会知难而退，相反，去学习任继周院士生命不息，学习不止的钻研精神，并把这股劲放到学习与生活当中，不断完善自己的知识储备能力，攻坚克难能力。

道法自然，日新又新是任继周院士提出的院训，这种遵循自然规律、不断创新发展的科学研究精神，激励着一代又一代草学人。在我看来，任继周院士给我带来的启迪主要是以下几个方面：忠于真理的科学精神；突破物质条件局限，展现革命达观情怀；不慕荣利、甘于寂寞的奉献精神。莫道桑榆晚，为霞尚满天。他的学习精神、奉献精神、科学精神，将永远激励着我砥砺前行。

——草坪22班　王浩迪

叩问真理：聚焦任继周院士研究中的科学探索

年届百岁的任继周院士不仅是草地农业科学家，还是中国现代草业科学的开拓者和奠基人之一，曾获新中国成立70周年"最美奋斗者"、新中国成立60周年"三农"模范人物、"全国优秀共产党员"等荣誉称号。60年来，他潜心草地农业教育研究，培养了大批人才，为中国草业教育和科技发展立下汗马功劳。不仅如此，任继周院士还设立"伏羲"草业科学奖励基金并开展了任继周学术思想研讨会，为草苑学子答疑解惑。有幸听院士一言，便得感慨万千。

院士视草业科学为生命，把发展草业、培养人才作为责无旁贷的重任，科学报国、回报社会的高尚情操。草业科学的发展亟须大无畏的开拓勇气，我们都应学习任院士勇于开拓、终身学习和勤奋求实的精神，从实际中发现问题、解决问题，推动科学的进展。草苑学子应不辜负任院士的期望，在专业上下功夫，创新性发展，努力发掘草业的可能性，实现专业价值。

——草坪22班　程滢如

知识的魔法师：追随任继周院士的学术魅力所在

任继周院长是我校的杰出的学术巨匠，他爱国爱党爱国情怀、求真务实的精神、严谨严格的学风作风、树人育人的高尚品格和谦和的待人品格等，对于我们这些学生来说，是无比宝贵的财富。在他的身上，我们看到了一个充满爱国热情的人，他对国家的发展和人民的福祉充满了信心和期待。我们应该向他学习，把爱国爱党的情感化为实际行动，为祖国的繁荣富强尽自己的一份力量。他始终把科学实验和研究放在第一位，勇于面对困难和挑战，在科学研究中追求真理和实用性。我们应该向他学习，以勇于探索、坚持实践为信念，不断开拓创新，为社会的进步作出贡献。

在他的身上，我们看到了一个严谨的科学家和教育家，他的严谨作风和学风为我们树立了榜样。我们应该向他学习，坚持严格的学术规范，以严谨的态度和方法对待科学研究，严格要求自己，做一个对学术和人民负责的人。

——草坪22班　倪紫轩

知行合一：体悟任继周院士学术思想中的行动力量

十分有幸能够在自己最美好的年华听取了这样的一场视听盛宴，任先生作为我国著名的草地农业科学家，草原界的泰斗。他老人家自称为"草人"扎根于中国大地，将发展草业看作自己最重要的事情。同时他一直关注着新一代草业人的发展，他作为一名有着开创性思维的中国传统文化的继承者和奖掖后人的教育家，他的严谨遵循自然规律和不断创新探索的开放性精神指引和激励着一代又一代的草苑学子奋勇前进。

正值我国环境保护事业蓬勃发展之际，我们作为新一代的草业学生要深入践行"山水林田湖草沙是生命共同体"的系统思想，任院士告诫我们要坚定树立爱国奉献，科学报国的思想，脚踏实地；深入研究，结合实际需求凝练科学问题，开放创新，加强国际合作；对标国家林草发展战略对标行业发展方向和需求。

——草坪22班　刘锡霖

智慧之光：任继周院士精神的思想启迪与思辨之旅

任继周院士作为我国在草学领域的领导者，他始终对草学保持着求真务实的精神，他身上所闪耀的严谨的学术作风，育树育人的高尚品格始终是我们永远所需要学习的精神导向。他始终以人民的幸福生活为追求导向，从不停下自己的脚步，为人民，为国家谋福祉。我们学生应当追随任院士的脚步，学习他的爱国情怀，学习他的精神导向。

在这次研讨会中，我深刻感到与伟人的差距以及我需要学习的地方。任继周院士的求真务实精神是我们大多数青年身上所不具备的优良品质，在求知的道路上脚踏实地，从不怕累也不怕困难，遇到难题就迎难而上，国内没有条件，就一步一步创造条件，追求科学研究的实用性和可靠性。作为祖国复兴道路上的推进剂的我们，更应该学习任院士勇于创新的精神。

——草坪22班　徐赵瑞

研究创新的烈火在任继周院士精神的学术熔炉中铸就辉煌

年届百岁的任继周先生是草地农业科学家，是我国草原学界的泰斗，是中国现代草业科学的开拓者和奠基人之一，是我国草业科学领域的第一位院士，其无私奉献、投身石漠兴绿的报国之志；潜心科研，坚持著书立说的学术之情；甘为人梯，倾力教育教学的育人之心值得我们所有人深刻学习。

在此次研讨会中，任继周先生的学术思想深刻启发着我。他的学术思想包括尊重自然规律，为民服务，不断创新，这些都是建立在深刻认识社会和人民需求的基础上的。在现代社会，人与自然的关系日益紧密，尊重自然规律不仅是人类保护自然的应有之义，也是对人类自身生存和发展的重要保障。而为民服务，则是一名学者的社会责任所在，只有了解并服务于社会和人民的需求，才能为社会作出更大的贡献。同时，不断创新则是推动科技进步和社会发展的关键因素，只有不断创新，才能不断提高学术成果和社会效益。

——草坪22班　李一一

持续追求的鞭策：揭示任继周院士精神的坚持与奋斗之道

上周末，我院举办了任继周院士学术研讨会。同学们认真聆听了与会者精彩的发言，收获颇丰。我们都知道，任继周院士是新中国草业科学开创者、草原上的"草业泰斗"，是开拓创新、敢为人先、教书育人、桃李满园的杰出楷模。他的高尚品格大概可以概括为以下5点：立志高远、胸怀天下的家国情怀；心无旁骛、艰苦创业的学术精神；深耕讲台、诲人不倦的育人品格；学高为师、提携后人的大家风范；终身学习、奋斗不止的精神。

让我们一道深入践行习近平生态文明思想，扎根林草事业，学习任继周先生甘于吃苦、勇于担当、乐于奉献的初心使命，传递踔厉奋发、勇毅前行的精神。习近平总书记指出，林草兴，则生态兴。草原工作任重道远，草原人肩上的担子很重。中国草业科学因为有这任继周院士这样的人而能够蓬勃发展，既如此，我们这些新草业人也不能落后，要积极努力。希望全国广大的草原青年学者和优秀学子能够善用"伏羲"草业科学奖励基金。不负任院士期望，不负时代重托，在发展草原事业中实现人生价值。

——草坪22班　方唯泽

思辨与创造的交汇：探寻任继周院士精神的
学术综合力

在草木发芽、万物复苏的阳春三月，由任继周院士捐资发起的"伏羲"草业科学奖励基金正式设立。在基金设立之际，我们连续两天在线上线下相聚北林，从任继周"大师精神"座谈会、任继周学术思想研讨会、"藏粮于草"的大食物观——任继周学术思想传承与发展为主题的第二届草业与草原青年学术论坛三个板块，共同致敬任先生。

一生之计在于勤，勤耕不辍立德行。任继周院士始终扎根中国大地，以发展草业为己任。作为我国现代草业科学开拓者和奠基人之一，他以"惜我三竿复三竿"的"最美奋斗者"精神，为我国草业科学科技、教育、产业发展作出了系统性、开创性贡献。高山仰止，景行行止，任先生以长者之风、智者之识、仁者之心，铺就为人、为学、为师之道，值得我们终身学习。厚植沃土，学养深厚，任先生毕生立草为业，躬身草业教育，百岁高龄仍心系学校和学院发展，呕心沥血、鞠躬尽瘁，是我辈楷模，再一次向任先生致敬！

——草坪22班　章嘉诚

影响卓越的思想力量：聆听任继周院士精神的
学术声音

任继周院士是草地农业科学家，我国草原学界的泰斗，中国现代草业科学的开拓者和奠基人。任院士牢记"国之大者"，胸怀祖国，心系人民。在草原事业中展尽胸中抱负，穷尽毕生心血，鞠躬尽瘁，无怨无悔，为我国草业科学及相关产业的发展作出了系统性、创造性成就，为我国草业振兴作出了卓越不凡的贡献。任先生重视理论研究与实践应用，潜心教学科研73年间，大力推动了草学学科的成长与发展，培养了一大批高素质的草原科技人才。言传身教，为人师表，他是中华优秀传统文化的忠诚继承者和发展者，是关心草原莘莘学子成长成才的教育家。

我们要坚定树立爱国奉献、科学报国的思想。德才兼备，以德为先。继承和发扬老一辈学者科技报国的优秀品质，坚定敢为人先的创新自信，坚守科研诚信、潜心研究，做疾风劲草，当烈火真金；脚踏实地，深入实践，结合实际需求凝练科学问题，把论文写在实实在在的草原上；开放创新，豁达包容，讲好新时代中国草原故事。一粒种子可以改良一片草原，也可以改变一个世界，草苑学子就是撒播于全国各地的绿色种子，不久的将来，你们定会破土萌芽、茁壮成长为地球的底色！

——草坪22班　龚楚焱

深邃思考的星空：解构任继周院士精神的学术思维与思考深度

任先生在学术上敢于实践，不断开创，创造出了许许多多第一个。例如，任先生创建了我国农林院校第一个草原系、创立草学学科、创立唯一可用于世界草原分类的草地分类系统等。并且，任先生为此次奖励基金冠名为"伏羲"，也是取伏羲身为创世神的开创之意，先生的一生可以说就是在开创中不断度过的。任先生具有深厚的家国情怀。先生深知光吃五谷杂粮的民族撑不起一个强大的国家，立志要改善国人的营养结构，于是报考了原中央大学的畜牧兽医系，并在之后义无反顾投身大西北。先生具有老一辈科学家以科学报国的精神，坚守"从社会取一瓢水，就应该还一桶水"的人生格言。既已生之至此，不论肥沃，必然要以身报国。任继周先生的家国情怀，值得我们每一个人学习。

高山仰止，景行行止，先生在我们的面前竖立了一座高山，令我们惊叹，望而生畏，不敢翻越。但大山何曾不是目标，为我们指明了前行的方向。我们学习任继周先生的精神品德，继承任继周院士的学术思想，一点一点向山顶攀登，想必这也是任先生想要看到的吧。

——草坪22班　邵亚龙

引领学术风暴：领略任继周院士精神的学术领导力与指引

任继周院长是我校的杰出的学术巨匠，他爱国爱党爱国情怀、求真务实的精神、严谨严格的学风作风、树人育人的高尚品格和谦和的待人品格等，对于我们这些学生来说，是无比宝贵的财富。任继周院长的爱国爱党情怀深深地打动了我。在他的身上，我们看到了一个充满爱国热情的人，他对国家的发展和人民的福祉充满了信心和期待。我们应该向他学习，把爱国爱党的情感化为实际行动，为祖国的繁荣富强尽自己的一份力量。

任继周院长的树人育人的高尚品格和谦和的待人品格也值得我们学习。在他的身上，我们看到了一个充满人文情怀的科学家和教育家，他的言传身教对我们产生了深远的影响。我们应该向他学习，以真诚的态度对待他人，做一个有人情味的人，努力成为能够为社会作出贡献的人。

——草坪22班　杨鲁闽

窥探任继周院士学术思想的绚丽光芒

任继周院士是草地农业科学家，我国草原学界的泰斗，中国现代草业科学的开拓者和奠基人。任院士牢记"国之大者"，胸怀祖国，心系人民，在草原事业中展尽胸中抱负，穷尽毕生心血，鞠躬尽瘁，无怨无悔，为我国草业科学及相关产业的发展作出了系统性、创造性成就，为我国草业振兴作出了卓越不凡的贡献。

一日之计在于晨，晨新百载育新人。"伏羲"草业科学奖励基金的设立，极大鼓舞了我院青年教师和优秀学子，激励了教师致力于教学科研创新，激发了学生刻苦学习、奋发向上、投身草业事业的自信。苟日新，日日新，又日新。学院师生将深怀感恩之心，志学草业，深耕专业领域，勇攀草业科学高峰，以只争朝夕、不负韶华的奋斗姿态，瞄准草原生态修复主攻方向，加强草原基础研究和原始创新，攻克草业领域"卡脖子"和受制于人的核心关键技术，贡献北林草学智慧。

今天在春种的季节里，让我们埋下基金的种子，我校这些林草融合的草业种子将会撒播在全国乃至全球各地，破土萌芽、茁壮成长、立草为业、薪火相传。未来在秋收的季节里，草业之果结满神州大地，草业种子散布世界各洲！

——草坪22班　张金秋

领悟任继周院士学术追求与进取之心

年届百岁的任继周先生是我国现代草业科学的开拓者和奠基人之一，是我国草业科学领域的第一位院士，曾获新中国成立60周年"三农"模范人物、新中国成立70周年"最美奋斗者"、"全国优秀共产党员"等荣誉称号。任先生是我国草业科学的开拓者和奠基人，在他的学术思想引领下和全国草业学界同人的共同努力下，我国草业科学取得了飞速的进展。但就研究内容的开拓性、研究视野的开阔性、研究成果的创新性和研究体系的系统性、完整性而言，则当属任继周先生，迄今为止，尚无人企及。

我们作为草学院的大一学生，这一次的思想研讨会让我们更加深刻地意识到草原于人类的意义，我们身上的责任。这也是我们前进方向的启明灯。草原给人类带来的不仅仅是生态意义，我们也可以更多的去发展它的农业意义和生态意义。任继周院士是我们学习的榜样，要坚持学习任老先生的思想。

——草坪22班　万　立